Fun Fun Hairstyling

펀펀 헤어스타일링

드라이 & 아이론

Fun Fun Hairstyling

펀펀 헤어스타일링 드라이 & 아이론

최연희 최중석 오세희 권오혁 김경득 김 민 김휘태 남현주
박은준 배영수 이수경 임석종 장미여 전현진 정임전 지정훈 최희진

(주)교 문 사

머리말

헤어스타일의 기본은 모발을 건강한 상태로 유지·개선시켜 고객의 얼굴형과 고객의 취향, 희망 스타일에 맞추어 연출하는 것으로 누구나 포인트만 알면 만족하는 멋진 헤어스타일을 표현할 수 있다고 생각합니다.

《Fun Fun Hairstyling》은 미용인들이 그 동안의 현장경험과 교육경력을 바탕으로 연구하고 고민하여 흥미롭고 즐거운 마음과 열정으로 집필하였습니다.

창의성과 개성을 강조하였고 미용 분야 취업준비생들과 헤어스타일을 다양하게 디자인하며 미용기술을 발전시키길 희망하는 모든 이들을 위해 누구나 책을 보면 쉽게 따라할 수 있도록 기초부터 트렌드한 부분까지 사진을 통해 배울 수 있도록 자세하게 과정을 싣고 있습니다. Chapter 1~2는 모발과 블로 드라이의 이해라는 기초과정을, Chapter 3은 섹션에 따른 헤어스타일 이미지를, Chapter 4는 앞머리 형태에 따라 얼굴형, 이미지를 분류하여 디자인하였으며, Chapter 5는 스타일 테크닉, Chapter 6은 응용 스타일 부분으로 나누어서 미용기구와 스타일에 따라 구분하여 스타일 하나하나마다 사진 작업을 통해 상세하게 표현하였습니다.

특히, 창의적인 스타일을 연구하느라 밤잠을 이루지 못하며 열과 성의를 다해 수고해 주신 최중석 교수가 너무도 고생이 많았습니다. 올 여름은 유난히도 더워 폭염과 씨름하며 흘린 땀방울의 열정으로 편집을 하였던 것 같습니다. 마무리를 하고 보니 아직도 부족한 점들이 많음을 느끼며 이러한 부분들은 앞으로 보완, 수정해 나갈 것을 약속드리며, 따뜻한 격려와 아낌없는 조언을 보내주시길 바랍니다.

마지막으로 이 책이 나오기까지 많은 도움을 주신 헤어데쥬르 고객님, 직원, 모델들 그리고 끝까지 아끼지 않고 지원해 주신 (주)교문사의 류제동 사장님과 직원 여러분들께 이 책을 통해 감사의 마음을 전하고 싶습니다.

2012년 8월

저자 일동

차 례

Chapter 1 헤어의 역사와 이해

Chapter 2
블로 드라이의 이해

Chapter 3
섹션에 따른 헤어스타일 이미지

Chapter 4

앞머리 형태의 이해

Chapter 5
스타일 테크닉

Chapter 6

응용 스타일 : 트렌드 헤어스타일

Chapter 1

헤어의 역사와 이해

1 헤어드라이와 아이론의 역사

2 모발의 특성

3 두상의 구역과 명칭

Chapter 1

헤어의 역사와 이해

1. 헤어드라이와 아이론의 역사

약 5000년 전에 고대 이집트에서는 나일강의 진흙을 모발에 바르고 둥근 나뭇가지로 말아서 일광 열로 말려 웨이브를 만들었다. 루이 14세 때에는 남녀 불문하고 둥그렇게 감아 올린 가발을 착용하여 아름답다고 여겼으며 유행이 되기도 하였다.

1875년에는 프랑스의 마샬이란 미용사가 모친의 내추럴한 머리를 보고 일시적인 웨이브를 착안하여 아이론을 발표하였다. 이때는 아이론 온도를 일정하게 유지하지 못하는 단점이 있었으나 오늘날의 전기 아이론은 자동으로 조절되어 사용이 간편해졌다.

1890년대 미용실은 부유한 여성들 중심으로 이용을 하였으며 프랑스인 헤어드레서 알렉상드르 고드프루아는 자신의 미용실에 최초로 열을 이용하여(가스레인지에 고정된 형태) 블로드라이인 헤어드라이어를 설치하였는데, 드라이어의 열을 이용하여 다양한 스타일링을 쉽게 만들어 외관상 보기 좋게 하였으며 이 기계로 파마머리, 스트레이트머리, 기타 다른 형태의 스타일링을 표현할 수 있게 되었다.

1970년대 프랑스에서 롤카 미용실의 소유자인 모와누 부인에 의해 '브러싱(brushing)'이라는 명칭으로 특허 등록되었고 그해 바르셀로나에서 열린 CIC 미용대회에서 '아방가르드'라는 명칭으로 사용되었다. 그 무렵 영국에서는 산업혁명으로 여성들이 사회에 진출하면서 비달사순에 의해 컷 앤 블로 드라이라는 이름으로 젊은 여성들에게 인기를 얻었다.

우리나라에서는 1900년대 전후 서구 문화가 들어오면서 1930년대 일본으로 건너간 유학생들 영향으로 남자는 상투머리, 여자는 쪽진머리 형태에서 일상생활에서 간편한 머리 형태로 변화하기 시작하였으며 1933년 국내 서울 화신백화점 안에 오엽주 씨가 미용실을 처음으로 열어 일부 여성들만 이용하였지만 점차 여성들이 사회에 진출하면서 머리스타일이 간소하게 변화되는 추세에 따라 헤어스타일링이 확산되었다. 1960년대 중후반까지 컬링아이론과 롤세트로 이용하였으며 1970년대 일본에서 드라이기가 도입되면서 1970~1980년대 컬링아이론과 헤어드라이가 사용되었다. 1990년대 블로 스타일링 드라이어가 정착되어 대중화되었고 2000년대 블로 드라이어와 사용이 편한 아이론이나 프레스 드라이가 각광받았다.

2. 모발의 특성

1) 모발의 탄력성

모발을 잡아당겨서 늘어났다가 원래상태로 돌아오는 성질을 탄력성이라고 한다.

모발은 마른 상태에서 20~30% 늘어나며 젖은 상태에서는 40~50% 정도, 암모니아와의 접촉 시에는 더욱 많이 늘어난다. 모발의 탄력성은 열의 작용에 의해 약해지고 늘어나는 정도가 30%를 넘지 않아야 원래의 형태로 돌아갈 수 있게 된다.

2) 모발의 흡수성

모발의 단백질은 친수성이므로 수분을 흡수하는 성질이 있다. 모발의 섬유질 사이에는 구멍이 있어 수분은 그 안으로 흡착되고 건강한 모발이 수분을 흡수하게 되면 15% 정도 부풀어 올라 1~2% 정도 길이가 늘어나게 되는 것이다.

손상된 모발은 다공성 정도가 심해 수분의 흡수량도 많다. 보통 정상모발은 마른 모발에서 무게의 10% 정도의 수분을 가지고 있고 샴푸 직후에는 30~35% 정도의 수분을 함유하고 있으며 드라이 시 10% 이하로 떨어진다. 이 수분이 모발을 탄력성 있고 촉촉하게 해준다. 그러나 세팅이나 드라이 후에 지나친 수분 주입은 웨이브의 형태를 없어지게 하므로 이를 유지하기 위해 세팅로션이나 스프레이를 사용해야 한다.

3) 모발의 견고성

모발은 모든 기계적인 요인들에 대하여 매우 견고하며 모발을 끊기 위해서는 상당한 힘이 필요하다. 모발의 파열량(모발절단에 필요한 힘)은 나이, 인종에 따라 다르며 화학적인 제품(펌제, 염색, 탈색 등)의 작용 후에도 모발 파열량은 변화한다.

4) 모발의 다공성

모발의 다공성이란 케라틴이 자외선이나 그 외의 화학약품에 의해 변성되면 알칼리에 대한 저항력이 약해지는 것을 말한다.

- 다공성은 모발의 섬유가 수분을 흡수할 수 있는 능력을 말하며 모발의 다공성이 클수록 더 많은 액체를 흡수한다.
- 모발은 염모제를 받아들이기 위해 어느 정도는 다공성이 있어야 한다.
- 컬러나 펌 하기 전에 마른 모발에 시술하는 이유 중의 하나이기도 하다.
- 수분을 먼저 흡수한 상태에서는 다공성에 수분이 가득 차 있어 제품이 들어갈 자리가 없다.
- 모발 전체에 걸쳐 다공성이 고르지 않으면 컬러의 색조들이 고르지 않은 색상을 띠게 된다.

5) 모발의 pH

모발의 pH는 수소이온 농도 지수를 산, 알칼리 수치로 측정하기 위해 사용되는 것이며 미용제품의 pH에 따라 모발의 손상 정도가 달라지고 또한 회복될 수도 있다. pH란 측정 단위로 어떤 용액이 산성을 나타는 수소 양이온(H+)인지 아니면 알칼리성을 나타내는 수산화 음이온(OH)인지의 농도를 나타내는 비율로 수소이온과 수산화이온 같으면 중성이다.

pH 눈금은 0~14까지 있는데, 7이 중성이고 7보다 작으면 산성, 7보다 크면 알칼리성이다. pH 눈금은 각 수치마다 10배수로 증가하는 것을 의미한다. pH 6은 중성인 7보다 10배나 더 산성이라는 것을 의미하고 6은 5보다 10배 덜 산성이라는 것을 의미한다.

pH 0은 중성인 7보다 1,000만 배(10×10×10×10×10×10×10) 더 산성이고 pH 14는 7보다 1,000만 배 더 알칼리성이다.

(1) 산성의 특성

산성에 대한 모발의 저항력은 비교적 강하며 모발 층의 단백질은 산성에 대하여 수축작용을

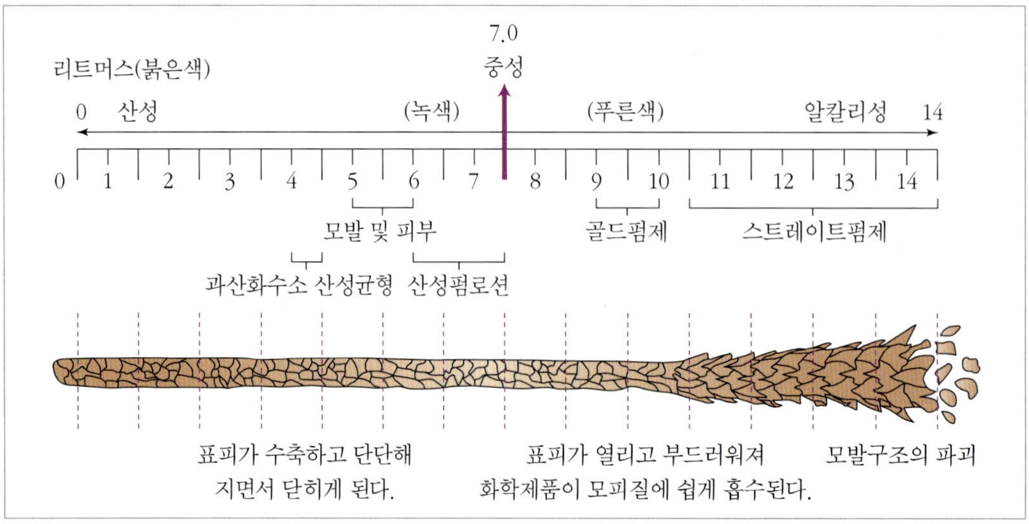

산과 알칼리에 의한 모발의 형태변화

함으로써 모표피의 응축 현상으로 표피층이 단단해진다.

- 신맛이 난다.
- 알칼리로 중화할 수 있다.
- 산성 린스는 모발에 윤기를 주고 손질을 편하게 만들며 모발을 건강하게 유지시켜 준다.
- 강한 산성이 아니라면 산성에 의한 모발 손상은 아주 적은 편이다.
- **산성막**(acid mantle) : 피부 모발이나 손톱을 감싸고 있는 피지 막은 약산성이며 이는 박테리아의 성장을 막아주고 보호 작용을 하며 화학적 손상과 모발 건조 등을 방지한다.

두피의 pH는 4.5~5.5가 평균치이며 모발이나 피부 또는 두피의 pH가 아니라 표면을 덮어 매끄럽게 만들고 있는 산성의 지방 분비물 보호막의 pH이다. 지방과 수성물질이 결합되어 있는 이 화합물을 산성막이라고 하며 이 산성막은 피부의 땀샘과 지방샘에서 생성된다. 산성막은 모발, 피부와 두피가 최적의 상태로 유지되도록 한다. 두피 표면의 평균 pH는 4.8이다. 하지만 두피에서 떨어진 모발의 pH를 측정하면 pH의 수치가 증대된다.

긴 모발의 끝에는 산성막이 적게 도달하여 모발은 끝으로 갈수록 약해지고 윤기가 없는데, 이는 모발 끝에는 산성막이 적게 도달하기 때문이다.

(2) 알칼리성의 특성

알칼리는 모발을 부풀려 팽윤, 팽창하게 하며 pH 수치가 높을수록 단백질의 염결합부터 파괴되어 불안정한 상태가 된다. 약한 알칼리에서는 모발의 유연함을 느낄 수 있고 알칼리성이 강해지면 모발의 측쇄결합은 물론 단백질 자체도 파괴되어 다공성 모발이 되기 쉽다.

- 쓴맛이 난다.
- 산으로 중화할 수 있다.
- 건조해 보이며 손질하기가 나쁘다.
- 산성막은 알칼리성의 펌, 염색, 탈색과 같은 pH가 높은 제품이 모발과 접촉하는 경우에 파괴된다.

6) 모발의 신장 및 강도

모발을 힘을 주어 잡아 당겼을 때 모발이 늘어나면서 점점 굵기가 가늘어지면서 끊어지는 힘을 강도라 하고 모발이 늘어나 끊어질 때까지 견디는 힘(g)을 신장률이라 한다.

강도란 모발의 굵기에 따라 다르기 때문에 절단 시의 무게를 절단 시 모발의 단면적으로 나눠 단위 면적당의 무게라 하며, 같은 말로는 항장력이라 부르고, 기호는 kg/mm^2로 표현한다.

강도와 신장도는 측정 시 온도와 습도에 따라 수치가 많이 달라지기 때문에 온도 25℃, 습도 65%를 표준으로 하고 있다. 또한 모발은 개인의 건강상태, 손상 정도, 길이, 당긴 힘의 속도 등에 따라 크기가 다르게 측정되어 측정자에 따라 다르다.

모발의 평균 수치는 건강모일 경우 신장률은 40~50% 정도, 신장의 강도는 140~150g 정도이며, 물에 젖을 경우 신장률은 60~70% 정도, 신장의 강도는 90~100g 정도로 알려져 있다.

7) 모발의 팽윤

모발의 어떤 물체가 액체를 흡수하여 그 본질은 변화하지 않고 체적을 늘리는 현상을 팽윤이라 한다. 모발에 물을 적셔두면 길이는 1~2% 길어지고 두께는 12~15% 두꺼워지며 중량은 30~40% 증가한다.

- **유한팽윤** : 팽윤이 어느 정도 진행하게 되면 그 이상 진행되지 않는 유한한 팽윤이 있다.
- **무한팽윤** : 모발이 제한 없이 진행되어 최후에는 용액이 되어 버리는 것은 케라틴이다.

8) 모발의 탄성

모발의 탄성은 케라틴(keratin) 단백질 구조인 나선형의(α-helix) 모양으로서 머리카락을 당겼을 때 늘어났다가(β-helix) 다시 제자리로 돌아가는 현상을 탄성이라 한다. 즉, 외력에 의해 변형을 받으면 그 물체 내부에서 외력에 대한 저항이 생겨 원래의 상태로 되돌아가려는 힘을 말한다.

9) 모발의 열, 빛에 의한 변성

(1) 모발의 열에 대한 변성

- **건열** : 120℃ 전후에서 팽윤, 130~150℃에서 변색이 시작되고 270~300℃가 되면 타서 분해하기 시작한다. 화학적으로 150℃ 전후에서 시스틴 감소가 보이고 180℃가 되면 α-케라틴이 β-케라틴으로 변한다.
- **습열** : 100℃ 전후에서 시스틴이 감소하며 130℃에서 α-케라틴이 β-케라틴으로 변한다.

(2) 모발의 빛에 의한 변성

태양광선 파장으로부터 적외선, 자외선, 가시광선으로 크게 분류한다. 모발에 직접적으로 영향을 주는 것은 적외선 및 자외선이다.

적외선은 모발케라틴의 측쇄결합을 약간은 파괴하고 손상을 받게 한다. 두피에 조사할 경우 말초혈관의 순환을 좋게 하므로 탈모방지, 육모 등의 트리트먼트에 사용한다.

자외선은 머리카락에 가장 영향을 많이 미치며 광학적 반응에 의해 시스틴이 감소하고 알칼리 용해도가 증가하는 것으로 알려져 있다. 옥외 근로자, 고원과 해안의 거주자 등 자외선의 직접 영향권 아래 있는 사람들은 모발 케라틴의 변성을 가져올 수 있다.

10) 모발의 대전성

모발을 브러시나 빗으로 빗질할 때 모발이 마찰에 의해 정전기가 발생한다. 이때 마찰에 의해 모발은〈+〉, 브러시는〈−〉로 대전하기 때문에 〈+〉 전기를 가진 모발끼리는 서로 떨어지려 하고 〈−〉의 전기를 가진 브러시와는 서로 끌어당기기 때문에 정전기가 일어난다. 마찰을 적게 하거나 습기를 많게 하면 정전기는 발생하지 않으므로 정전기 방지제로서 실리콘, 유지, 계명활성제, 습윤제를 사용할 수 있다. 미용실에서는 헤어에센스를 사용하여 모발의 정전기를 방지한다.

3. 두상의 구역과 몇칭

1) 두상의 구역

① 프런트 섹션(Front section) : 앞머리를 표현하기 위해 흐름과 방향감을 줌
② 톱 섹션(Top section) : 디자인 표면에 해당하는 부분으로 볼륨감을 최대로 주기 위해 135° 로 와인딩
③ 퍼라이어틀 섹션(Parietal section) : 스타일 전체의 질감이나 움직임에 관여하며, 인 컬 또는 아웃 컬을 결정. 또한 사이드나 아웃라인의 모양, 질감에 관여
④ 템퍼럴 섹션(Temporal section) : 사이드나 아웃라인의 모양, 질감에 관여하는 부분
⑤ 옥시피틀 섹션(Occipital section) : 모량이 가장 많은 곳으로 질감에 관여하여 무량을 조절, 인 컬 또는 아웃 컬을 결정
⑥ 네이프 섹션(Nape section) : 뒤의 아웃라인이나 질감을 형성하는 장소
※ ①, ②, ③을 통합한 명칭 : 오버 섹션(Over section)
④, ⑤, ⑥을 통합한 명칭 : 언더 섹션(Under section)

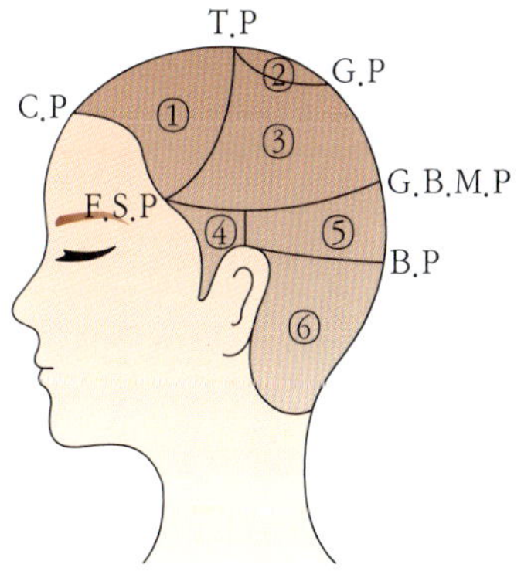

2) 두상의 명칭과 이해

두상의 구역에 따라, 와인딩의 각도에 따라 웨이브의 형태와 볼륨 정도가 다르게 결정된다.

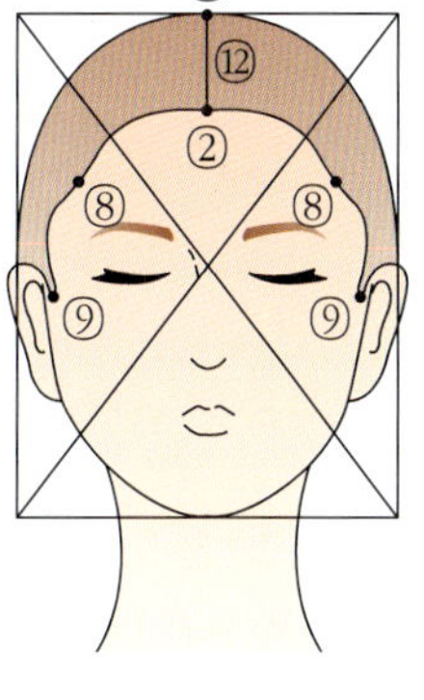

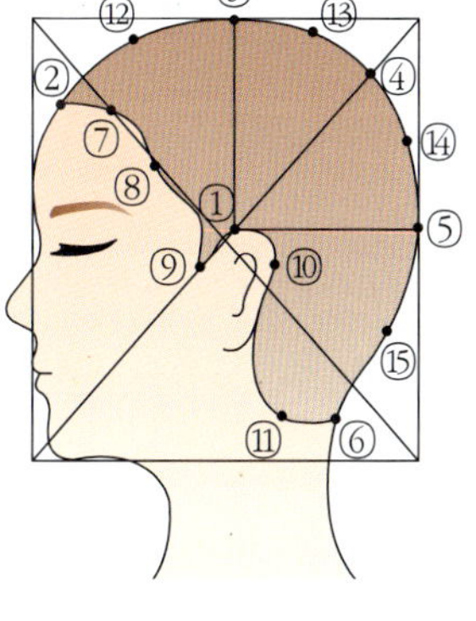

① E.P(Ear Point)
② C.P(Center Point)
③ T.P(Top Point)
④ G.P(Golden Point)
⑤ B.P(Back Point)
⑥ N.P(Nape Point)
⑦ F.S.P(Front Side Point)
⑧ S.P(Side Point)
⑨ S.C.P(Side Corner Point)
⑩ E.B.P(Ear Back Point)
⑪ N.S.P(Nape Side Point)
⑫ C.T.M.P(Center Top Medium Point)
⑬ T.G.M.P(Top Golden Medium Point)
⑭ G.B.M.P(Golden Back Medium Point)
⑮ B.N.M.P(Back Nape Medium Point)

Chapter 2

블로 드라이의 이해

1 블로 드라이

2 스타일링 제품 및 도구

3 아이론 기법의 이해

Chapter 2

블로 드라이의 이해

헤어디자인에서 스타일링은 이미지 변화를 다양하게 하는 요소이다. 모발의 소재를 사용하여 선, 방향, 모양의 기본 형태에 스타일의 질감, 컬러, 비율 등 디자인 요소를 다양하게 가미하여 변화를 주면 같은 헤어스타일에서 헤어제품과 웨이브의 형태에 따라 다양한 헤어스타일이 연출된다.

1. 블로 드라이

1) 블로 드라이의 의미

열과 바람을 이용하여 모발의 수분을 제거하여 웨이브 형태를 연출한다. 모발에 윤기를 줄 수 있고 웨이브를 굵고 작게 연출이 가능하며 웨이브의 방향성에 따라 다양한 이미지 연출도 가능하다.

2) 블로 드라이의 목적

모발의 수분 건조를 도와주며 모발에 볼륨, 윤기, 텐션을 적용하여 웨이브의 형태를 연출하고 완성도를 높여 최고의 아름다움을 표현하는 헤어스타일을 만든다.

3) 블로 드라이의 종류

(1) 블로 드라이어(blow dryer)

① 바람 세기는 정해진 모터의 용량에 따라서 팬을 작동시켜 회전시키며, 발열기인 니크롬선을 통하여 가열된 바람이 출구 노즐을 통하여 방출된다.

② 조절장치가 되어 있어 강온풍, 온풍, 냉풍으로 조절된다.

③ 드라이 1kw(1,000w) 이상 대용량의 전기가 사용되며 헤어 살롱에서는 보통 1,200~1,350w를 사용한다.

블로 드라이어

(2) 콤 드라이어(comb dryer)

드라이의 본체 노즐 부분에 빗살처럼 된 콤 브러시가 연결되어 모발을 건조하면서 스타일 연출이 가능한 드라이어이다.

콤 드라이어

(3) 디퓨저 드라이어(diffuser dryer)

본체 노즐 부분에 끼워 사용하는 원통형으로 웨이브 마무리용으로 주로 사용된다.

디퓨저 드라이어

(4) 쌍 드라이어

모발 숱이 많거나 빠른 시간에 건조가 필요할 때 또 주로 열펌 건조 시 유용하게 사용된다.

쌍 드라이어

4) 브러시

(1) 브러시의 사용목적

- 모발의 엉킴을 풀어 매끄럽게 정리하는 데 사용한다.
- 모근 피지의 분산으로 모발의 윤기를 돕는 역할을 한다.
- 곱슬머리를 펴거나 웨이브 형태를 쉽게 만드는 데 활용한다.
- 커트 파마 시술 후 부족한 면을 보완해 주며 얼굴형에 맞는 이미지를 연출한다.

(2) 브러시의 종류

브러시(brushes)의 종류에 따라서 스타일의 양감과 질감 표현이 달라진다.

① 돈모 브러시

- 곱슬모를 치밀하게 펴주므로 웨이브 모발에 스트레이트로 펴고자 할 때 주로 사용된다.
- 촘촘한 간격으로 만들어져 모발의 윤기를 더 내고 정교한 작업을 할 때 적당하다.
- 자연스러운 C컬을 만들고자 할 때 사용된다.

② 가시 돈모 브러시

살롱에서 주로 많이 사용하고 있는 브러시로서 플라스틱 가시롤(빗살) 50%, 돈모롤 50%를 혼합하여 만들어진 브러시이다.

- 대형 롤

자연스러운 C컬을 연출할 때, 곱슬머리를 펴거나 스트레이트를 연출하는 데 사용된다.

- 중형 롤

주로 많이 사용하며 C컬, 볼륨 스타일, 자연스러운 웨이브를 연출하는 데 사용된다.

- 소형 롤

S웨이브를 연출할 때 주로 사용하며 모류교정, 방향성을 주고자 할 때 사용된다.

돈모 브러시

가시 돈모 브러시

나일론 모

금속성 모

③ 나일론 모

합성재질의 나일론 브러시로서 자연스럽게 볼륨감을 주고자 할 때 사용된다.

④ 금속성 모

- 몸체와 빗살이 모두 금속 소재로서 금속의 열전도 성질을 이용하여 빠른 시간에 스타일을 연출하는 데 사용된다.
- 금속 소재로 되어 있어서 열전도율이 높아 열을 받게 되므로 화상에 주의해야 한다.

⑤ 덴멘 브러시

영국의 덴멘 사가 아치 모양의 형태로 제작하여 제품 이름화한 것으로 일반화되어 덴멘 브러시(denman brush)라 부른다.

- 고무 패드가 부착된 그 위에 나일론 모들이 심어져 열에 상하며 상한 텐션과 볼륨 형싱에 사용된다.
- 모근을 살려주면서 모발의 방향 흐름을 만들 수 있다.
- 원랭스, 그래주에이션 커트의 형태를 살려줄 때 주로 사용된다.
- 유럽 및 미국에서 가장 많이 사용되는 브러시이다.

덴멘 브러시

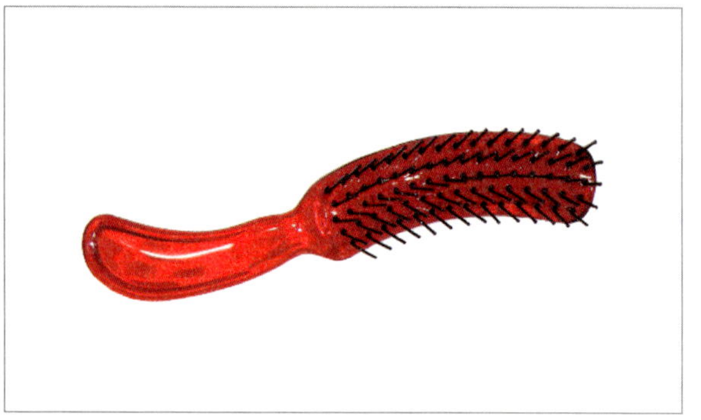

S자 브러시

쿠션 브러시

⑥ S자 브러시

헤어스타일 마무리용으로 주로 사용되며 짧은 모발에 사용한다.

⑦ 쿠션 브러시

푹신한 고무 패드로 만들어져 모근 마사지와 모발 엉킴을 정리할 때 주로 사용된다.

5) 블로 드라이의 원리

블로 드라이는 화학적 결합 중에서 수소결합이 큰 비중을 차지하는 것으로 드라이 열이나 아이론에 의해 물리적 변화를 발생시켜 일시적으로 웨이브를 형성하는 스타일링이다.

모발이 물에 젖으면 결합이 절단되고 절단된 결합은 열에 의해서 건조되면 재결합한다. 즉, 모발은 모피질층에 존재하는 단단한 α −케라틴이 물에 젖으면 수소결합과 염결합이 수분에 의해서 끊어지면서, 유연한 β −케라틴 상태로 변화하는데, 이때 열과 텐션(tension)을 주어 롤을 감아 건조시키면 수소결합과 염결합이 재결합을 하여 웨이브를 형성하게 되는 것이다.

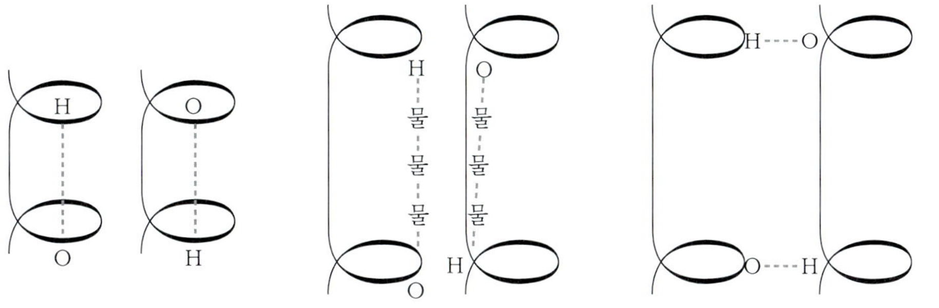

블루 드라이의 원리

6) 블로 드라이의 요소

(1) 습 도

모발은 10~15% 수분을 함유하고 있어 블로 드라이를 할 때 샴푸 후 모발의 수분은 30~35% 정도를 유지하는 것이 바람직하며 모발 손상도 및 스타일 연출에 따라서 모발의 수분 함유량이 다르다.

- 자연스럽게 펴기니 C컬 정도를 연출할 때 수분은 20% 전후가 적당하다.
- 탄력 있는 C컬, S컬을 연출할 때 수분은 25~30% 전후가 적당하다.

(2) 온 도

65~85℃ 정도의 드라이어의 열을 활용하여 스타일에 따른 모발의 수분 함유량에 따라 기술적 테크닉을 다르게 시술하게 되므로 수분의 영향을 받는다.

(3) 텐 션

웨이브를 연출하기 위해서는 텐션의 조절에 따라서 웨이브 탄력도가 다르게 연출되므로 웨이브 릿지가 형성되는 부분에 텐션을 가하면 웨이브가 뚜렷한 릿지를 얻을 수 있으며 드라이어 노즐과 롤 브러시를 당기는 힘인 텐션에 따라서 모발의 윤기가 달라질 수 있다.

(4) 각 도

인체의 두상은 둥근 구(球) 모양으로 이루어져 두상에서 90° 정도의 각도로 활용되고 두상의 위치에 따라서 많은 볼륨을 형성하고자 할 때 90°이상 각도로 조절하며 볼륨을 원하지 않는 부분은 45°이하로 활용한다.

(5) 속 도

모발의 손상도, 곱슬 정도, 수분량에 따라서 작업 속도는 차이가 있다. 곱슬머리 및 웨이브 머리의 경우 속도를 천천히 하고 모발의 윤기를 눈으로 확인하면서 속도 조절을 하는 것이 바람직하며 손상모의 경우 조금 빠르게 완급을 조절하여 활용한다.

(6) 손가락

드라이어와 롤 브러시로 드라이를 하지만 손가락을 이용하여 스타일을 연출하거나 자연스럽게 원하는 스타일을 연출하는 데 용이하다.

7) 블로 드라이의 유의사항

- 모발에 유분이나 먼지 등 스타일링을 하는 데 방해되는 요소들은 샴푸 후 드라이로 시술한다.
- 모발의 수분이 10~15%에서 10% 이하일 경우 드라이어의 과도한 열에 의해 모발에 손상이 올 수 있으며 모발이 푸석해지는 원인이 된다.
- 드라이어로 시술 시 고객의 목이나 두피가 뜨겁지 않게 주의해야 한다.
- 드라이어 전선이 고객의 얼굴에 닿지 않게 주의해야 한다.
- 드라이어 팬에 머리카락이 빨려 들어가지 않게 주의한다.
- 젖은 손으로 드라이어 콘센트를 잡지 않는다.
- 필터에 먼지나 이물질이 들어가지 않게 정기적으로 청소한다.

8) 모발 손질

손상된 머릿결에 따라, 또 사람마다 모발의 결에 따라 드라이기 사용법이 다르다. 염색이나 펌 시술을 하지 않은 머릿결은 건강하다. 하지만 현대인들은 잦은 펌과 염색을 통하여 머릿결이 많이 손상된 경우가 많아 어떻게 관리해야 할지 고민이 많다. 그렇다고 해서 곱슬머리, 삐죽 나온 머리, 푸석한 머리를 생각하면 드라이를 안 할 수도 없다. 어떻게 하면 손상은 적으면서 머리카락에 맞는 드라이를 할 수 있을지 그 손질법을 알아본다.

(1) 드라이 손질방법

- 머리를 감고 수건으로 가볍게 톡톡 눌러 남은 물기를 제거한다.
- 모발 끝쪽부터 손가락이나 굵은 빗을 이용하여 머리 감을 때 엉킨 머리카락을 조심조심 풀어준다.
- 보호 트리트먼트 또는 헤어에센스를 수분이 있을 때 머리카락에 골고루 소량 도포하여

열에 의한 손상을 최소화시킨다.

- 드라이 할 때에는 머리카락 안쪽부터 건조한다.
- 드라이 열로부터 모발을 보호하기 위해 드라이어를 약 10cm 이상 간격을 두고 건조한다.
- 열과 바람이 골고루 가도록 드라이어를 흔들면서 말린다.
- 머리카락이 70~80% 정도 말랐을 때 다시 찬바람으로 머리카락을 말려주면 모발이 차분해진다.
- 웨이브를 할 경우 롤 브러시로 빗질하면서 드라이한다.
- 스트레이트 헤어일 경우 빗질을 해가면서 드라이하도록 한다.

(2) 드라이 시 주의사항

- 수건으로 머리를 감싸 물기를 제거할 때 오랫동안 방치하면 비듬이 생기고 또한 가려움증의 원인이 되므로 대략 5분 이내로 감싼 것을 풀어서 말리는 것이 바람직하다.
- 수건으로 물기를 닦아낼 때 강한 힘으로 박박 문질러 닦으면 머릿결이 상할 수 있으므로 주의하도록 한다.
- 드라이어로 머리를 말릴 때에는 좌우로 흔들면서 말려주는 것이 바람직하다.
- 두상과 드라이어와의 간격은 대략 10~15cm 정도가 적당하며 약간 젖은 상태에서 건조한다.
- 모발을 건조할 때 빠른 속도로 목덜미 부근에서 머리 위까지 올라가면서 말린다.
- 모발의 수분을 빼앗거나 손상시키지 않도록 헤어드라이어를 머리 끝이나 모근 한 부분에 고정시키지 말고 계속 움직여서 건조한다.

2. 스타일링 제품 및 도구

드라이 후 마무리 스타일링 제품에 따라서 헤어스타일을 더욱 빛나게 연출할 수 있다.

1) 스타일링 제품의 종류

투페이스

① **투페이스**

실크 프로테인 성분이 모발에 침투하여 큐티클 층을 만들어 지모, 절모, 손상된 모발 등에 대해 실리콘 성분이 막을 형성해 준다. 빗질이 안 되고 엉킨 모발을 정리해 주는 역할을 하며 손질하기 쉽게 보조제 역할을 한다.

에센스

② **에센스**

열로 인해 모발이 푸석거리고 손상된 모발결에 영양을 공급해 큐티클을 정리해 주면서 약간의 보조제인 고분자 실리콘 성분이 코팅효과를 주어 머릿결에 윤기와 모발의 수분 증발을 억제하여 모발을 보호해 주는 역할을 한다.

헤어왁스

헤어크림

③ **헤어왁스**

헤어드라이 후 왁스 제품 종류에 따라서 웨이브 고정용 또는 윤기나 부드럽게 연출할 수 있는 제품을 선별하여 사용한다.

④ **헤어크림**

웨이브 머리나 모발에 윤기를 주고자 할 때 모발 보호효과와 수분에 의한 보습효과가 좋다.

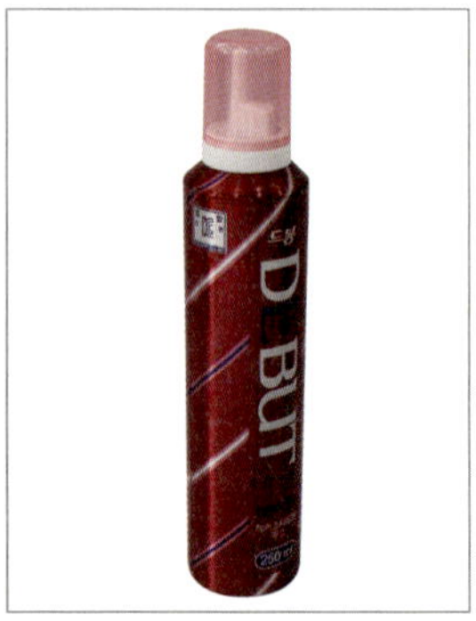

헤어무스

헤어스프레이

⑤ **헤어무스**

헤어스타일에 윤기와 광택을 주고자 할 때 좋으며 고정용은 오래 지속된다.

⑥ **헤어스프레이**

헤어스타일링 작업에서 마무리 고정용으로 사용된다.

2) 사용 도구

① 분무기

블로 드라이에서 모발은 주변 환경에 따라 시술과정 중 수분이 증발된다. 분무기로 부족한 모발의 수분을 보충하여 스타일 연출에 맞는 수분을 유지한다.

② 핀 셋

스타일 연출 시 모발이 흘러내리지 않게 고정이 잘 되는 핀셋을 사용한다.

③ 꼬리빗 및 포크빗

드라이 후 마무리 용도로 모발결과 웨이브의 움직임을 수정할 때 사용된다.

분무기

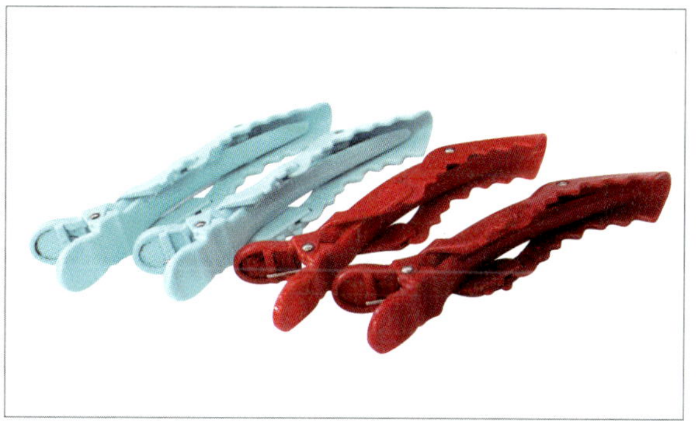

핀 셋

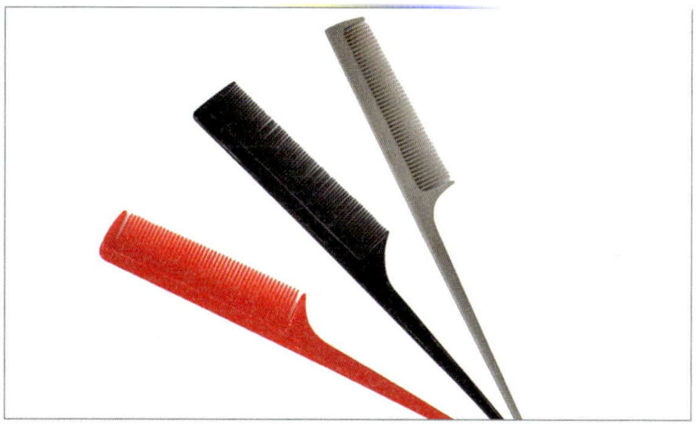

꼬리빗

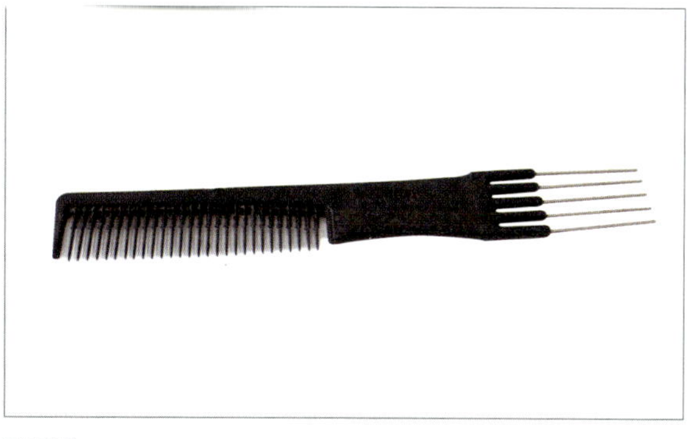

포크빗

3. 아이론 기법의 이해

1875년 프랑스 '마셀 그라도'라는 사람이 마셀 아이론을 개발하여 유래시켰으며 현재까지도 다양한 아이론을 통해 보다 쉽게 헤어스타일을 연출하고 있다.

1) 아이론의 주의사항

(1) 아이론의 온도

아이론의 온도는 일반적으로 120~180℃까지 사용할 수 있으며 모발의 손상도에 따라서 온도를 조절하여 사용한다. 손상모일 경우 온도를 낮추고 건강모일 경우 온도를 높여 사용한다.

(2) 아이론의 장·단점

① 장 점

- 빠른 시간에 웨이브 연출이 가능하다.
- 아이론은 높은 온도를 이용하여 일시적인 웨이브를 연출할 수 있어 웨이브가 오랫동안 지속될 수 있다.
- 짧은 머리도 뿌리 볼륨을 줄 때 사용이 가능하다.
- 펌을 하지 않아도 다양한 웨이브 연출이 가능하다.

② 단 점

- 초보자인 경우 모질과 수분에 따른 온도 조절이 어렵다.
- 아이론의 종류에 따라서 조작방법 숙련이 필요하다.

(3) 유의사항

높은 고온에서 사용하는 원형 아이론일 경우 두피 및 피부에 화상을 일으킬 수 있으므로 주의해야 한다.

2) 아이론의 명칭과 사용법

(1) 아이론의 명칭

전기선이 연결되어 전열선을 타고 프롱(prong)으로 열이 전달되며 모발을 잡아줄 수 있는 그루브(groove)와 균형감을 잡아주는 역할을 하는 손잡이로 이루어져 있다.

- 그루브 : 감긴 모발을 감싸서 모발이 빠지지 않게 고정하는 역할을 한다.

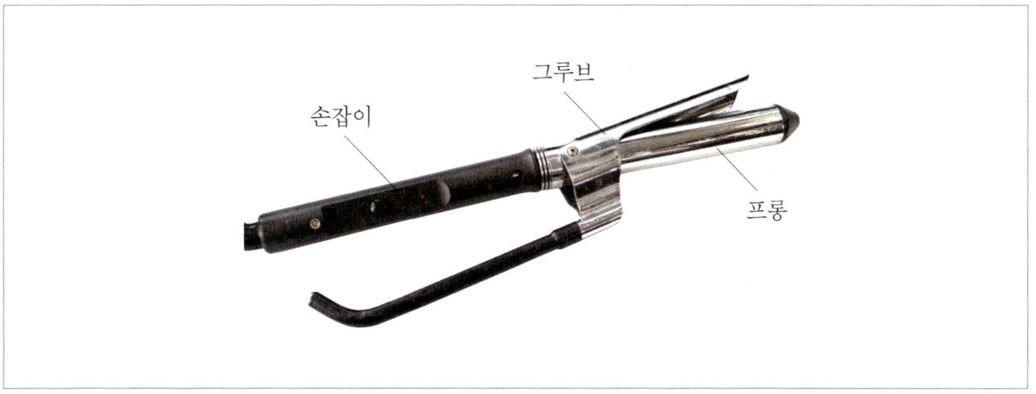

아이론 명칭

- 프롱 : 전열선으로 열 온도에 따라 웨이브의 둥근 모양으로 만들어 주는 역할을 한다.
- 손잡이 : 그루브와 연결되어 균형감을 잡아주면서 자유롭게 스타일링을 연출한다.

(2) 아이론의 사용방법

엄지와 검지로 손잡이를 잡고 중지와 약지를 핸들의 바깥쪽에, 소지는 안쪽에 잡고 조작한다.

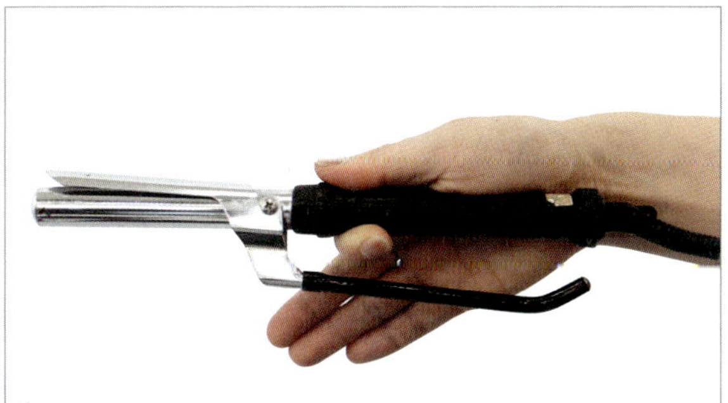

1

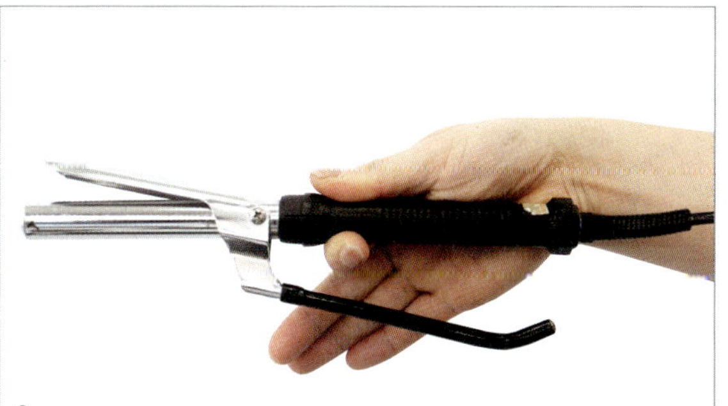

2

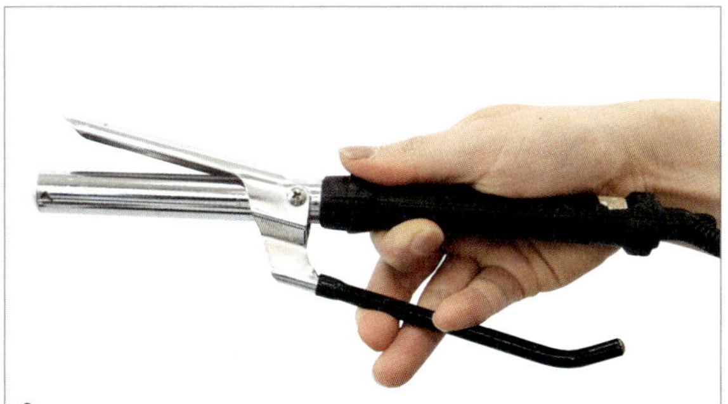

3

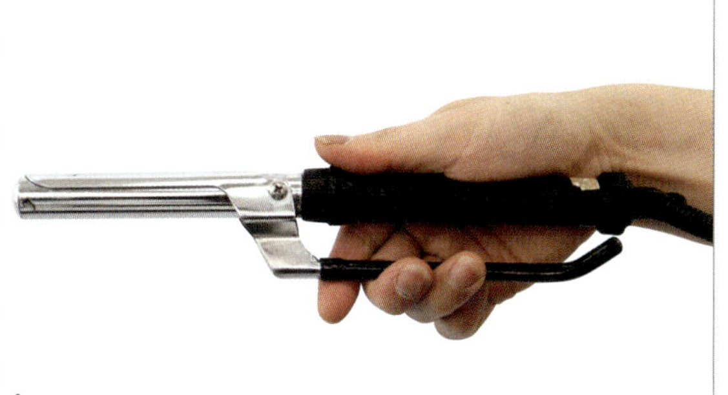

4

(3) 아이론의 회전방법

엄지와 검지로 핸들을 잡고 아이론을 회전한다.

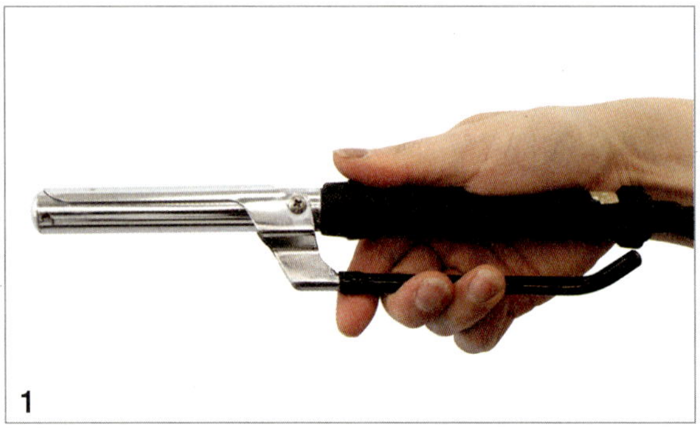
1

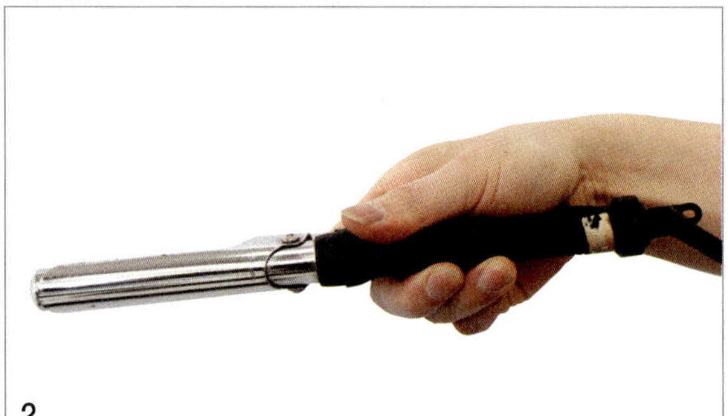
2

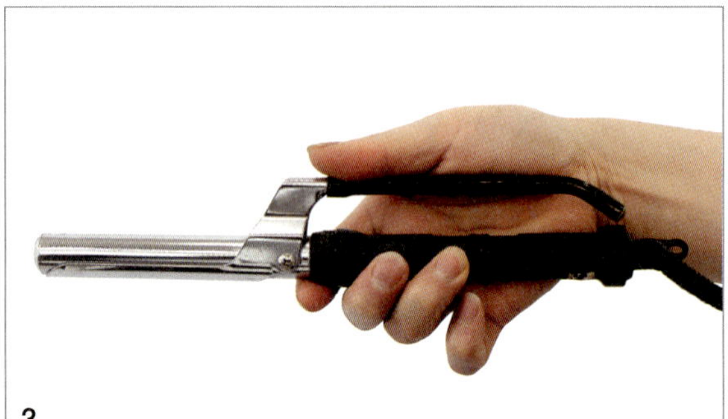
3

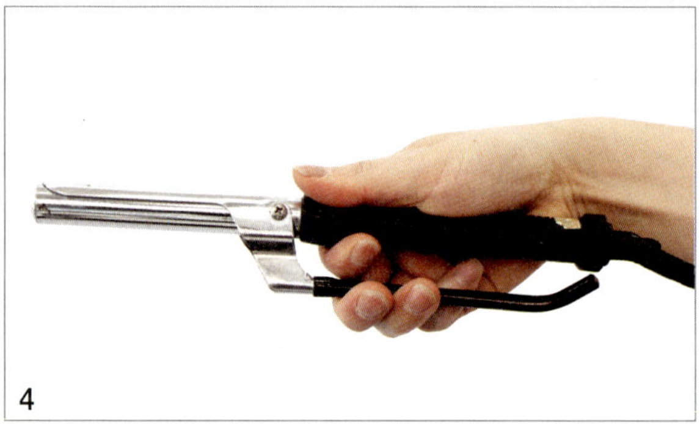
4

3) 아이론의 종류

(1) 원형 아이론

둥근 원형으로 웨이브를 연출하고자 할 때 주로 사용하며 균일한 웨이브를 연출할 수 있다는 것이 장점이다.

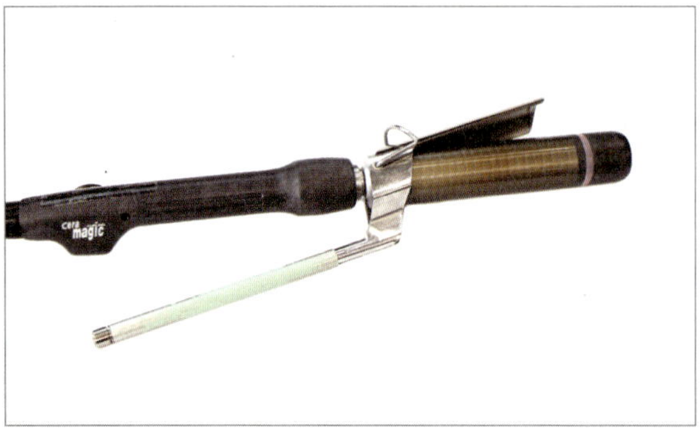
원형 아이론

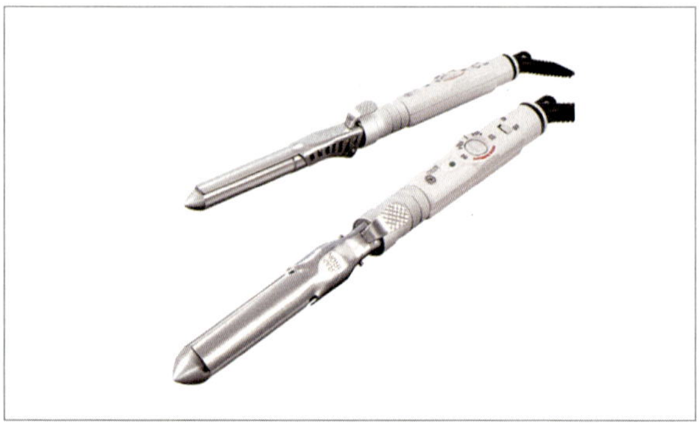
원형 펌 전용 아이론

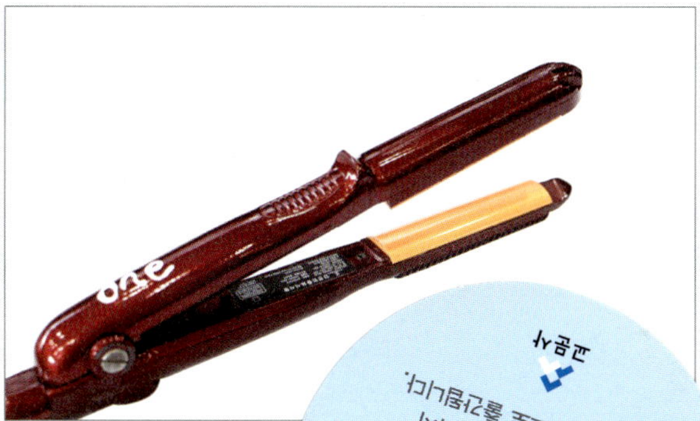
반원형 아이론

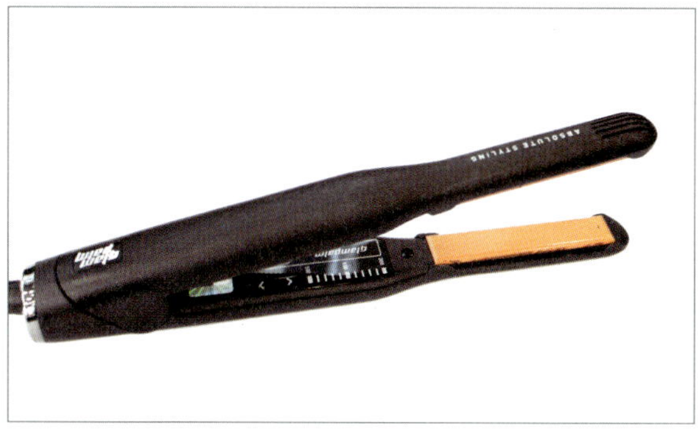
플랫 아이론

(2) 반원형 아이론
뿌리 볼륨을 살리 … 자 할 때 사용된다.

(3) 플랫 아이론
곱슬 모발을 … 연출하고자 할 때 사용된다.

(4) 특수 …
다양한 … 출 형태가 달라진다.

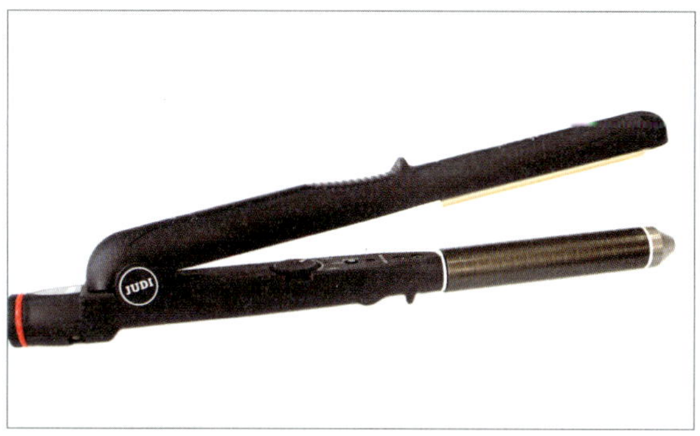
볼륨 컬링 아이론

뿌리 볼륨 아이론

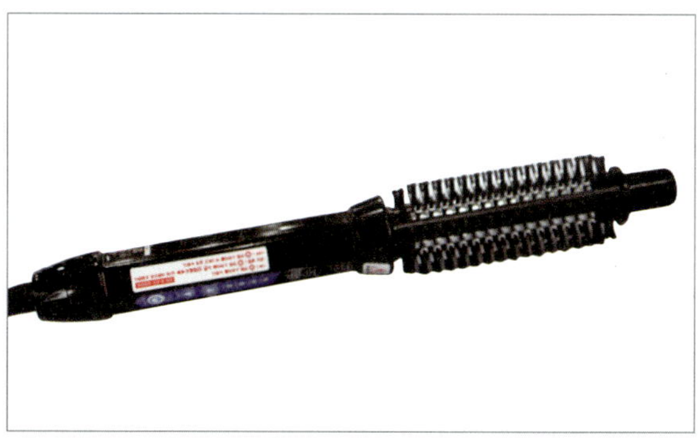
롤빗 전기 아이론

Chapter 3

섹션에 따른 헤어스타일 이미지

Chapter 3

섹션에 따른 헤어스타일 이미지

1. 섹션에 따른 형태 분석

1) 섹션 분석

헤어스타일에서 기본적으로 섹션에 따른 웨이브의 형태 분석을 통하여 얼굴형에 맞는 이미지를 연출한다.

조형적인 원리와 도해도에 따른 분석으로 정확한 이미지 분석을 통하여 예측할 수 있으며 수평, 전대각, 후대각, 수직 웨이브 방향성에 따라 헤어스타일을 연출할 수 있다.

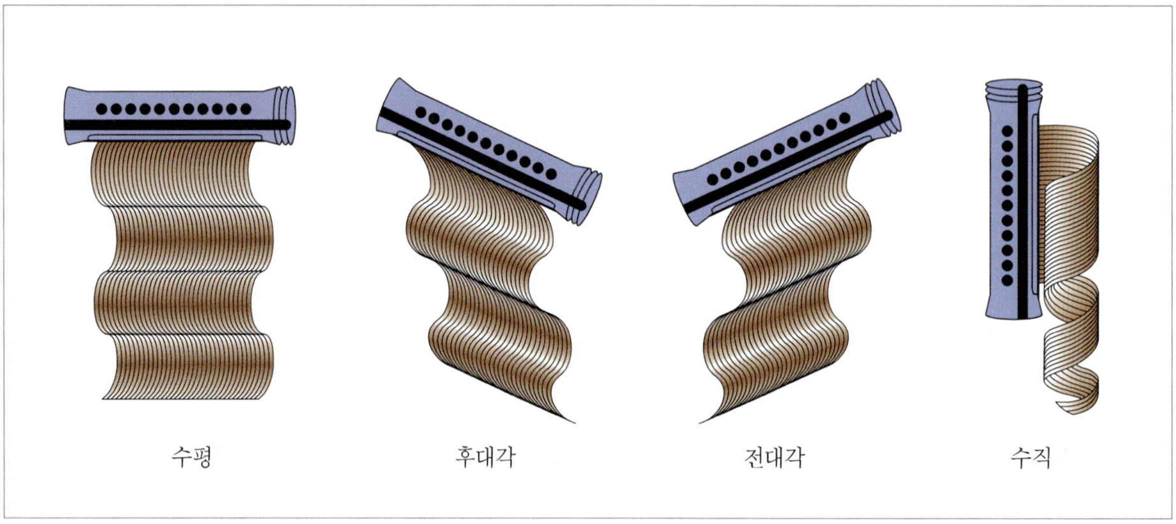

웨이브의 형태

2) 섹션에 따른 웨이브 분류

수평, 사선, 수직 등의 섹션 방향에 따라서 천체축에 따른 웨이브 이미지가 변화된다.

- 호리존틀(horizontal) : 섹션 웨이브의 흐름이 좌우로 형성된다.
- 다이애거널(diagonal) : 섹션 웨이브의 흐름이 사선으로 형성된다.
- 버티컬(vertical) : 나선형으로 웨이브가 형성된다.

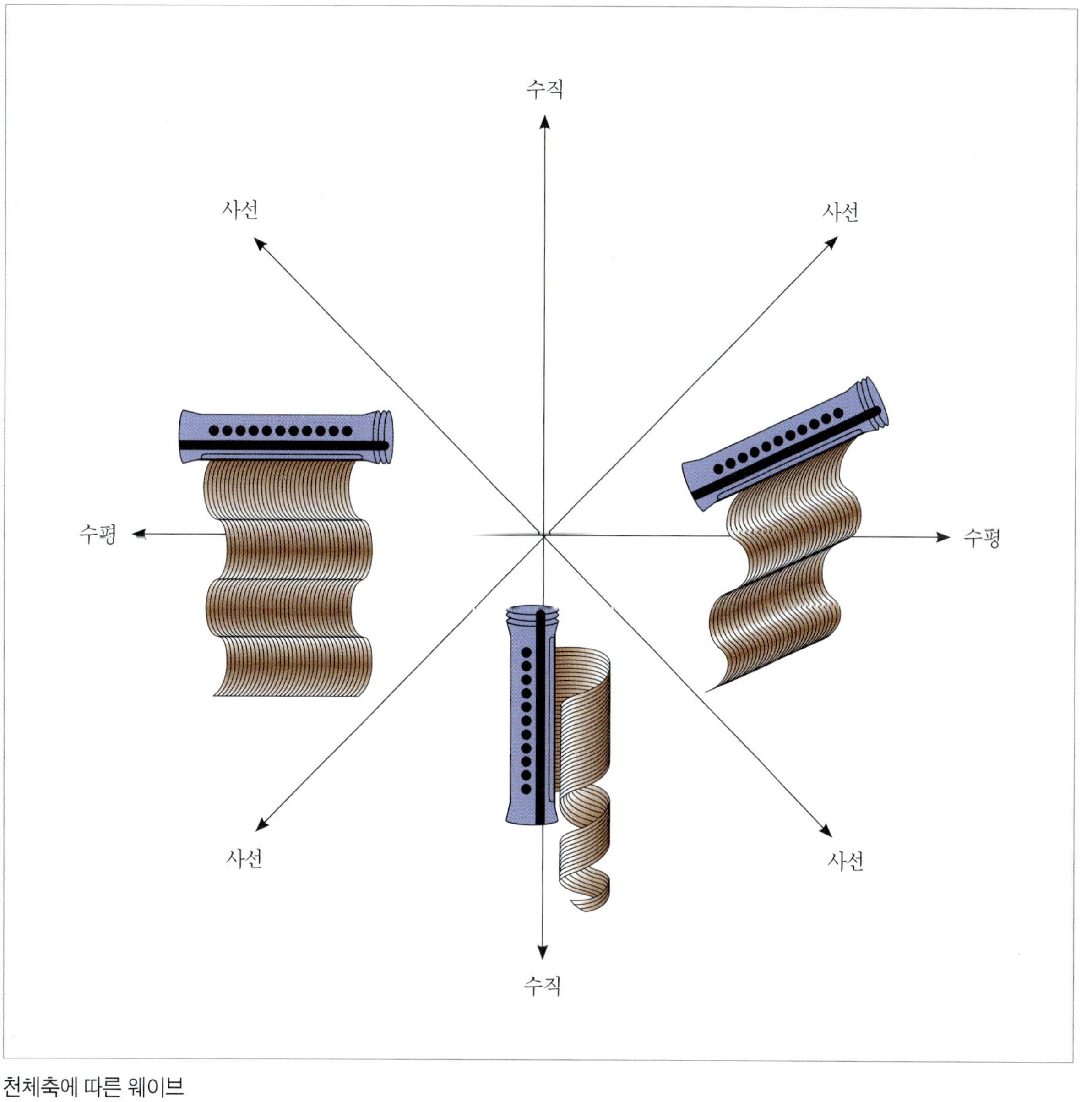

천체축에 따른 웨이브

2. 섹션 이미지

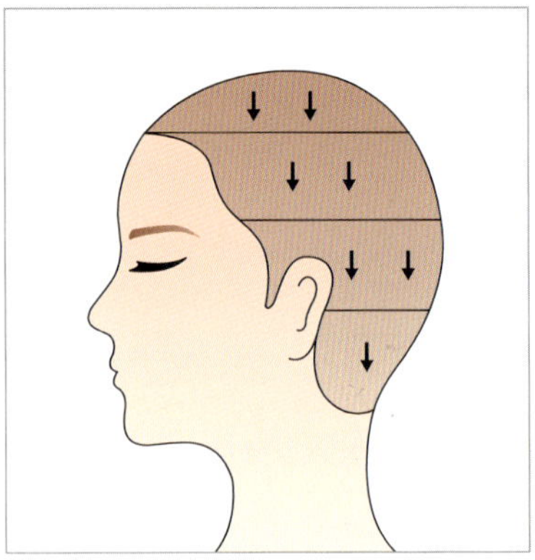

1) 수평 섹션에 따른 헤어스타일 이미지 분석

수평 섹션에서 아이론으로 웨이브를 시술하면 이미지는 볼륨감과 부피감이 제일 많고 모류의 방향이 아래로 향하며 웨이브 형태는 좌우로 움직이는 형태가 형성된다. 모발의 머리 기장이 짧아 보인다.

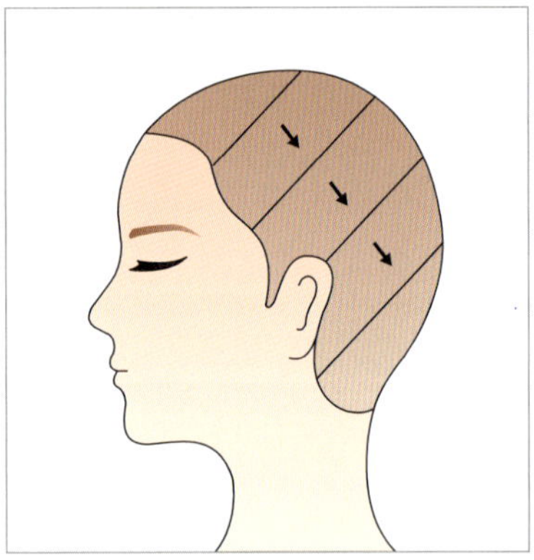

2) 전대각 섹션에 따른 헤어스타일 이미지 분석

전대각 섹션에서 아이론으로 웨이브를 시술하면 얼굴을 드러낼 수 있으며 모류가 리버스 방향으로 형성되어 머리 기장을 유지시켜 준다.

3) 후대각 섹션에 따른 헤어스타일 이미지 분석

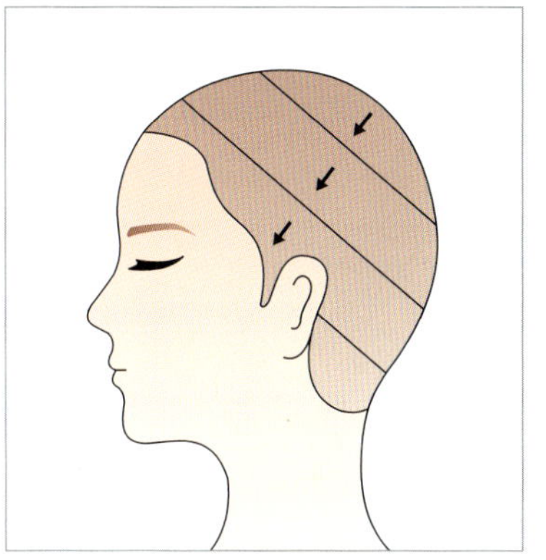

후대각 섹션에서 아이론으로 시술하면 얼굴형을 감싸주며 모류가 포워드 방향으로 연출되기 때문에 이미지는 볼륨감과 부피감이 많고 모발의 머리 기장이 길어 보인다.

4) 수직 섹션에 따른 헤어스타일 이미지 분석

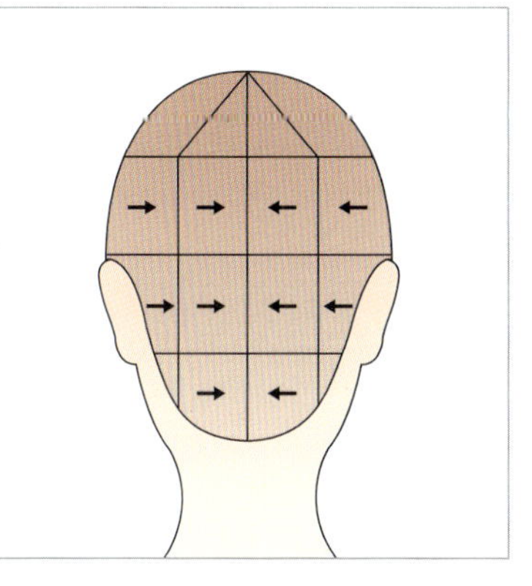

수직 섹션에서 아이론으로 시술하면 웨이브 이미지는 포워드 방향으로 시술하면 얼굴을 감싸주고 리버스로 시술하면 얼굴형을 드러내며 볼륨감과 부피감이 적고 모발의 머리 기장이 길어 보인다.

① 수직 섹션으로 리버스 방향

얼굴형을 드러내고 웨이브 움직임이 리버스를 연출한다.

② 수직 섹션으로 포워드 방향

얼굴형을 감싸고 웨이브 움직임이 포워드 방향으로 연출된다.

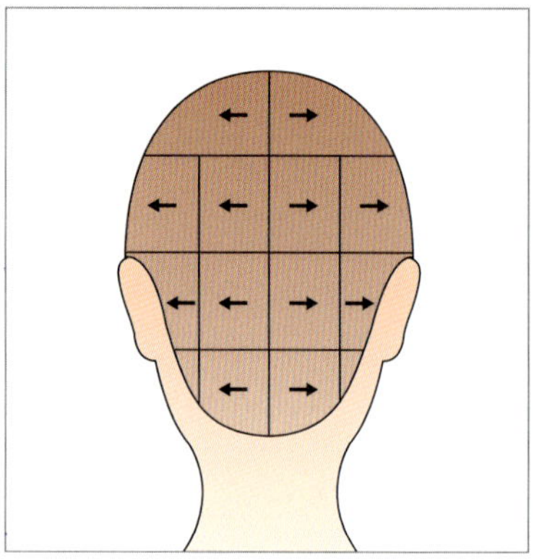

수평·전대각·후대각·수직 섹션의 분석표

항 목	수평 섹션	전대각 섹션	후대각 섹션	수직 섹션
볼륨감 형성 정도	최대	중	대	소
컬의 기상상태	짧아 보인다	기장 유지	길어 보인다	최대로 길어 보인다
부피감	최대	중	대	소
컬의 방향성	좌, 우	리버스	포워드	포워드 & 리버스

3. 섹션에 따른 스타일 이미지 분석

웨이브의 섹션에 따라서 얼굴의 형태가 다르게 변화된다. 즉, 두상의 천체축(celestial axis)에 의한 웨이브 모발 끝이 어느 위치, 어느 방향에 있느냐에 따라서 얼굴형과 이미지가 달라 보이는 것이다. 화살표는 모발 끝의 방향성을 나타내고 있다.

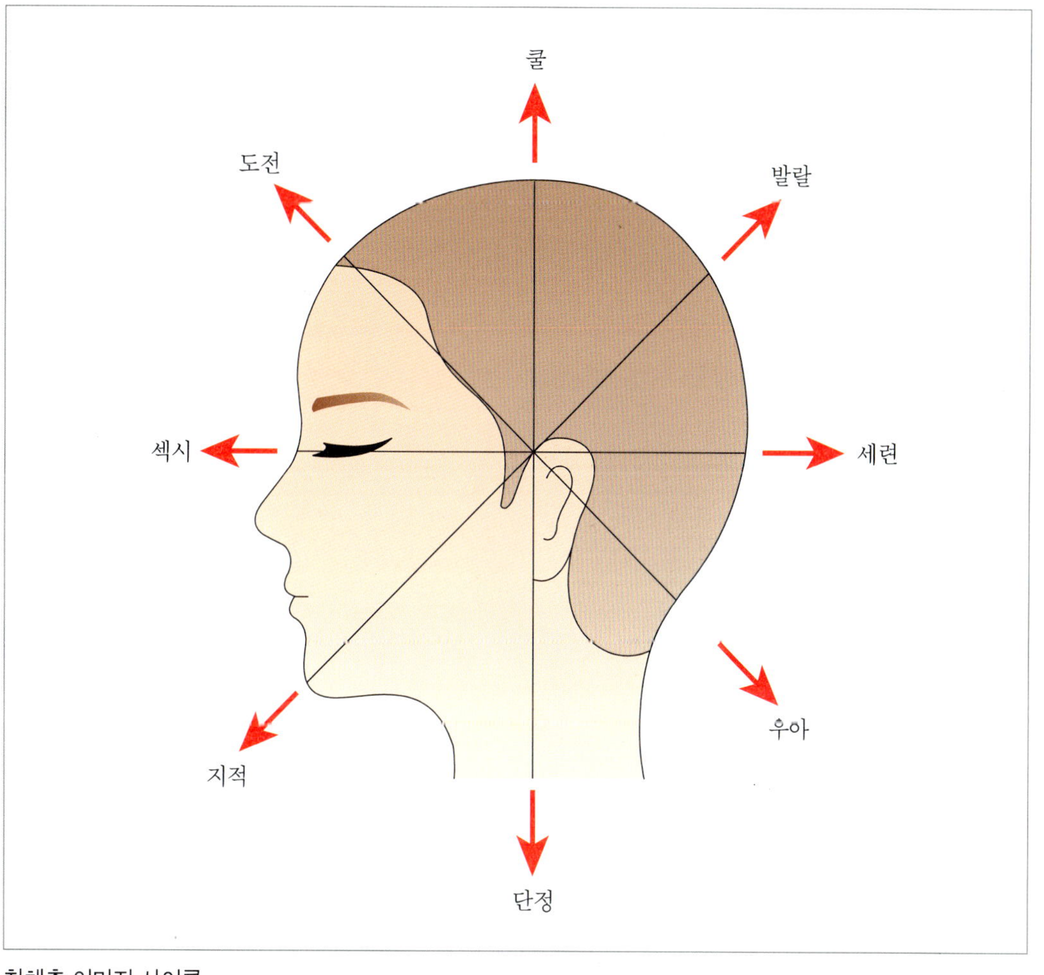

천체축 이미지 사이클

헤어스타일 이미지가 자기 얼굴에 잘 맞는 스타일인지, 잘 맞지 않는 스타일인지 확인할 수 있는 포인트는 전체 밸런스, 분위기, 얼굴형, 얼굴의 윤각, 얼굴의 부분, 모양과 모질, 헤어라인과 머릿결의 흐름 등을 순차적으로 파악하여 자신의 특징을 잘 포착하는 것이 중요하다.

앞머리 헤어스타일에 따라서 다양한 이미지가 표현되고 또한 섹션에 따른 웨이브의 방향성, 즉 모발 끝부분이 두상의 어느 위치에 있느냐에 따라 또 스타일 이미지, 컬의 방향성, 섹션의 방향, 얼굴형, 질감처리에 따라 이미지는 다르게 표현된다.

1) 단정한 이미지

수평 섹션 모류와 모발의 끝이 아래로 향하면 단정한 이미지가 연출된다.

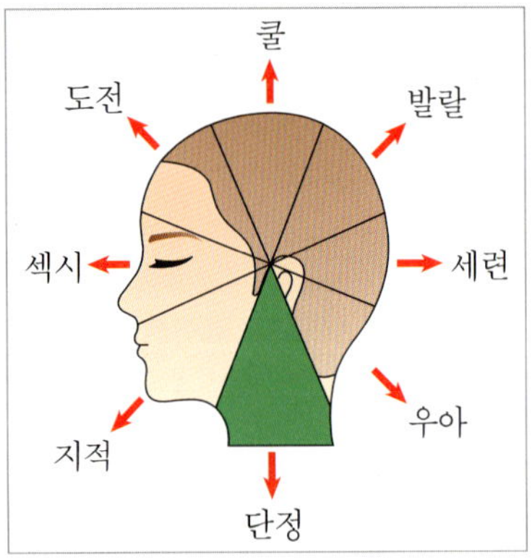

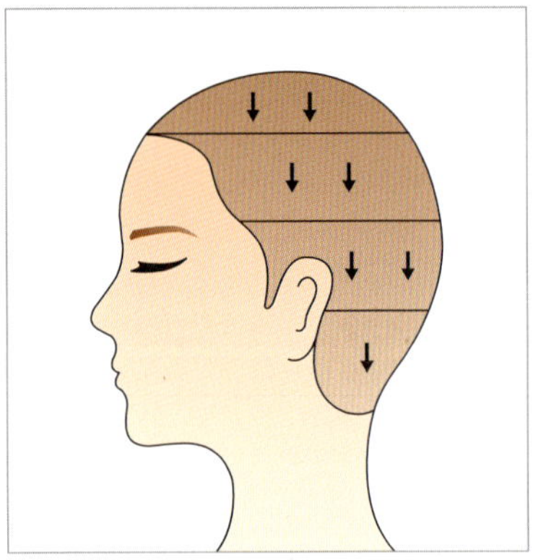

이미지 사이클 및 수평 도해도

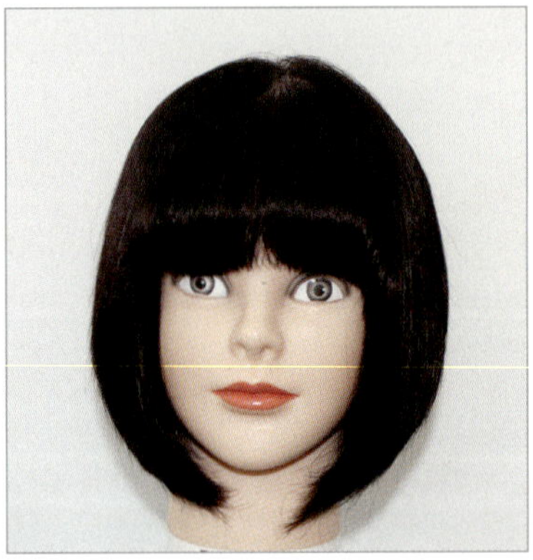

웨이브의 방향성이 네이프 포인트(nape point)일 때 단정하고 깔끔한 스타일이 표현된다.

웨이브의 방향성이 네이프 포인트 방향

항 목	분석 내용
스타일 이미지	단정하다, 차분하다, 무겁다, 깔끔하다
컬의 방향성	네이프 포인트
모류의 방향	네이프 포인트
섹션의 방향	수평
얼굴형	장방형, 삼각형 등
어울리는 직업	교육지도계층, 보수적인 계층, 공무원 등 20~30대 여성

2) 우아한 이미지

우아한 이미지 스타일로 모델링한다.

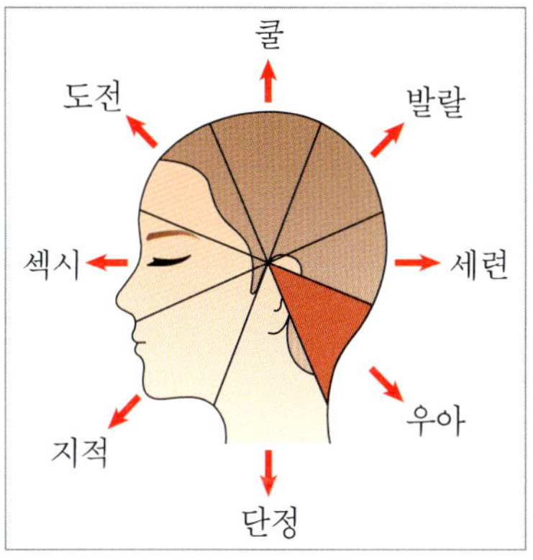

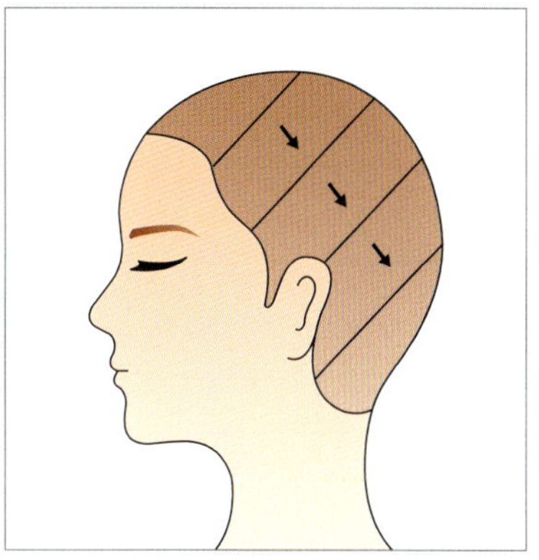

이미지 사이클 및 전대각 도해도

웨이브의 방향성이 백 포인트(back point)로 각진 얼굴의 강한 이미지를 부드럽고 이지적으로 보이게 하며 우아하고 고상한 스타일로 표현해 준다.

웨이브의 방향성이 백 포인트 방향

항 목	분석 내용
스타일 이미지	우아하다, 고상하다, 부드럽다, 품위 있다, 성숙하다
컬의 방향성	백 포인트
모류의 방향	백 포인트
섹션의 방향	전대각
얼굴형	사각형, 각진 형
어울리는 직업	사무직, 전통예술계층, 40~50대 여성고객층

3) 세련된 이미지

사선에 가까운 버티컬 섹션으로 세련된 이미지를 연출한다.

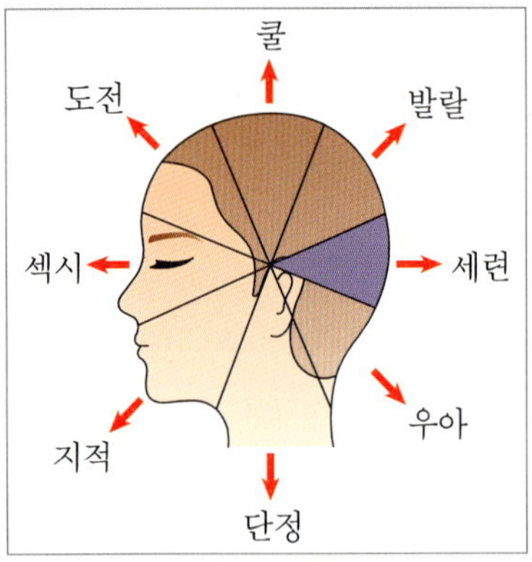

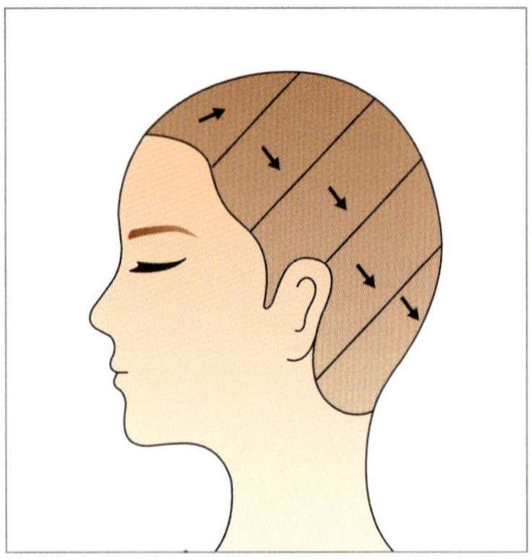

이미지 사이클 및 전대각 도해도

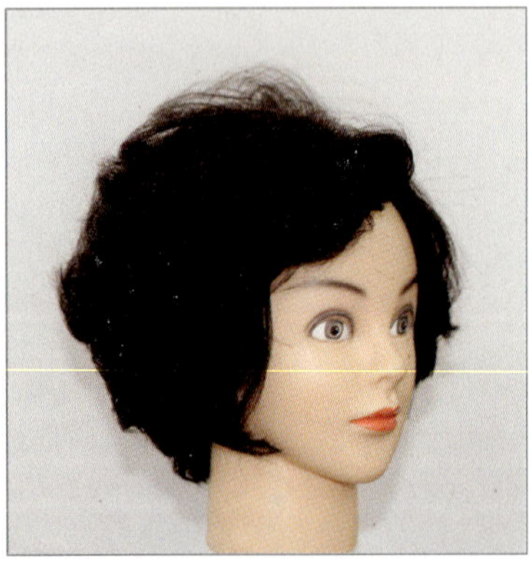

웨이브의 방향성이 백 포인트(back point)로 사각 얼굴형이나 광대뼈가 강한 이미지를 부드럽고 품위 있어 보이게 하고 세련된 스타일로 표현된다.

웨이브의 방향성이 백 포인트 방향

항 목	분석내용
스타일 이미지	품위 있다, 세련되다
컬의 방향성	백 포인트
모류의 방향	리버스
섹션의 방향	전대각, 수직
얼굴형	사각형, 마름모형
어울리는 직업	서비스업에 종사하는 50대 여성고객층

4) 발랄한 이미지

후대각 섹션으로 발랄한 느낌을 주는 데 효과적이다.

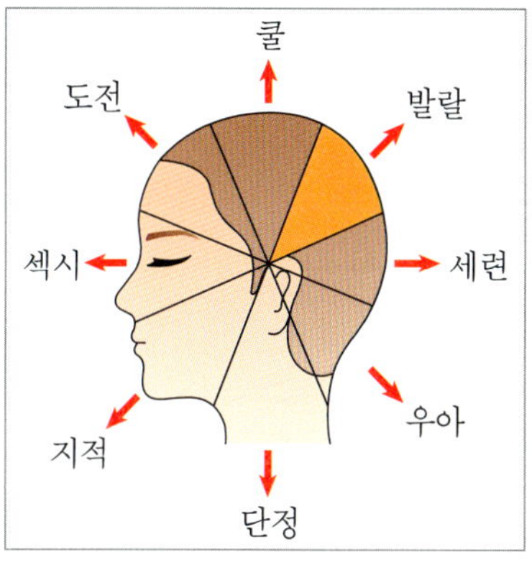

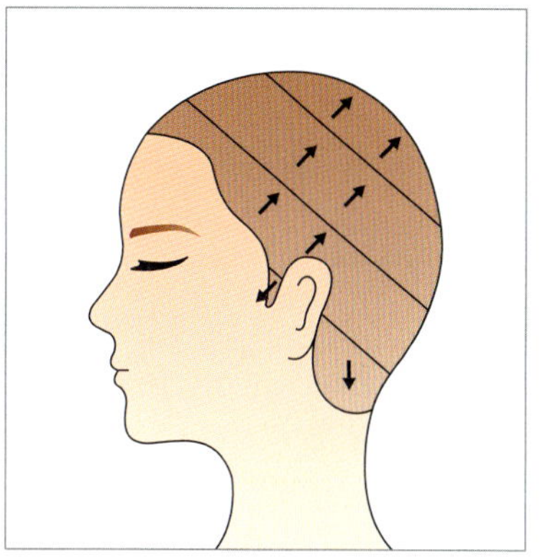

이미지 사이클 및 후대각 아웃 도해도

아웃 와인딩 웨이브의 방향성이 골든 포인트(golden point) 방향으로 경쾌하고 발랄한 이미지를 연출한다.

웨이브의 방향성이 골든 포인트 방향

항 목	분석 내용
스타일 이미지	세련되다, 발랄하다, 귀엽다, 상큼하다, 섹시하다
컬의 방향성	골든 포인트
모류의 방향	골든 및 프런트 포인트
섹션의 방향	후대각 아웃
얼굴형	역삼각형
어울리는 직업	서비스계층, 유통계층, 방송연예계층, 50~60대 여성

5) 시원한 이미지

수평 섹션으로 시원한 느낌을 주는 데 효과적이다.

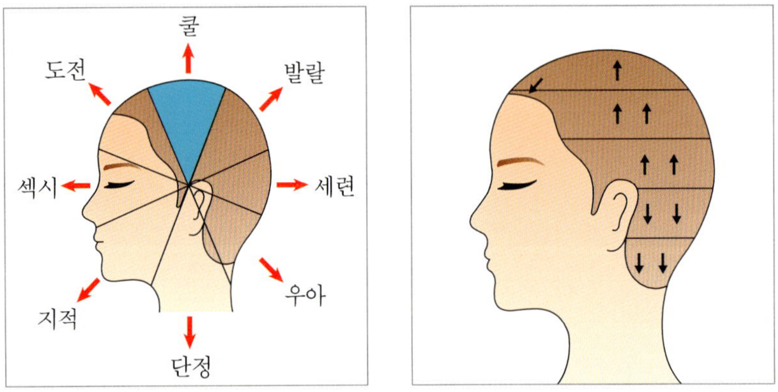

이미지 사이클 및 수평 아웃 도해도

아웃 웨이브의 방향성이 톱 포인트(top point)로 가볍게 질감 처리하여 웨이브를 쿨(cool) 하면서 자유로운 스타일로 표현한다.

웨이브의 방향성이 톱 포인트 방향

항 목	분석 내용
스타일 이미지	시원하다, 날카롭다, 자유롭다, 뾰족하다
컬의 방향성	톱 포인트
모류의 방향	톱 및 네이프 포인트
섹션의 방향	수평 아웃
얼굴형	둥근형
어울리는 직업	학생계층, 언론방송계층, 자영업계층, 10~20대층

6) 도전적 이미지

전대각 섹션으로 도전적 이미지를 연출한다.

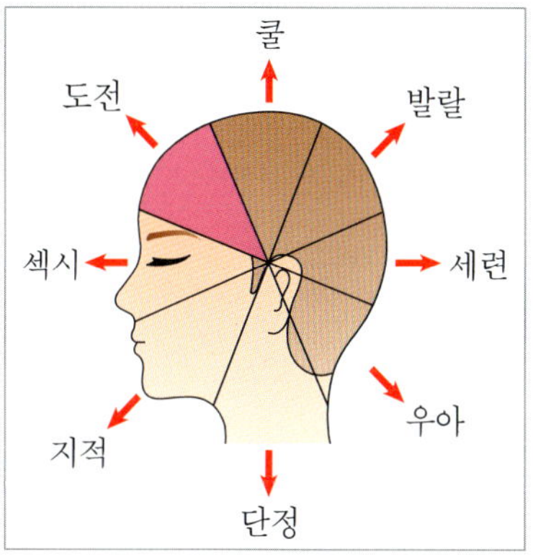

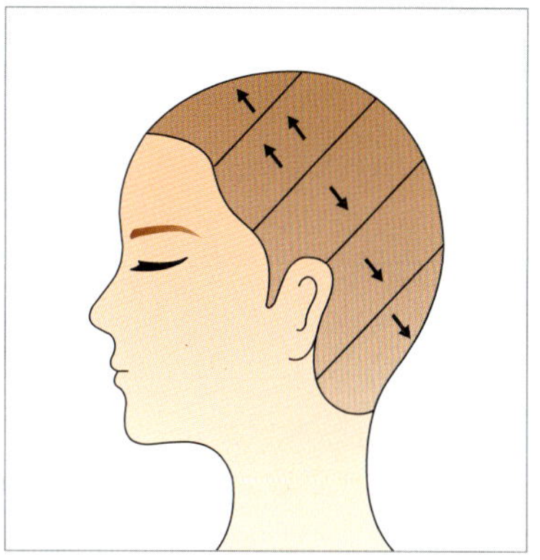

이미지 사이클 및 전대각 아웃 도해도

웨이브의 방향성이 센터 포인트(center point)로서 깔끔하면서도 도전적이며 반항적인 헤어스타일에 적합한 스타일 이미지이다.

웨이브의 방향성이 센터 포인트 방향

항 목	분석 내용
스타일 이미지	도전적이다, 반항적이다, 야성적이다, 사이버틱하다
컬의 방향성	센터 포인트
모류의 방향	센터 및 백 포인트
섹션의 방향	전대각 아웃
얼굴형	마름모
어울리는 직업	방송연예인, 자영업, 모델, 개성파계층 등 10~20대

7) 섹시한 이미지

전대각 섹션에서 수직섹션에 가깝게 연출하여 섹시하면서 활동성 있는 스타일을 연출한다.

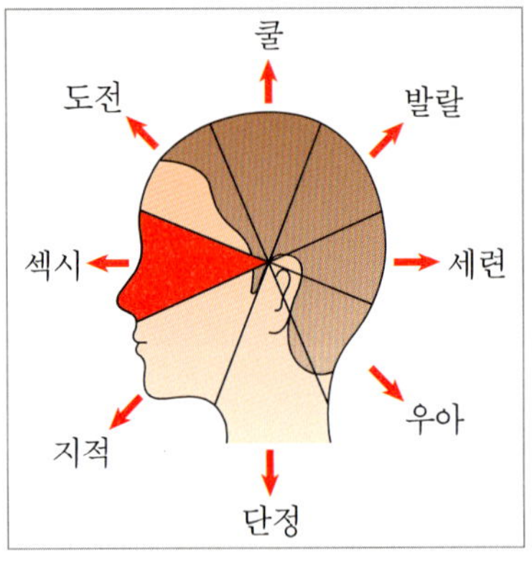

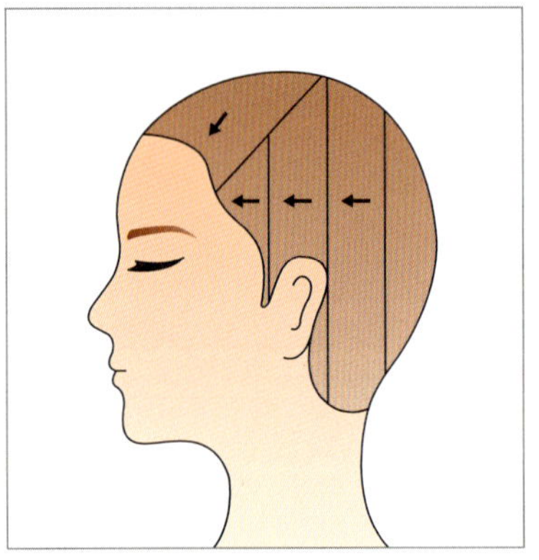

이미지 사이클 및 포워드 수직 도해도

웨이브의 방향성이 프런트 사이드 포인트(front side point)로서 짧은 헤어가 젊은 남녀 모두에게 어울리며 젊은 여성은 섹시한 이미지와 당당한 커리어우먼 스타일에 적합한 이미지이다.

웨이브의 방향성이 프런트 사이드 포인트 방향

항 목	분석 내용
스타일 이미지	섹시하다, 당당하다, 활동적이다
컬의 방향성	프런트 사이드 포인트
모류의 방향	포워드
섹션의 방향	포워드 수직
얼굴형	둥근형, 작은형
어울리는 직업	모델, 세일즈 직장여성 10~30대

8) 지적인 이미지

후대각 섹션으로 지적인 이미지를 연출한다.

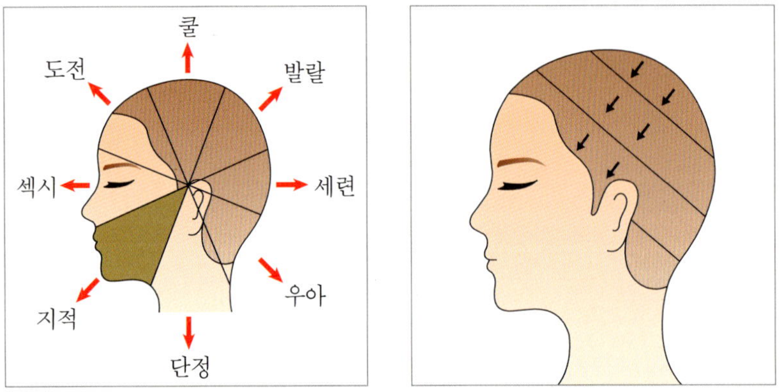

이미지 사이클 및 후대각 도해도

웨이브의 방향성이 프런트 포인트(front point)로서 얼굴형을 감싸주면서 지적이며 활동적인 직업을 가지고 있는 커리우먼에게 어울리고 당당함과 지적인 헤어스타일에 적합한 스타일 이미지다.

웨이브의 방향성이 프런트 포인트 방향

항 목	분석 내용
스타일 이미지	지적이다, 활동적이다, 당당하다, 매력적이다
컬의 방향성	프런트 포인트
모류의 방향	포워드
섹션의 방향	후대각
얼굴형	사각형
어울리는 직업	공무원, 언론인, 직장인, 서비스계층 등 20~30대

Chapter 4

앞머리 형태의 이해

1 얼굴형에 따른 앞머리 디자인

2 앞머리 스타일 분석

3 주부 응용 앞머리 스타일

Chapter 4

앞머리 형태의 이해

1. 얼굴형에 따른 앞머리 디자인

1) 둥근 얼굴형

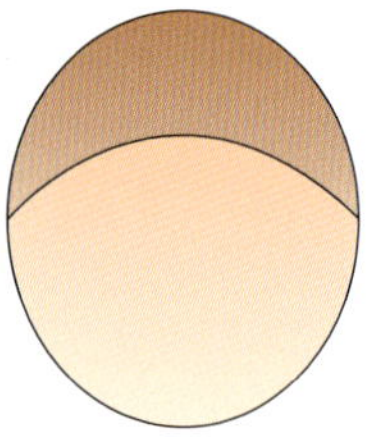

얼굴이 길어 보이게 하기 위해서 일자형보다는 뱅 스타일로 하는 것이 잘 어울린다.

2) 긴 얼굴형

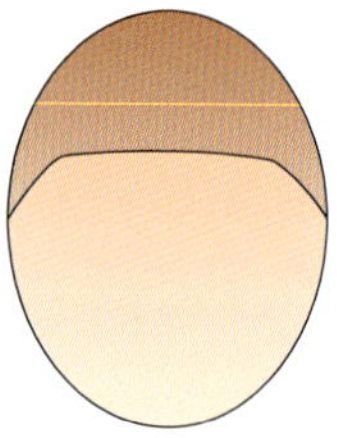

긴 얼굴형을 보완하기 위한 앞머리는 얼굴형을 커버해 주는 일자형도 좋고 약간의 라운드 스타일이 더 얼굴형의 이미지를 부각시켜 준다.

3) 사각 얼굴형

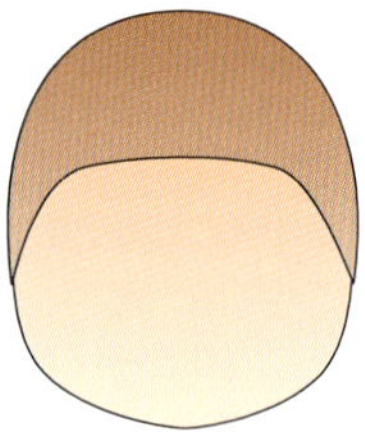

각진 얼굴은 뒤로 묶는 형태가 바람직하지 않으며 각진 턱선을 보완해 주기 위해서 앞머리에 볼륨을 주거나 앞머리를 턱선까지 연결하여 볼륨을 살리는 것이 좋다.

2. 앞머리 스타일 분석

앞머리 헤어스타일에 따라서 얼굴의 이미지가 성숙해 보일 수도 있고 동안 얼굴로 보일 수도 있다. 앞머리 하나로도 얼굴의 단점을 보완해 주면서 이미지를 크게 다르게 표현할 수 있는 것이다.

1) 동안 라운드 뱅 스타일

앞머리 스타일링을 인위적이지 않고 자연스럽게 연출하며 활기찬 느낌으로 깔끔하고 단아하게 헤어스타일을 표현한다.

① 앞머리를 두 개의 섹션으로 나눠 롤 브러시로 모발에 볼륨을 준 채로 위에서 아래로, 아래에서 위로 드라이 열을 가한다.
② 드라이 한 부분을 그대로 손가락으로 지그시 눌러 둥그런 컬을 유지시키면서 열을 식혀준다.
③ 빗으로 끝을 살며시 들어올려 올려 열을 식히면서 마무리한다.
④ 스프레이로 고정시킨다.

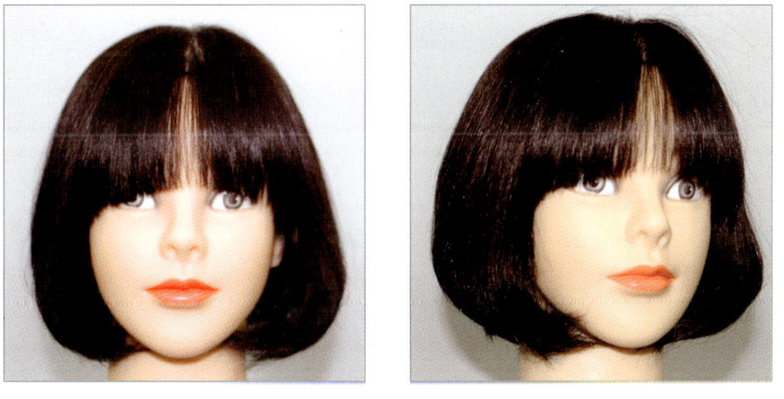

완성된 라운드 뱅 스타일

1
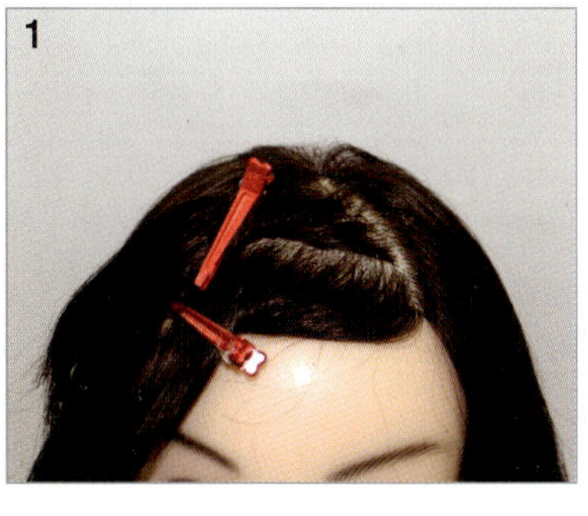

2

3

4
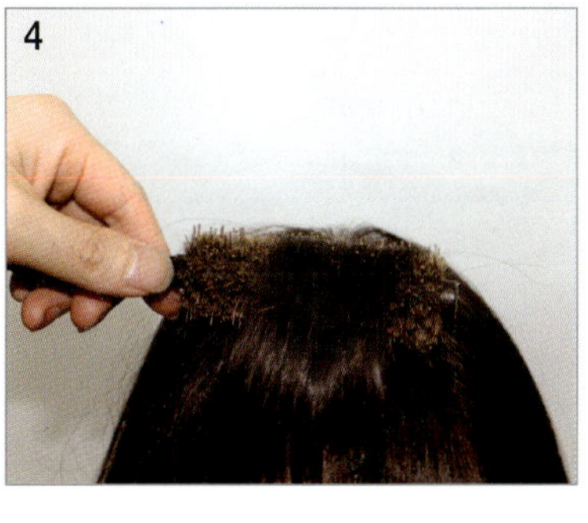

5

6

2) 우아한 사선 뱅 스타일

성숙한 앞머리 스타일링을 하고 싶으면 가르마를 타서 옆으로 넘겨준다.

① 빗을 45° 각도로 유지하고 빗 안으로 롤을 살며시 한 바퀴 정도 감아준다.

② 모발을 말아준 상태에서 드라이로 열을 준 다음 열을 식히면서 사선으로 롤 브러시를 빼 준다.

③ 꼬리빗으로 정리하면서 스프레이를 살짝 가볍게 분사해 고정시킨다.

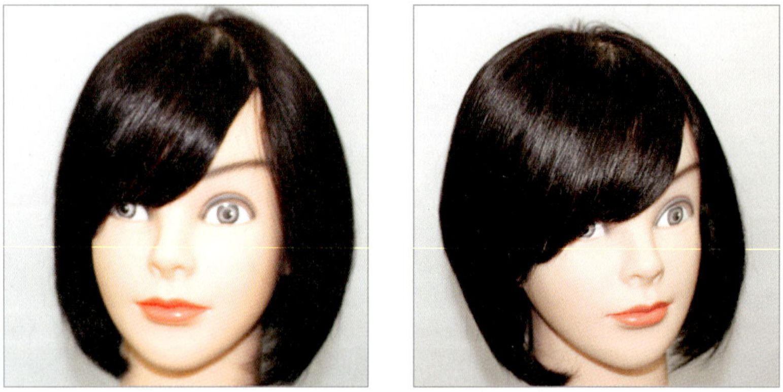

완성된 사선 뱅 스타일

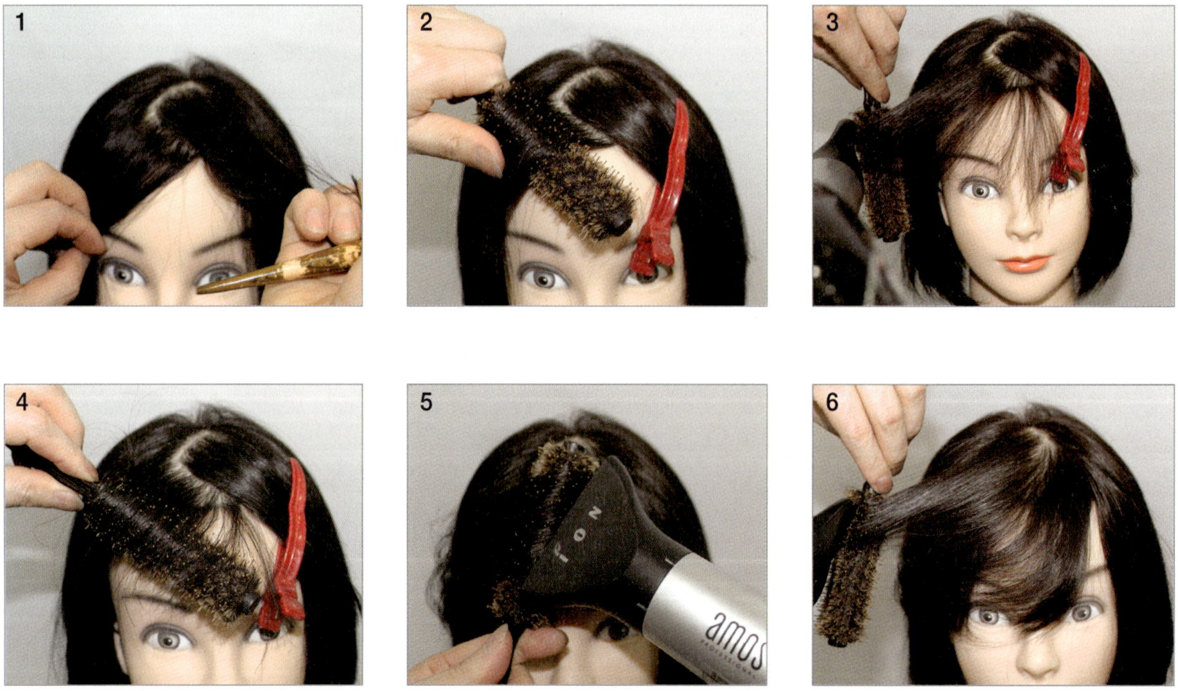

3) 바람머리 스타일

발랄함과 신비스러우면서도 시크한 분위기를 내주는 바람머리 앞머리 스타일이다.

① 모발 안쪽으로 각도를 유지하고 롤을 살며시 사선으로 감아 볼륨을 준다.

② 모발의 바깥으로 빗을 45° 한 바퀴 정도 감아준다.

③ 모발을 말아준 상태에서 드라이로 열을 준 뒤 열을 식히면서 롤 브러시를 뺀다.

④ 꼬리빗으로 머리 끝을 살며시 들어 정리한 다음 스프레이를 가볍게 분사해 고정시킨다.

완성된 바람머리 스타일

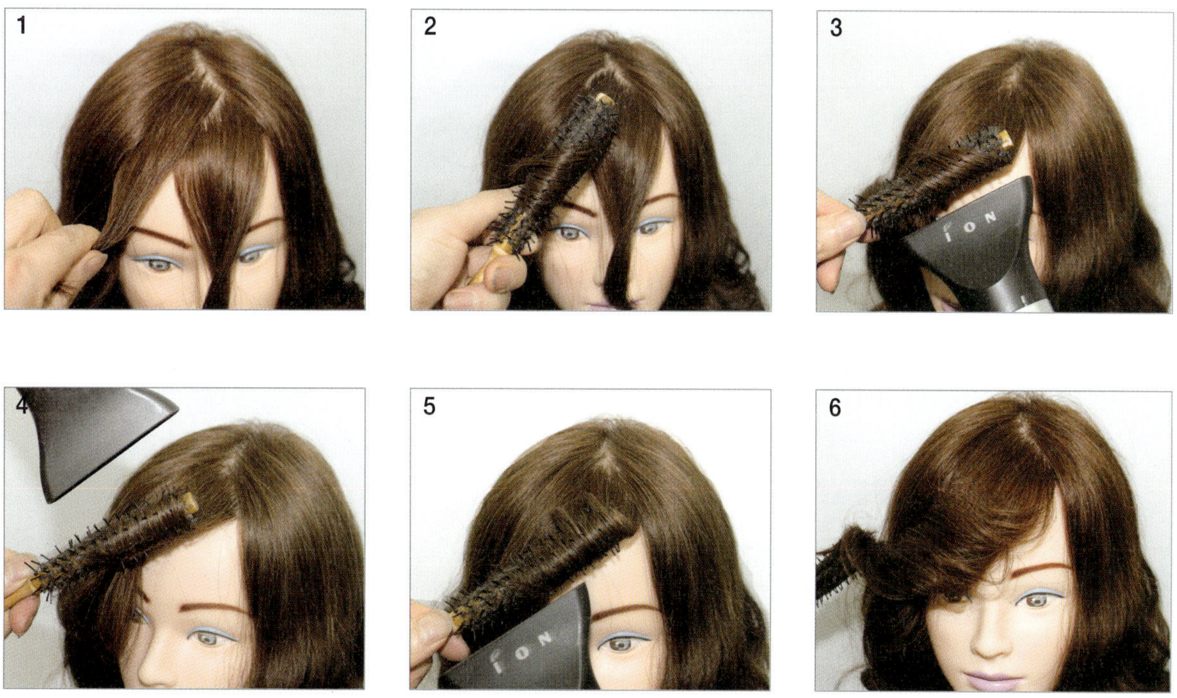

4) 귀여운 웨이브 스타일

앞머리 펌이나 아이론으로 웨이브를 스타일링하여 밋밋한 생머리를 귀엽고 어려보이는 이미지로 연출한다.

① 꼬리빗으로 피봇섹션으로 나눈다.
② 드라이어로 모발에 적정한 온도를 조절하며 말아준다.
③ 꼬리빗이나 손가락을 이용하여 자연스럽게 정리한다.
④ 머리의 끝을 살짝 들어 정리한 다음 스프레이를 살짝 가볍게 분사해 고정시킨다.

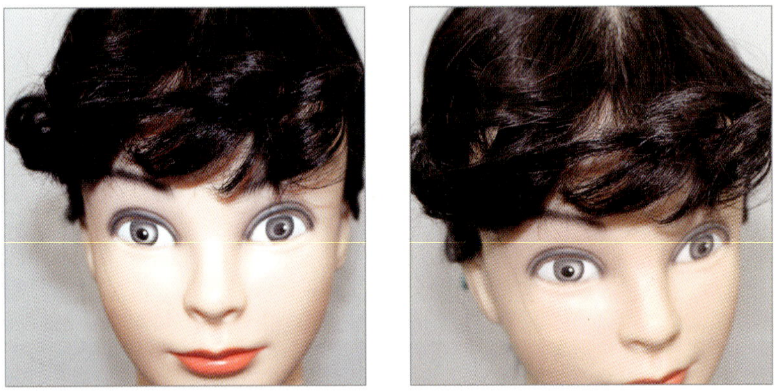

완성된 웨이브 스타일

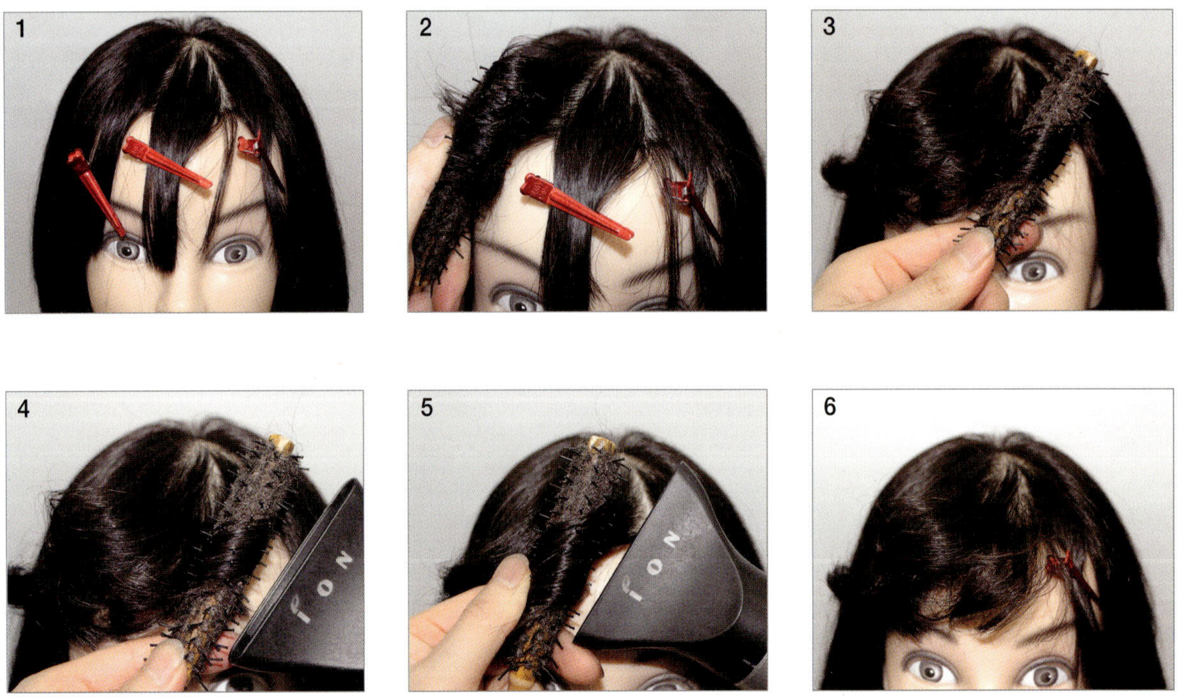

5) 깔끔한 일자형 스타일

이목구비가 예쁜 얼굴형에 잘 어울리며, 도도해 보이면서 단정한 느낌을 연출하고자 할 때 이용한다.

① 섹션을 2등분으로 나눈다.

② 롤을 회전하면서 각도를 낮춰 윤기가 날 정도로 머리카락을 정돈해 준다.

③ 꼬리빗으로 깔끔하게 정돈하고 스프레이를 가볍게 분사해 고정시킨다.

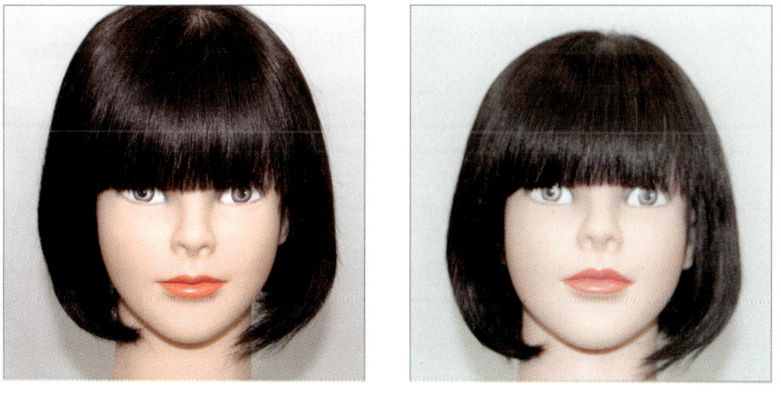

완성된 일자형 스타일

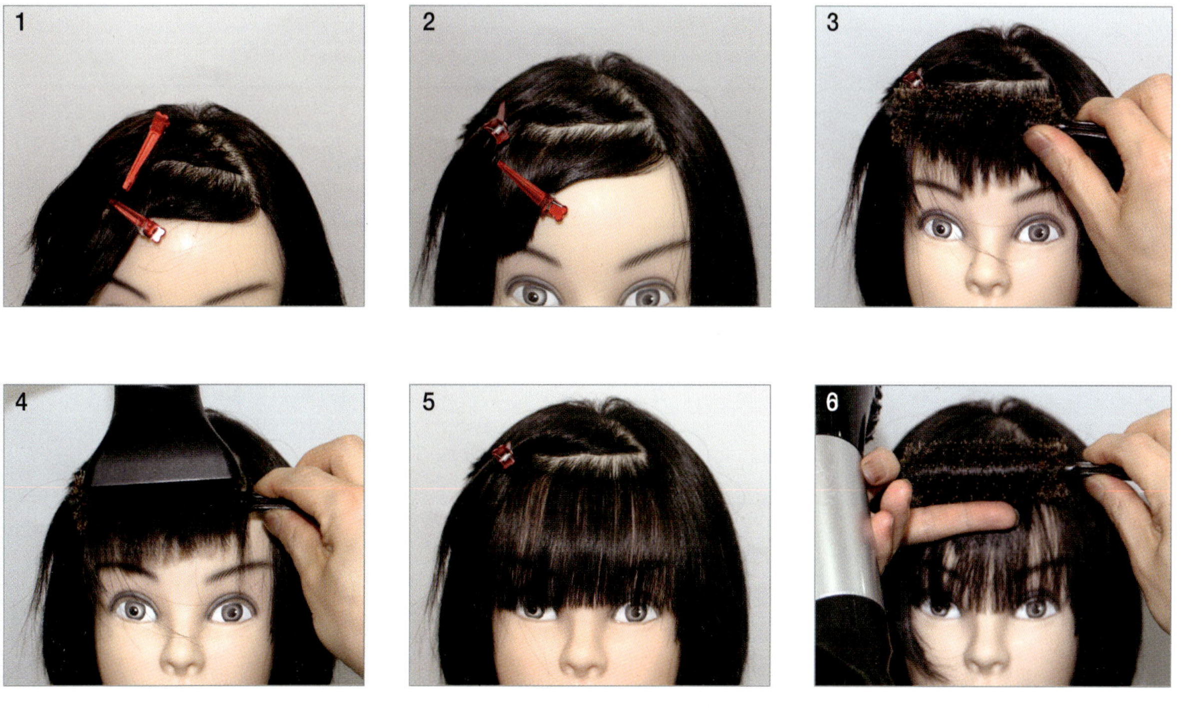

3. 주부 응용 앞머리 스타일

1) 뱅 스타일

얼굴형을 커버하면서 젊어 보이는 스타일로 주부 연령층에서 주로 하는 헤어스타일이다.

① 슬라이스를 뜨고 사선 방향으로 롤을 빼준다.

② 뿌리 볼륨을 살리면서 드라이한다.

③ 꼬리빗이나 손가락을 이용하여 자연스럽게 정리한다.

④ 모발 끝을 정리한 다음 스프레이를 가볍게 분사해 고정시킨다.

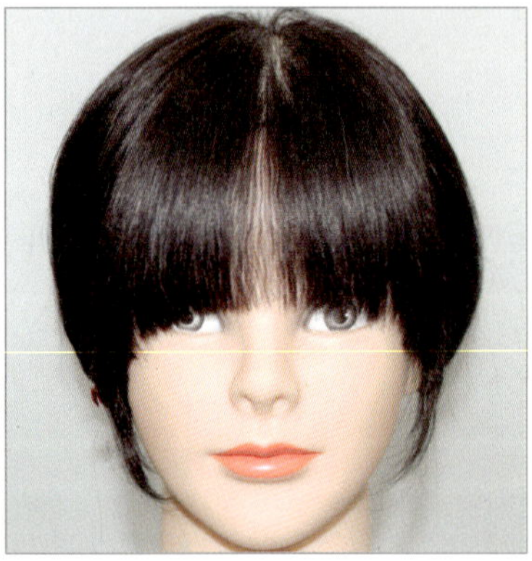

완성된 뱅 스타일

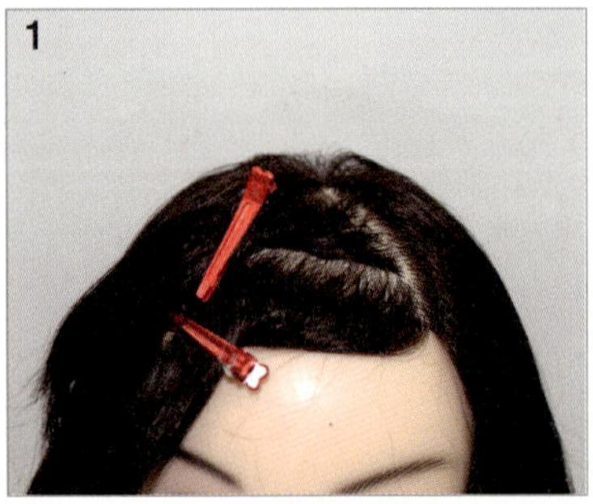

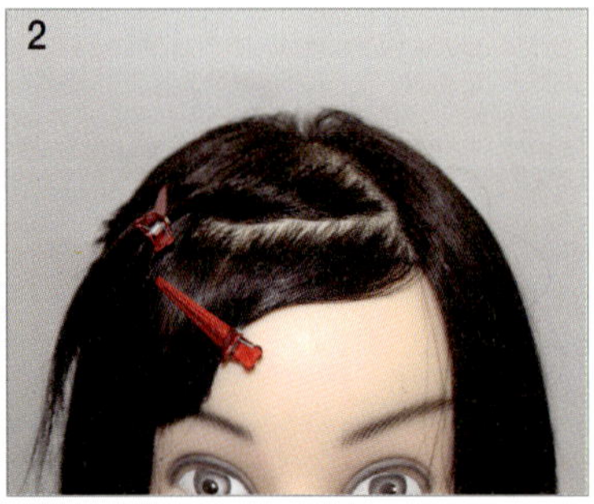

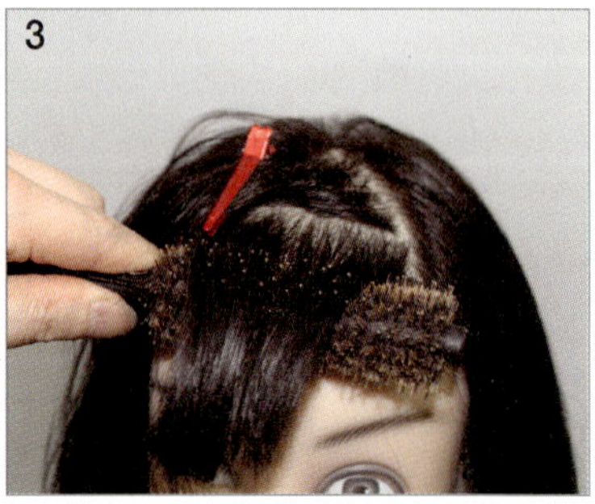

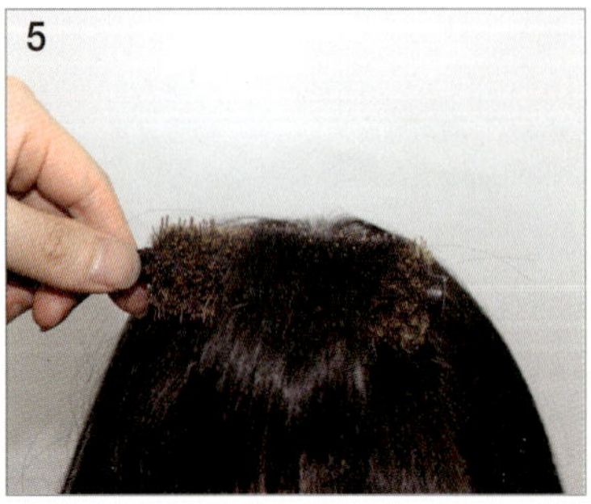

2) 우아한 스타일

성숙한 이미지가 연출되며 세련되면서 우아한 앞머리 헤어스타일이다.

① 45° 사선 섹션을 나누고 리버스 방향으로 롤을 말아준다.

② 순서는 뒤부터 시작하여 앞머리를 마지막으로 말아서 롤을 빼준다.

③ 롤이나 손가락을 이용하여 앞머리 릿지를 드라이로 만들어 준다.

④ 꼬리빗 또는 포크빗으로 정리한 다음 스프레이를 가볍게 분사해 고정시킨다.

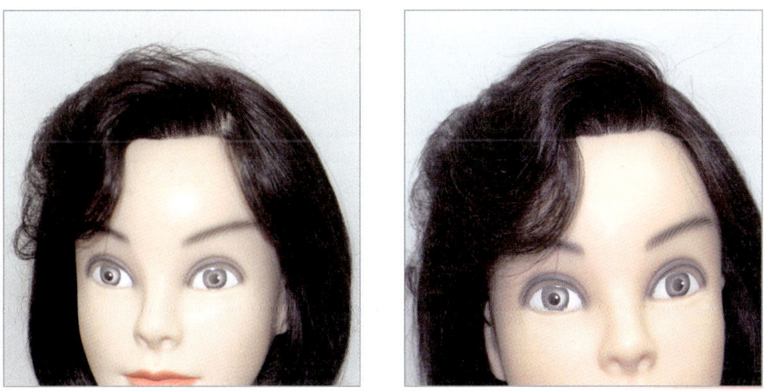

완성된 우아한 스타일

1
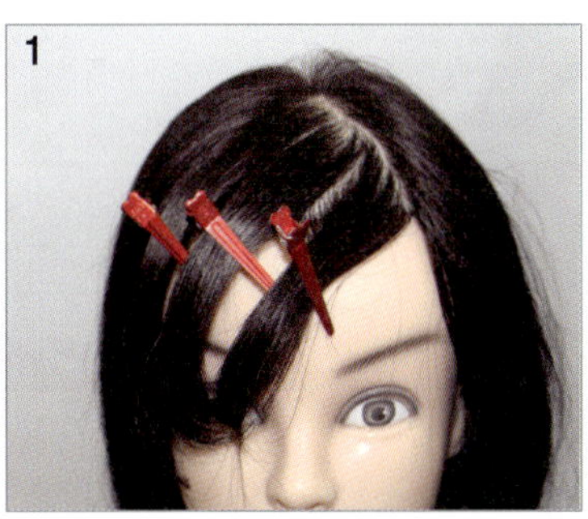

2

3

4

5

6
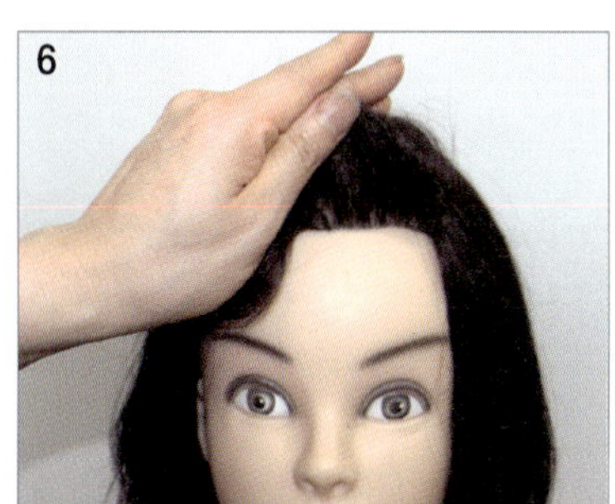

3) 올백 스타일

얼굴이 작고 갸름하면서 페이스 라인이 가지런한 이마가 잘 어울리며 당당하면서도 시원한 스타일이다.

① 수평 섹션을 나누고 리버스 방향으로 롤을 말아준다.
② 순서는 뒤부터 시작하여 앞머리를 마지막으로 말아서 롤을 빼준다.
③ 옆머리와 조화가 이루어지도록 만들어 준다.
④ 꼬리빗 또는 포크빗으로 정리한 다음 스프레이를 가볍게 분사해 고정시킨다.

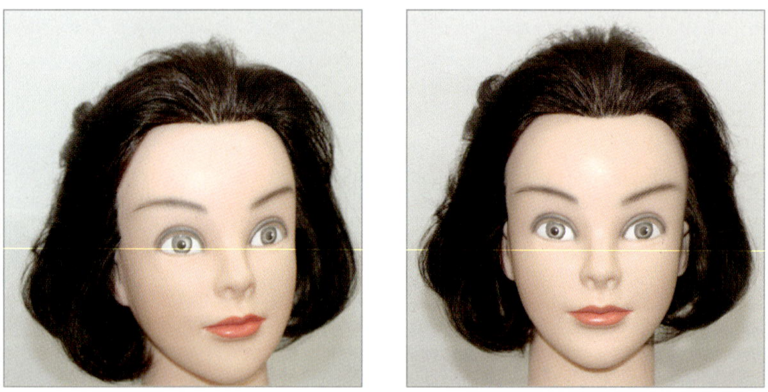

완성된 올백 스타일

1
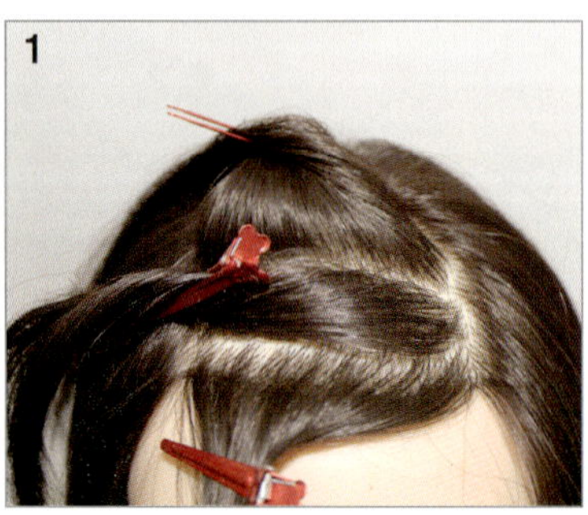

2

3
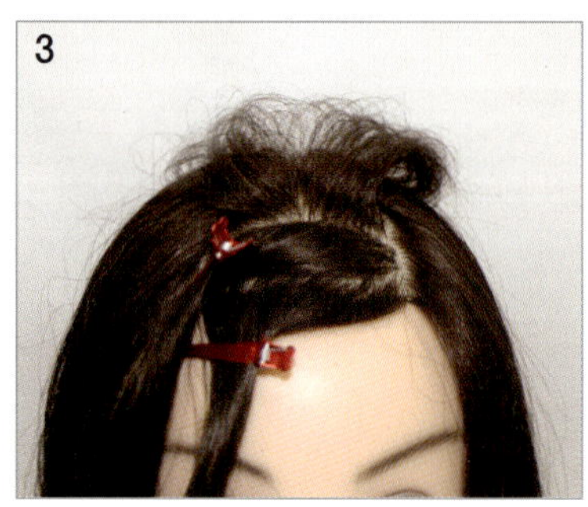

4

5

6

4) 양방향 스타일

고풍스러우면서 우아하고 여성스러운 헤어스타일이다.

① 수평 섹션을 나누고 리버스 방향으로 롤을 말아준다.
② 센터를 중심으로 대각 사선으로 좌우 동일하게 뒤부터 시작하여 앞머리를 마지막으로 말아서 롤을 빼준다.
③ 센터를 중심으로 롤과 손가락으로 열을 주면서 릿지를 만들어 준다.
④ 꼬리빗 또는 포크빗으로 정리한 다음 스프레이를 가볍게 분사해 고정시킨다.

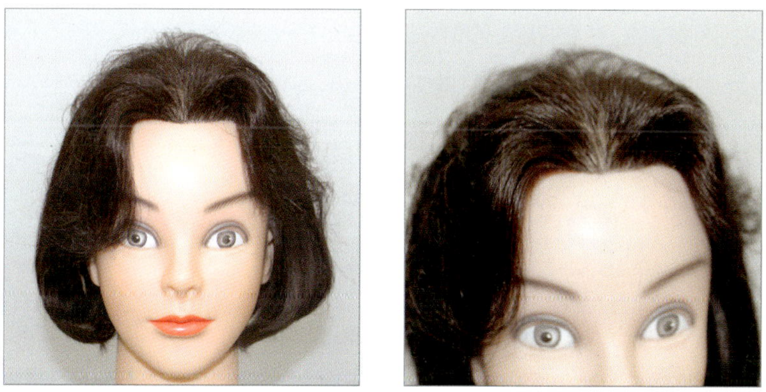

완성된 양방향 스타일

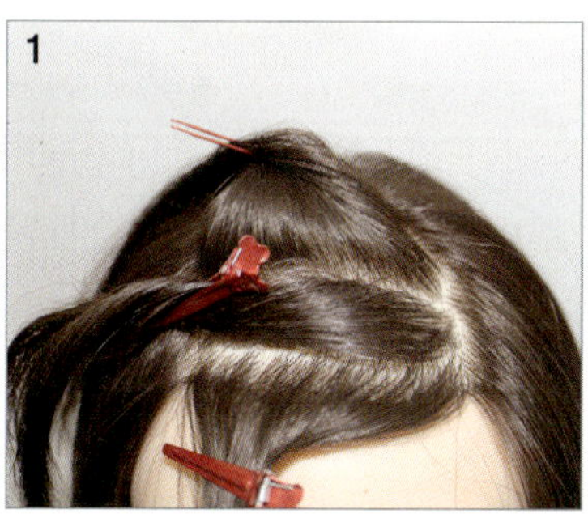

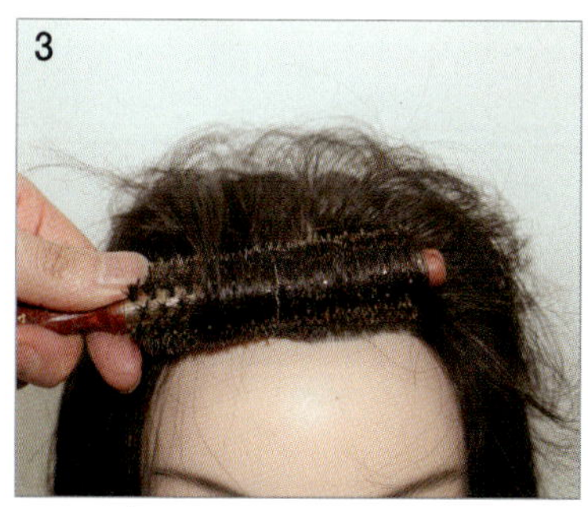

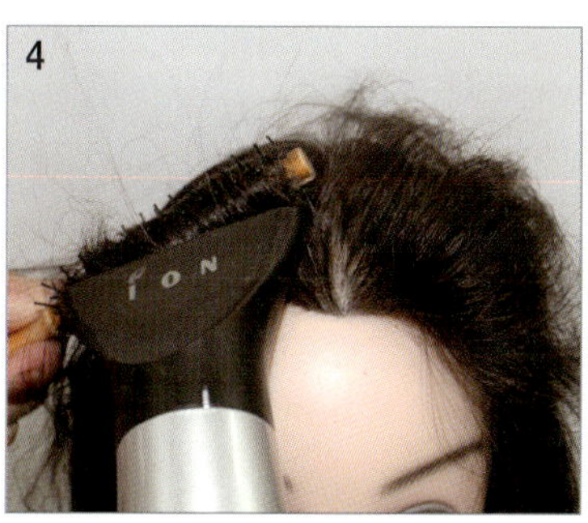

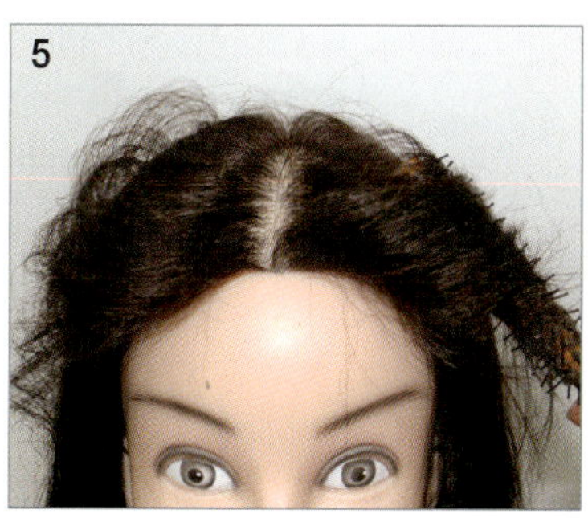

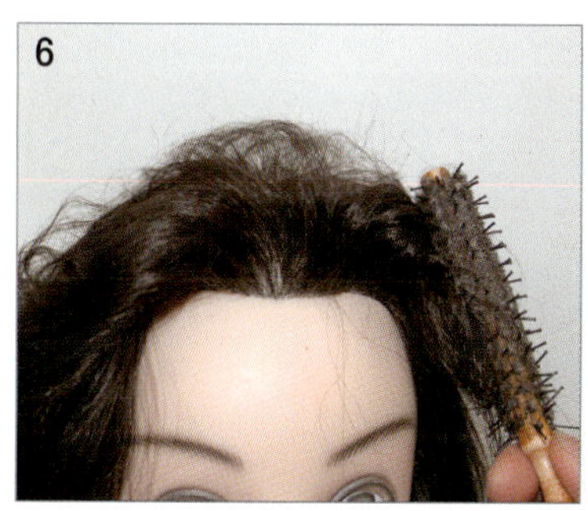

Chapter 5
스타일 테크닉

1 블로 드라이 기본 테크닉

2 아이론 테크닉

Chapter 5

스타일 테크닉

1. 블로 드라이 기본 테크닉

열과 수분을 이용하여 섹션에 따라서 롤로 연출한다.

인 컬을 이용한 쇼트 스타일

단정하고 차분함을 느낄 수 있는 헤어스타일이다.

Short Style

인 컬(in curl, 안 말음)을 이용한 지적인 느낌 스타일

블로 드라이어를 이용해 자연스럽게 롤 브러시를 사용하여 모발 흐름 방향으로 차분하고 단정하게 시술한 헤어스타일이다.

섹션 도해도

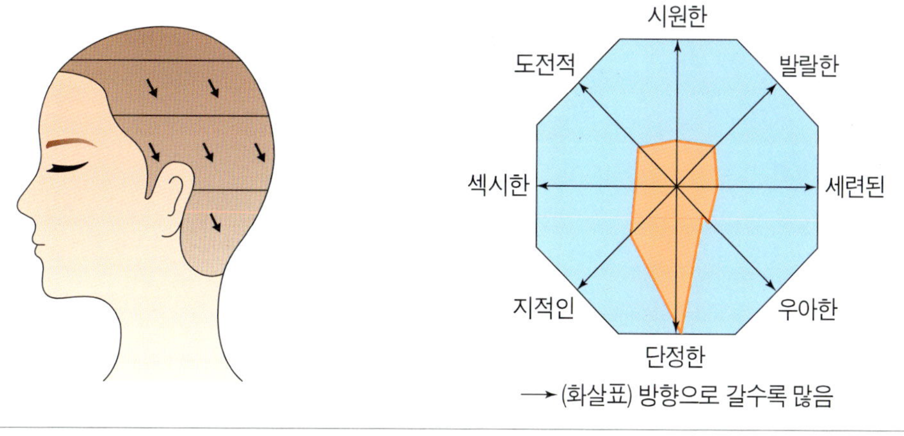

Preview

수평 섹션하여 백 포인트(back point) 아래로 볼륨감을 적게 하고 골든 포인트(golden point)에서 톱 포인트(top point)까지 두상에 90° 각도로 볼륨감을 주면서 드라이한다.

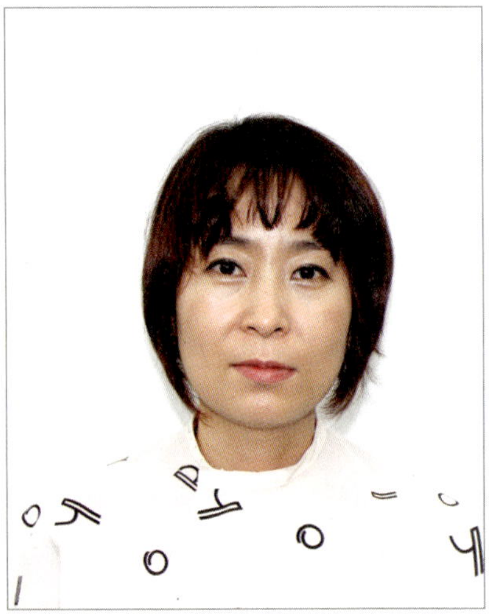

Before

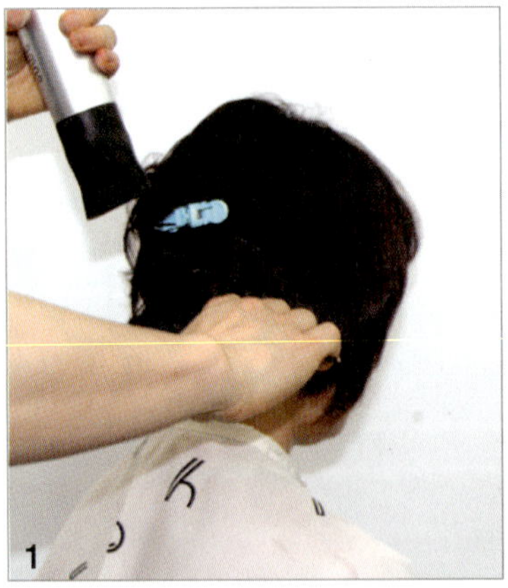

1

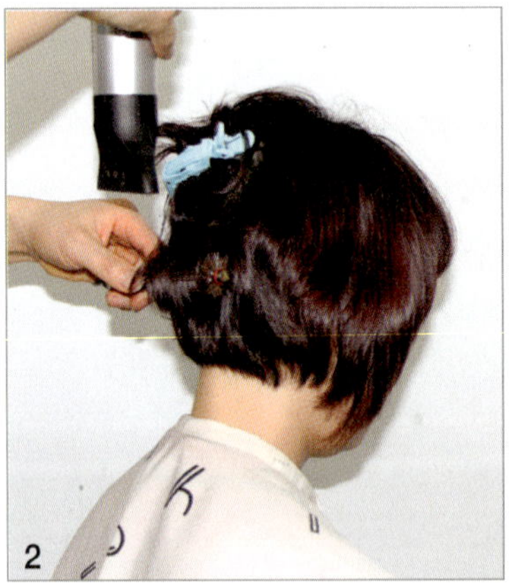

2

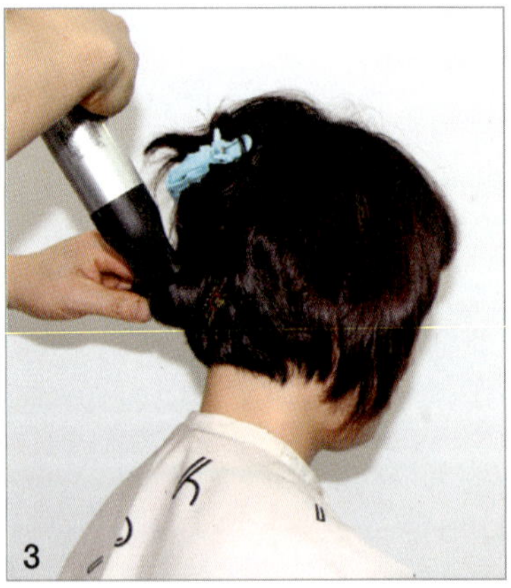

3

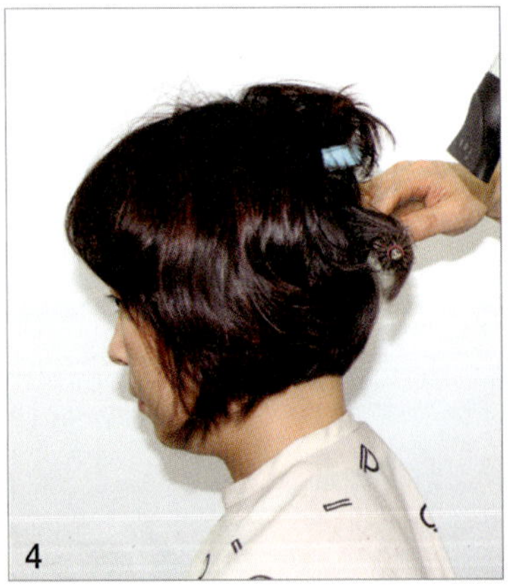

4

5

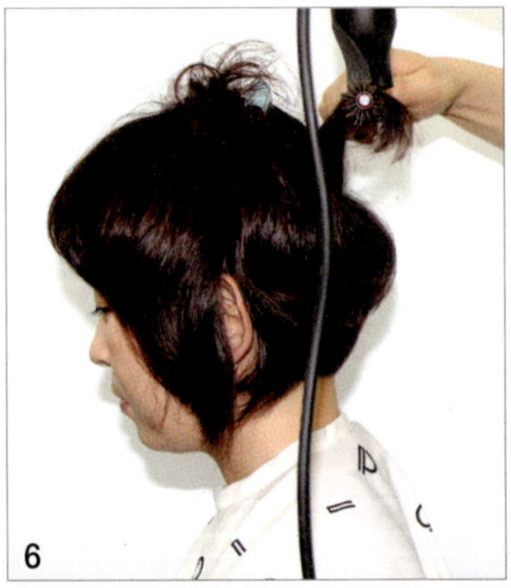

6

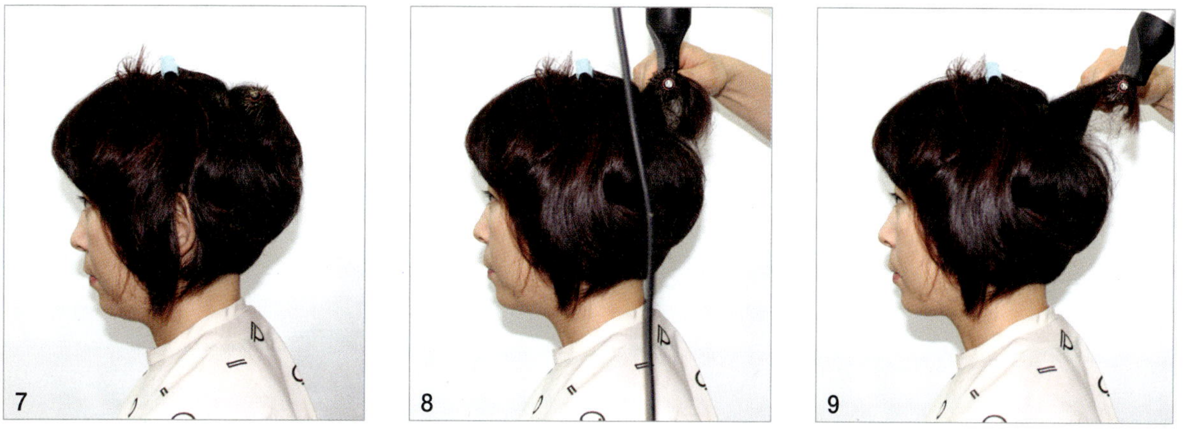

1~9 네이프 포인트(N.P : Nape Point)에서 수평 섹션을 나누고 골든 포인트(G.P : Golden Point)까지 두상의 90°각도로 뿌리 볼륨을 살리면서 롤을 회전하며 진행한다.

10~12 골든 포인트(G.P)에서 톱 포인트(T.P : Top Point)까지 두상의 각도 90°이상 빗질하여 뿌리 볼륨을 살리면서 롤을 회전하여 시술한다.

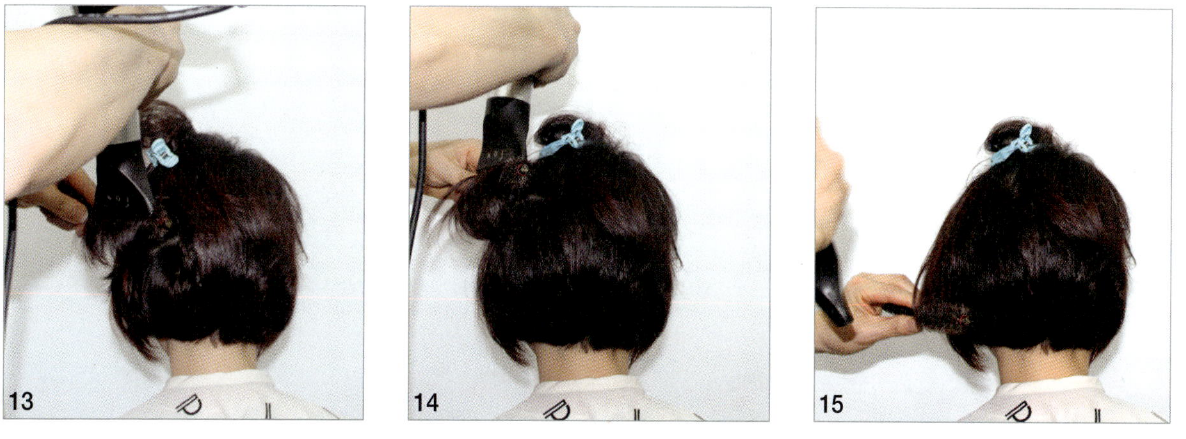

13~15 후두부 좌측 사이드 부분(N.L.S.P : Nape Left Side Point)부터 섹션을 나누어 모근 부분부터 볼륨을 살리면서 롤을 회전시켜 윤기나게 시술한다.

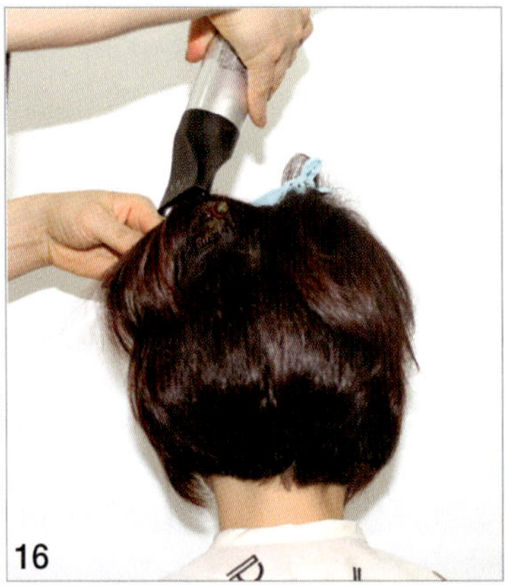

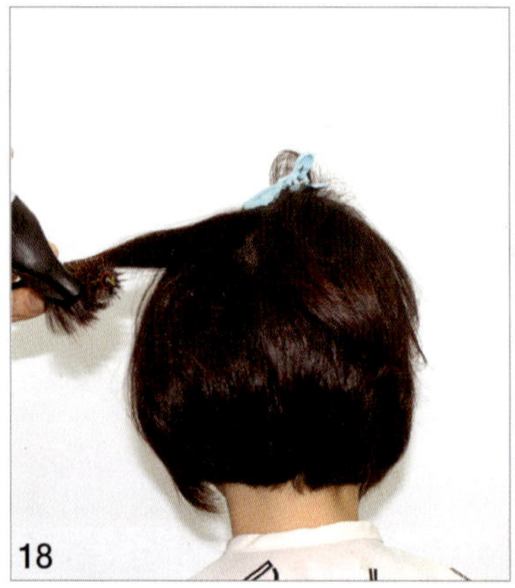

16~18 후두부 좌측 사이드 부분(N.P~L.S.P)은 네이프부터 진행하면서 볼륨을 살린다.

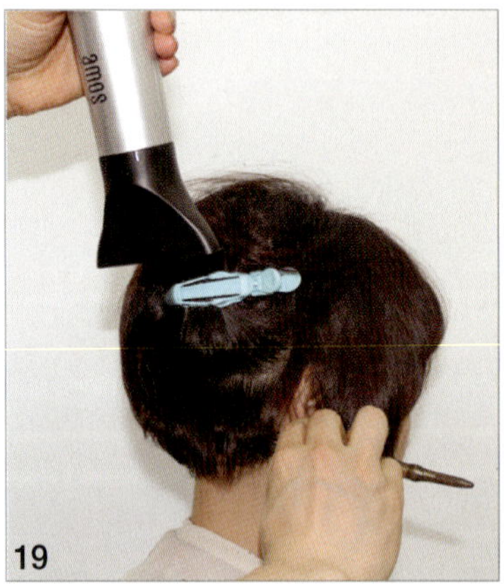

25

26

27

19~26 후두부 우측 사이드 부분(N.R.S.P : Nape Right Side Point)도 동일한 방법으로 진행한다.

28

29

30

31

32

33

34

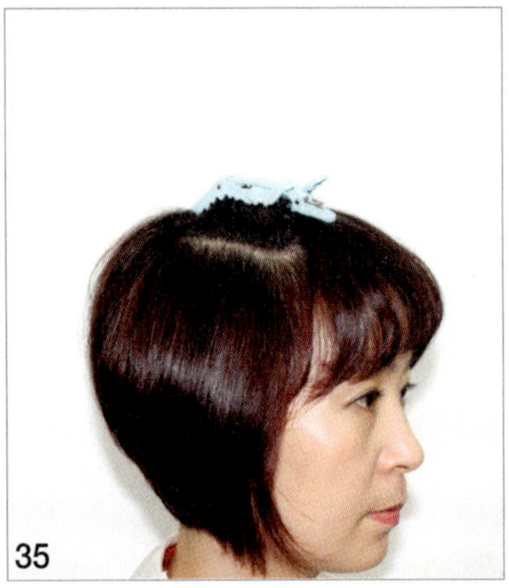
35

36

27~35 우측 사이드 부분(R.S.P)도 두상의 90° 각도로 모류의 흐름 방향으로 뿌리를 잡아주면서 시술하고 롤 브러시는 회전하면서 안으로 말아준다. 또 모발의 끝부분까지 드라이 열을 충분히 주어야 하며 롤 브러시를 회전하면서 해야 윤기나게 스타일을 표현할 수 있다.

37

38

39

40

41

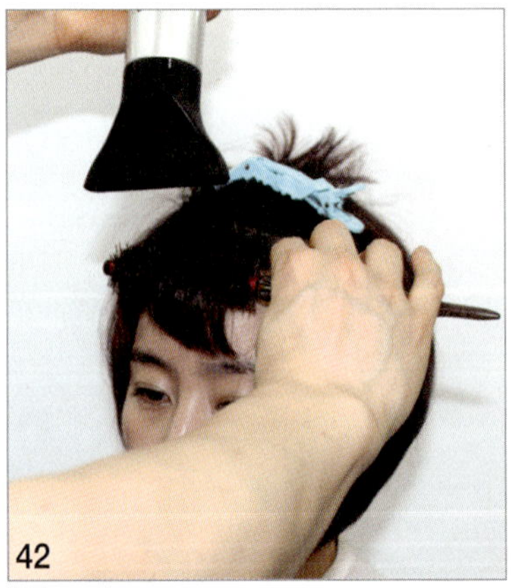
42

36~40 좌측 사이드 부분(L.S.P)도 우측과 동일한 방법으로 진행하여 시술한다.

43

44

45

46

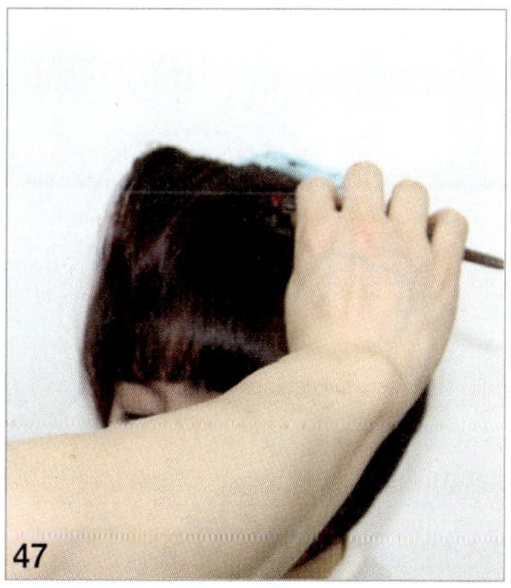
47

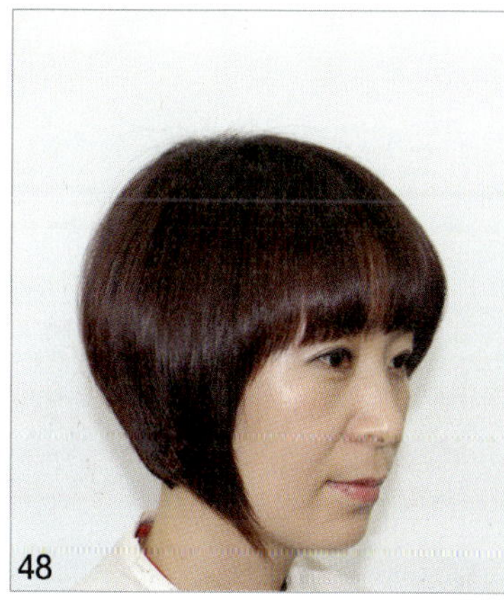
48

41~48 앞머리 뱅 부분(F.P : Front Point)은 자연스럽게 볼륨감을 주고 롤을 회전하면서 모발이 자연스럽게 안으로 들어가게 연출한다.

Finish view

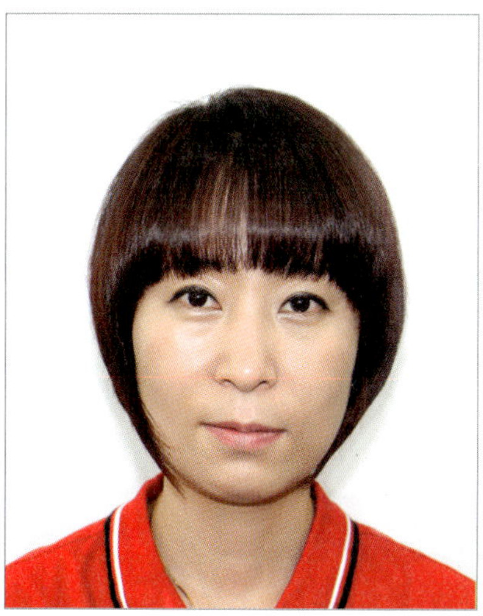

인 컬을 이용한 미디엄 스타일

지적이며 청순한 이미지의 헤어스타일이다.

Medium Style

Top
자연 모발
깔끔한 원랭스 볼륨
연출

Medium
스트레이트

Nape
안 말음

인 컬(in curl, 안 말음)을 이용한 지적인 느낌 스타일

수평 섹션으로, 단정하면서 지적인 헤어스타일로 무거운 원랭스 헤어에서 안 말음을 한다. 블로 드라이로 충분히 열을 가하여 컬의 릿지를 안으로 말아 연출한다.

섹션 도해도

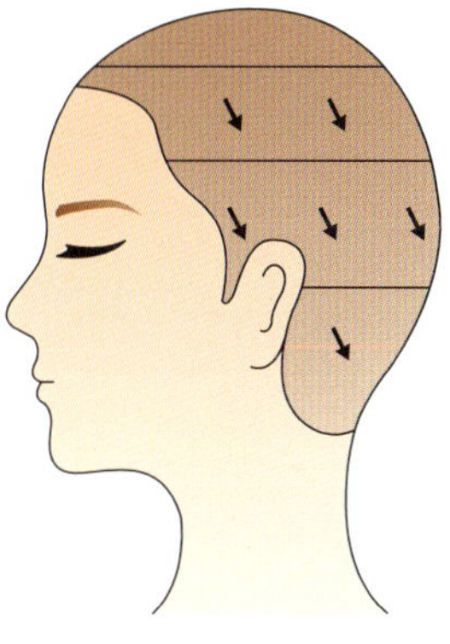

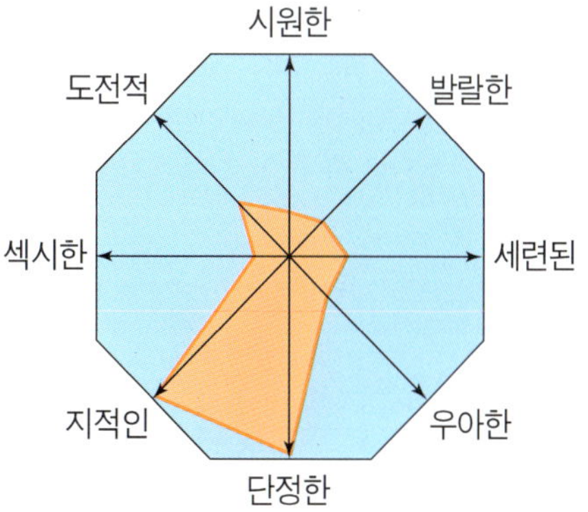

→ (화살표) 방향으로 갈수록 많음

Preview

약간 곱슬 모질로써 무거운 원랭스 헤어스타일을 성숙한 이미지로 연출하기 위해 수평 섹션을 나누고 롤을 사용하여 열을 웨이브 시작점에 충분히 가한 후 C컬을 만들어 지적이면서 단정한 이미지로 연출하였다.

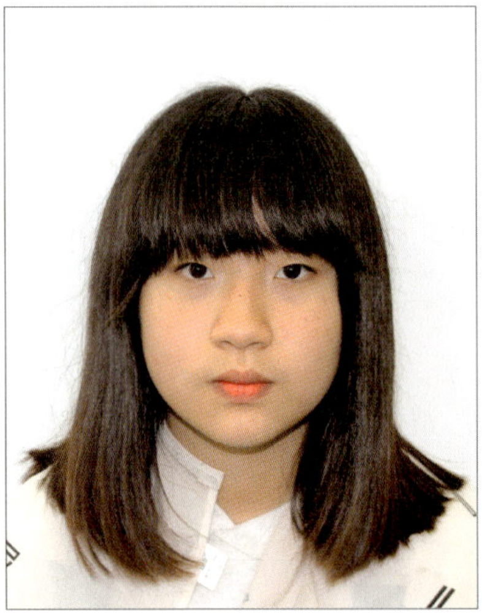

Before

1

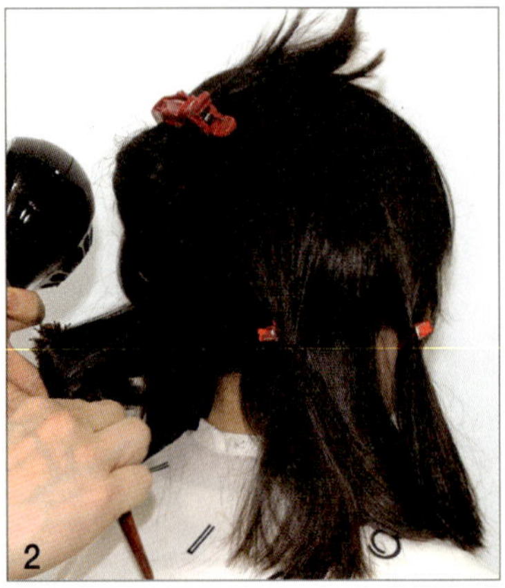

2

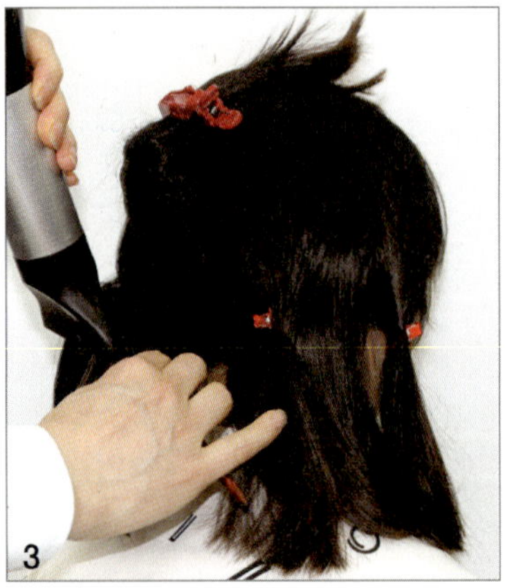

3

4

5

6

1~6 N.P~G.P까지 수평 섹션으로 두상의 90° 각도로 롤을 내려오면서 C컬 지점에 열을 충분히 주고 모발 끝부분에 열을 주면서 감아 롤을 회전하며 컬을 만든다.

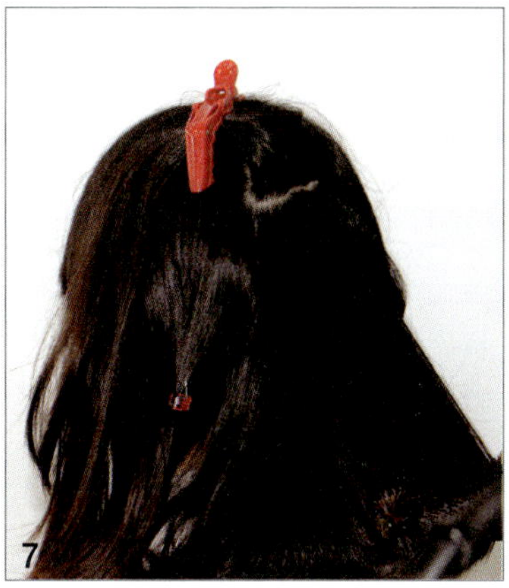

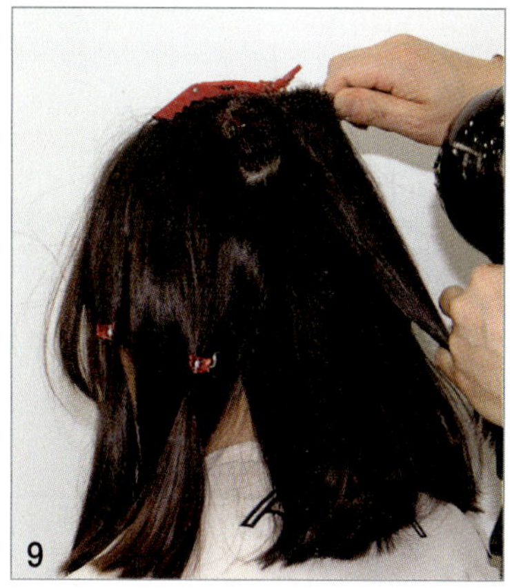

7~12 G.P~T.P까지 뿌리볼륨을 두상의 90° 이상으로 살리고 모발 끝부분에 열을 주면서 컬을 만든다.

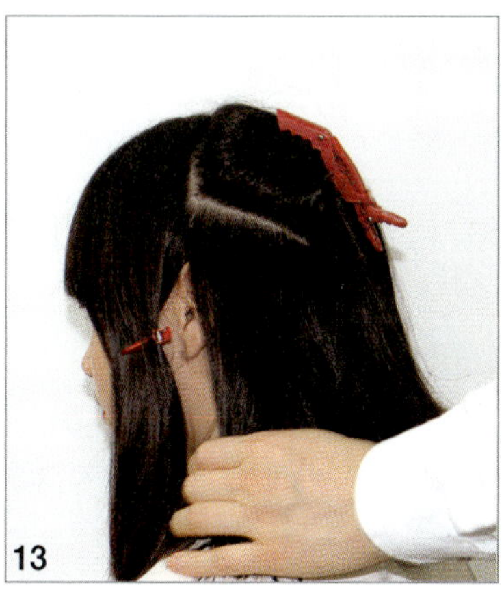

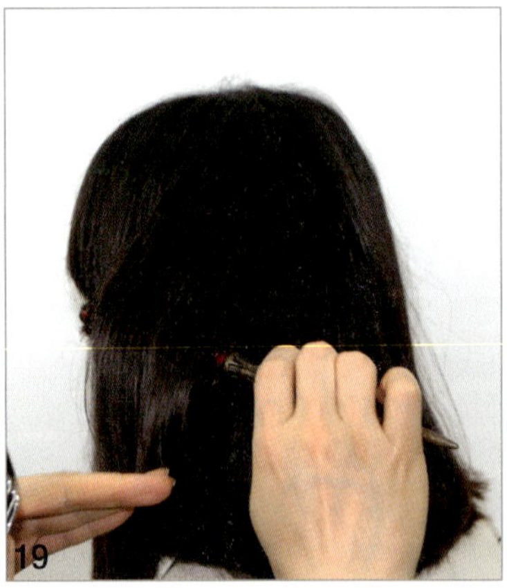

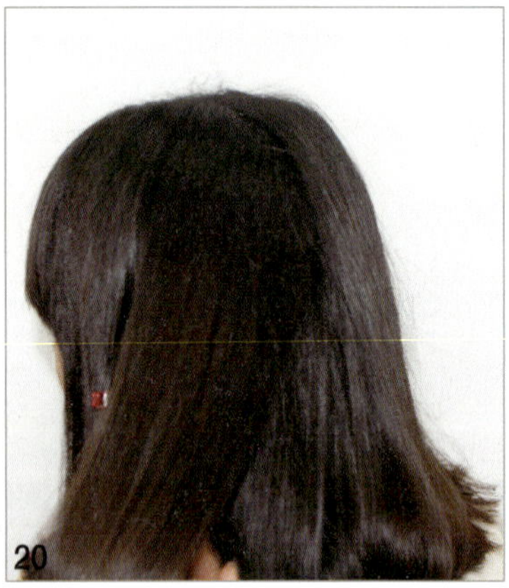

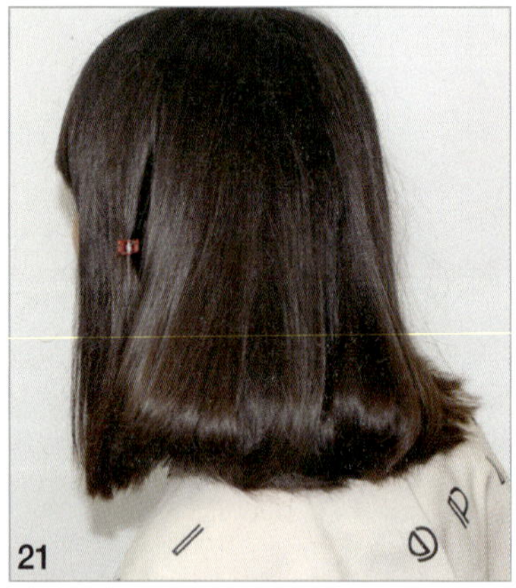

13~21 후두부 좌측 사이드 부분(N.L.S.P)은 후대각 섹션으로 아래서부터 진행한다.

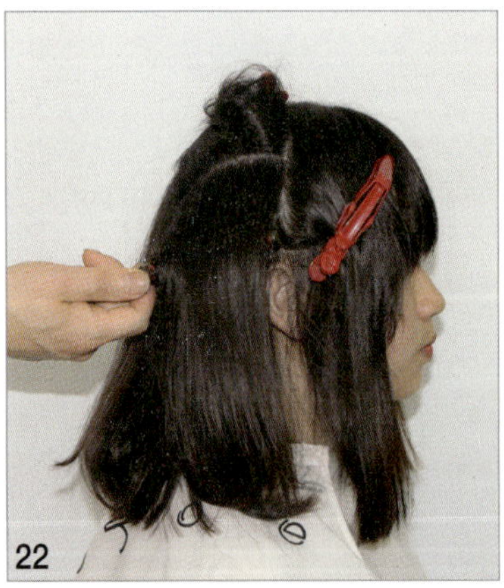

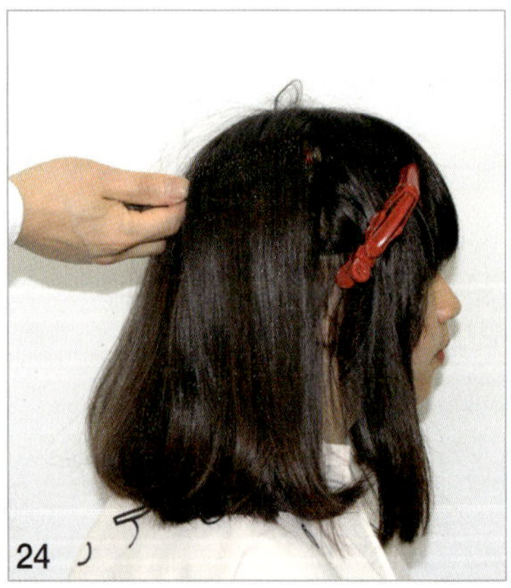

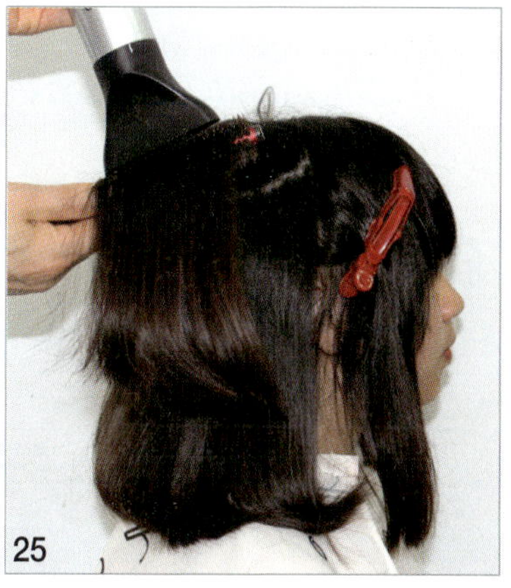

22~27 후두부 우측 사이드 부분(N.R.S.P)도 좌측과 동일한 방법으로 진행한다.

28~30 우측 사이드 부분(R.S.P)도 후대각 섹션으로 모발 끝 쪽에 롤을 감아서 열을 주고 롤을 회전하면서 모발이 식으면 컬을 연출한다.

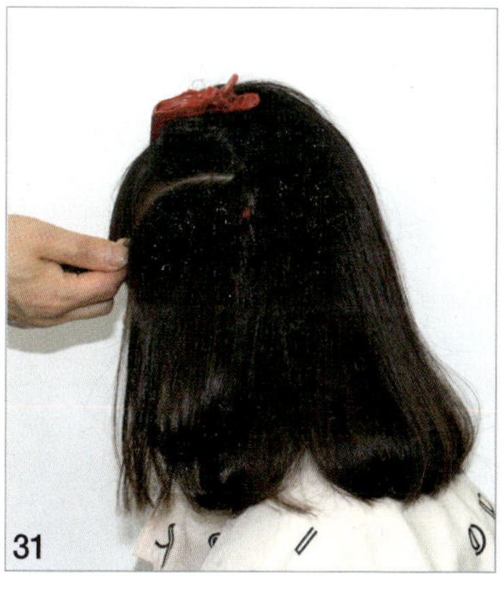

31~36 좌측 사이드 부분(L.S.P)도 우측과 동일한 방법으로 시술한다.

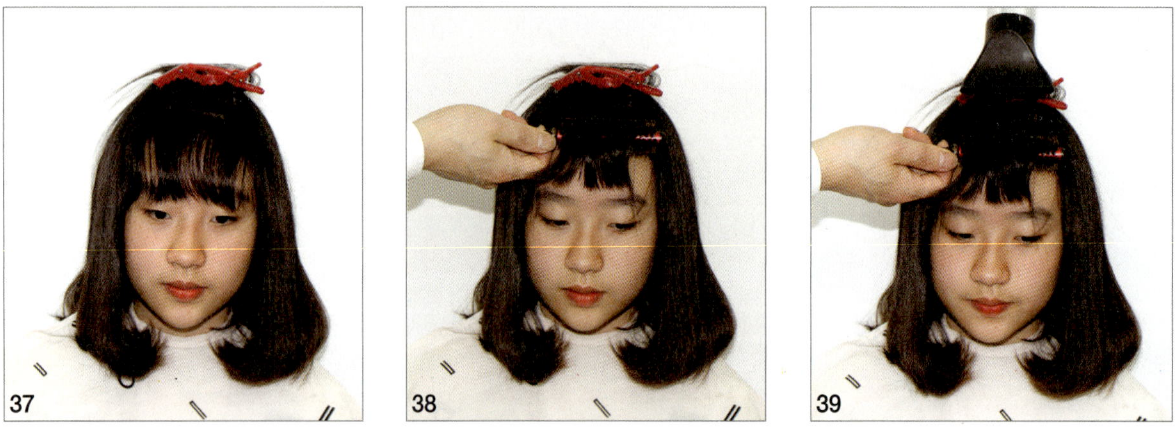

37~39 모발의 숱에 따라서 섹션을 2등분 또는 3등분으로 나누어 시술한다.

Finish view

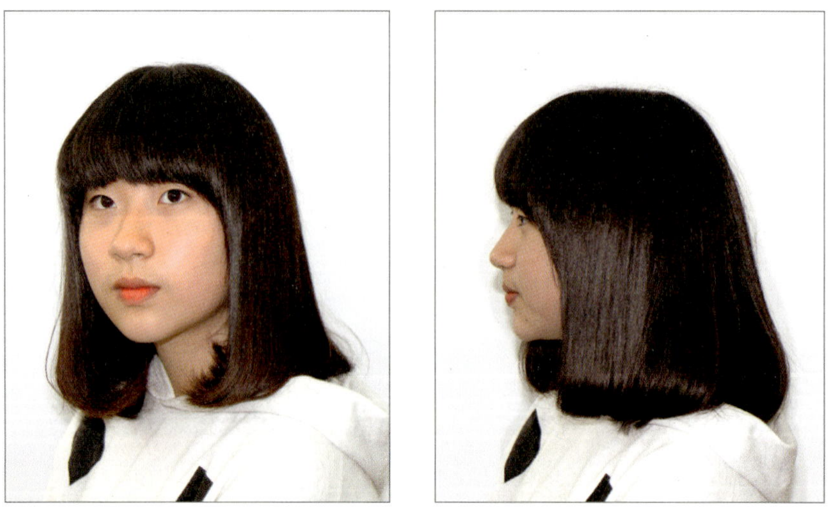

아웃 컬을 이용한 미디엄 스타일

발랄하며 귀여운 이미지의 헤어스타일이다.

Medium Style

아웃 컬(out curl, 겉 말음)을 이용한 발랄한 느낌 스타일

수평 섹션으로 발랄하고 귀여운 느낌을 주며 무거운 원랭스 헤어에서 잘 어울리는 스타일이다.

섹션 도해도

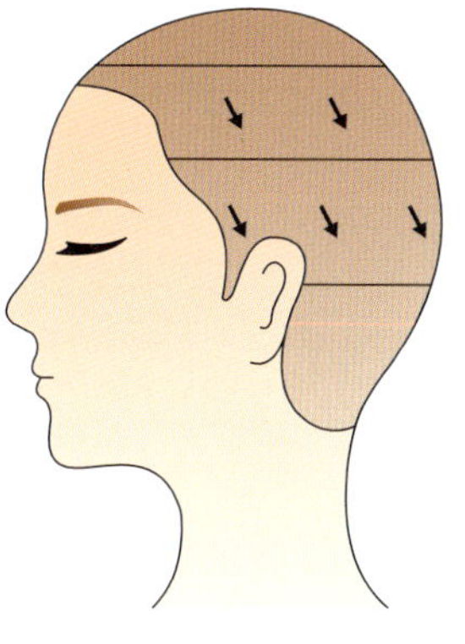

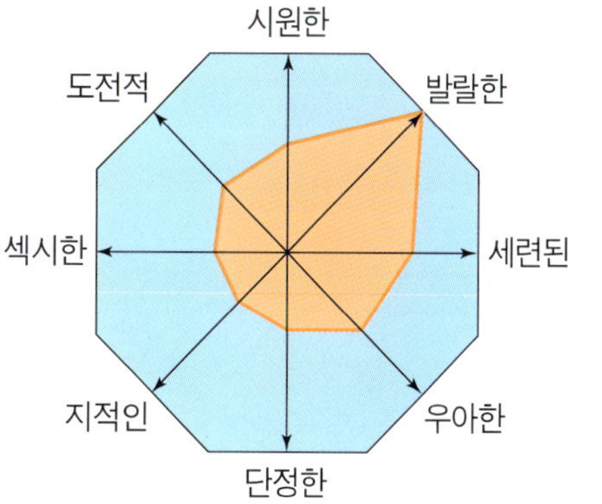

Preview

무거운 원랭스 헤어스타일로 발랄하고 귀여운 이미지를 만들기 위해 롤을 이용하여 아웃 컬(겉 말음) 형태로 웨이브 릿지를 연출하였다.

Before

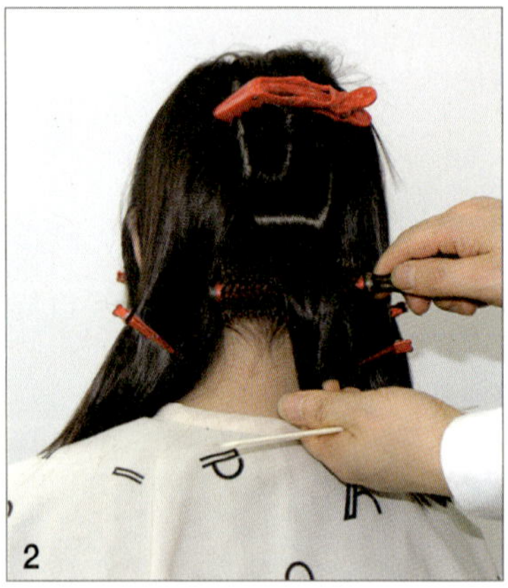

1~3 네이프부터 수평 섹션을 나눈 다음 롤을 먼저 안 말음을 한 후 다시 뒤집어서(겉 말음) 롤을 말아 열을 앞뒤로 준 다음 롤을 회전하면서 컬을 만든다.

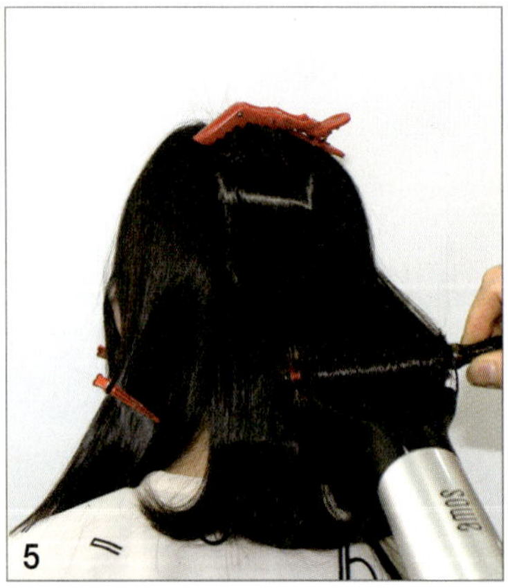

4~15 G.P(Golden Point)부터 뿌리 볼륨을 살리고 모발의 결을 위에서 아래 방향으로 열을 주어 정리하면서 시술한다.

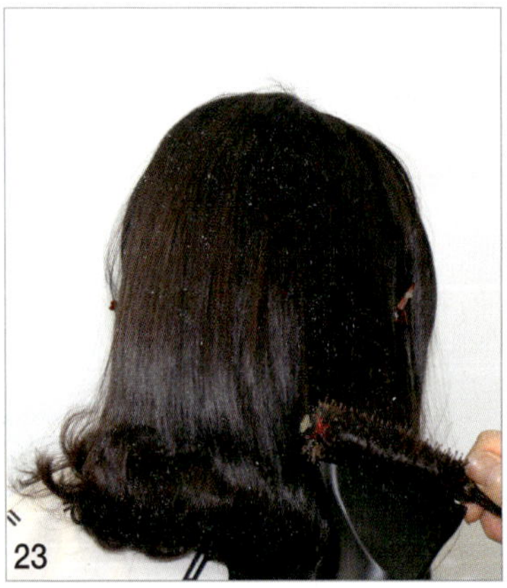

16~24 후두부 우측 사이드 부분(N.R.S.P)도 볼륨감을 살리면서 아웃 컬을 연출한다.

25~27 후두부 좌측 사이드 부분도 동일하게 시술한다.

28~33 좌측 사이드 부분(L.S.P)도 롤을 말고 위아래로 열을 준 다음 롤을 회전하면서 탄력 있는 컬을 만든다.

34

35

36

34~37 우측 사이드 부분도 좌측과 동일하게 시술한다.

37

38

39

38~39 앞머리는 인 컬(안 말음)을 하여 귀여운 이미지를 연출한다.

Finish view

버티컬 웨이브를 이용한 롱헤어 스타일

우아하면서 여성스러운 이미지의 헤어스타일이다.

Long Style

Top
자연스러운 볼륨

Nape
포워드 방향 S컬 웨이브

버티컬 웨이브(vertical wave)를 이용한 우아한 느낌 스타일

얼굴형을 감싸주는 우아하고 세련된 느낌의 헤어스타일이다. 레이어 머리 형태가 잘 어울리는 스타일이다.

섹션 도해도

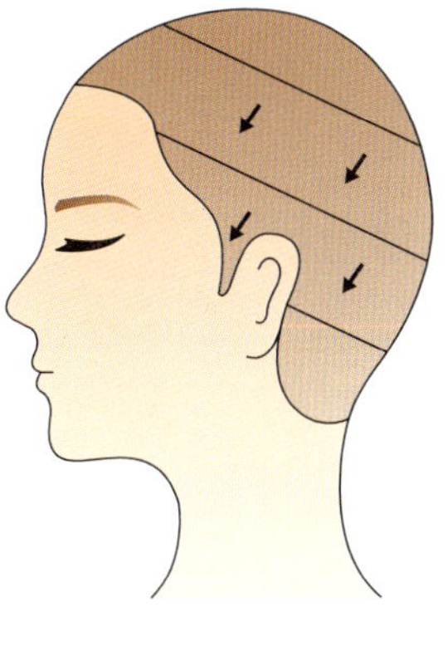

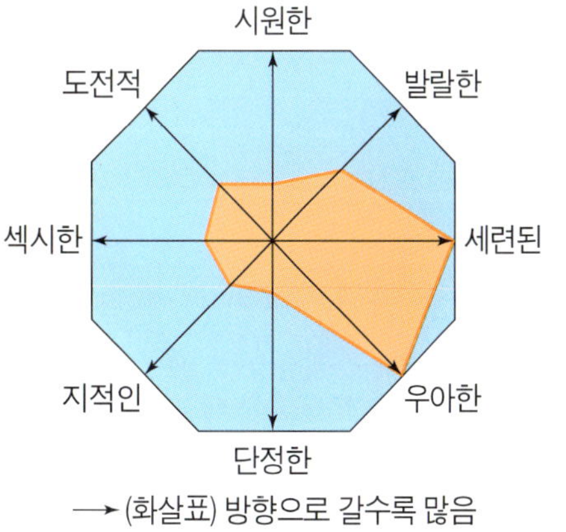

Preview

레이어 형태의 헤어스타일로 후대각 섹션에 포워드 방향으로 롤을 수직에 가깝게 머리카락을 감아서 웨이브를 연출한다.

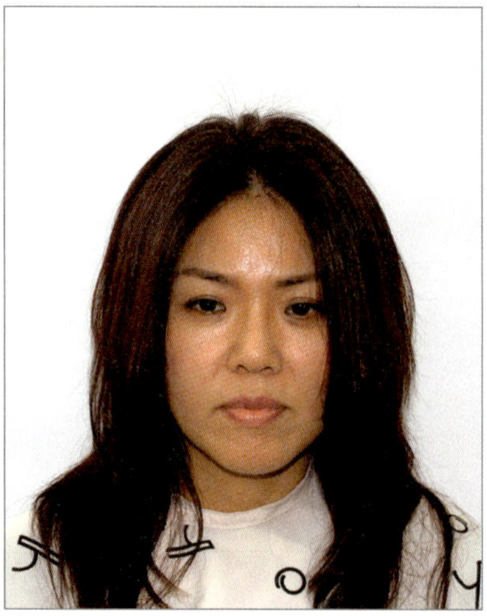

Before

1

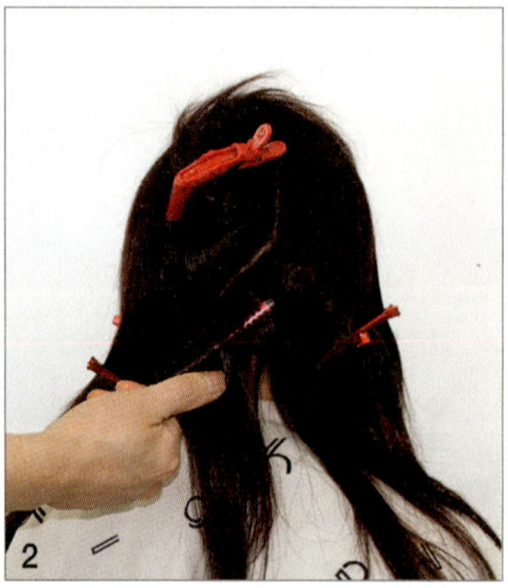

2

3

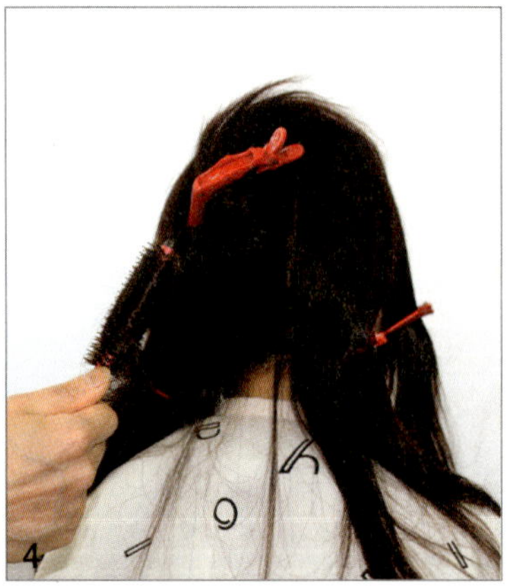

4

5

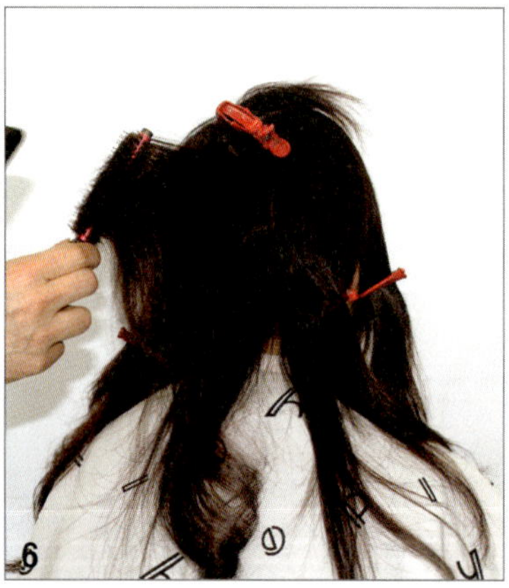

6

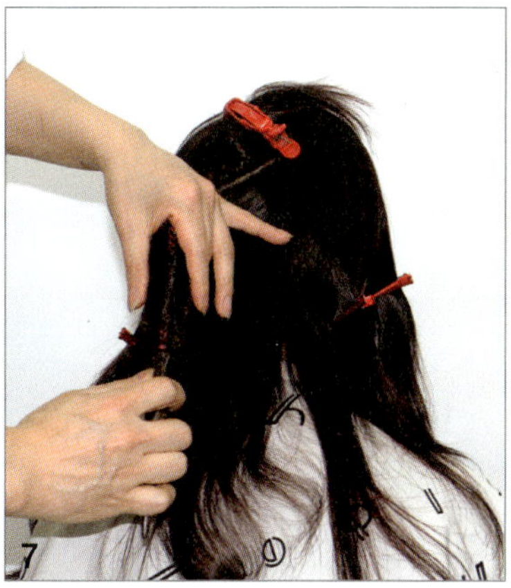

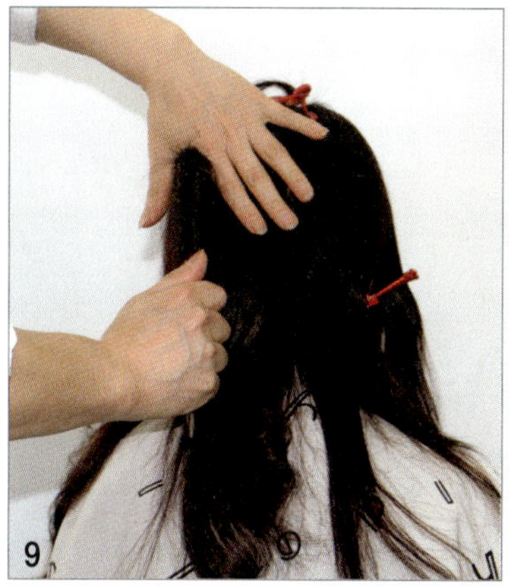

1~8 모발을 5등분하고 정중선 사선 섹션으로 모근부터 큐티클을 정리하면서 롤을 모발 끝부터 감아 수직에 가깝게 와인딩한 후 드라이 열을 앞뒤로 준 다음 웨이브를 만든다.

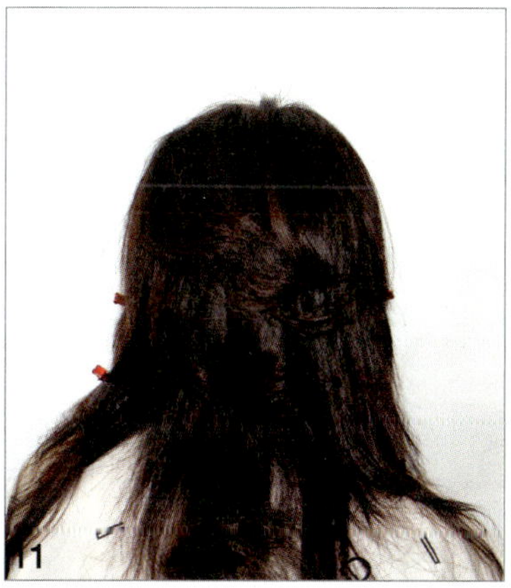

9~11 사선 섹션으로 톱 포인트(Top Point) 지점까지 뿌리 볼륨을 살리면서 진행한다.

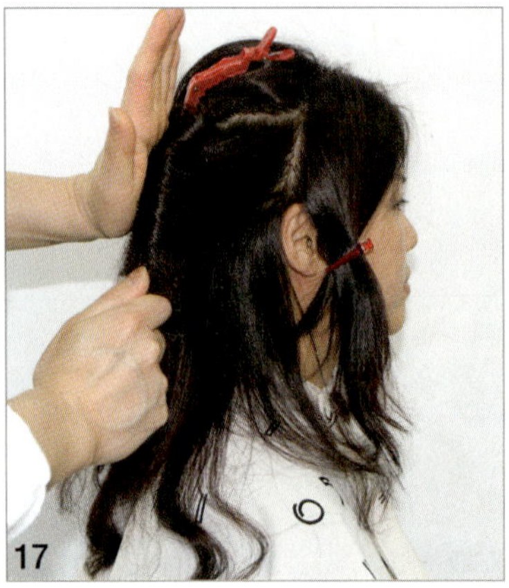

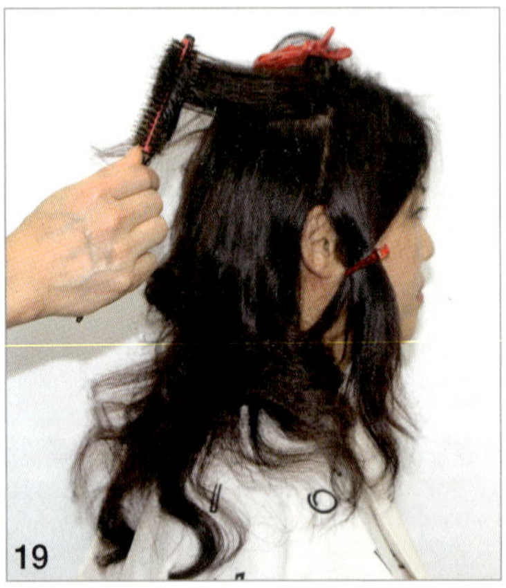

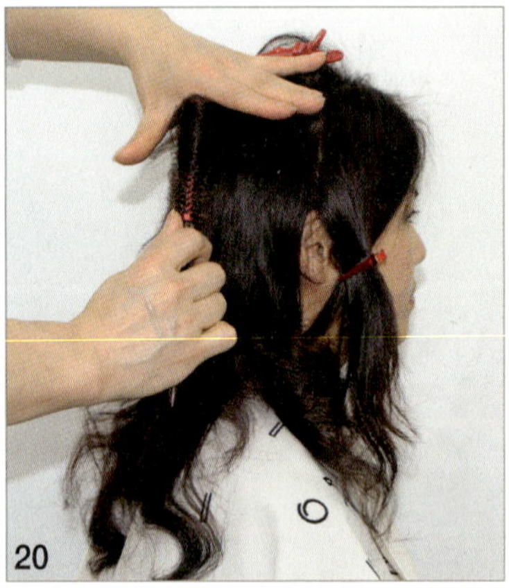

12~23 후두부 우측 사이드 부분(N.R.S.P)은 후대각 섹션으로 롤을 수직으로 감고 와인딩하여 열을 충분히 준 다음 얼굴 방향으로 웨이브를 만들어 준다.

25

26

27

28

29

30

31

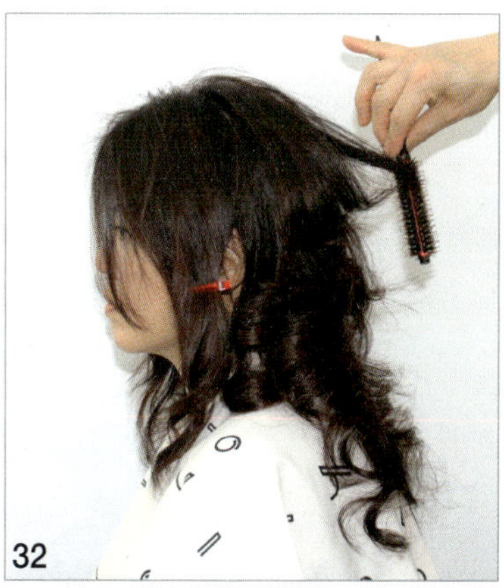
32

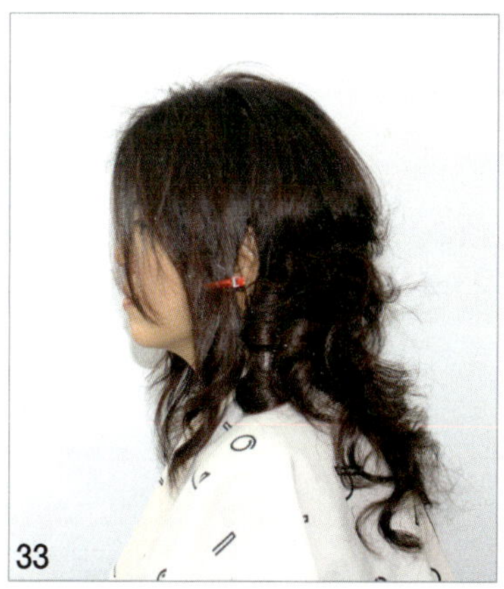
33

24~33 후두부 좌측 사이드 부분(N.L.S.P)도 우측과 동일하게 진행한다.

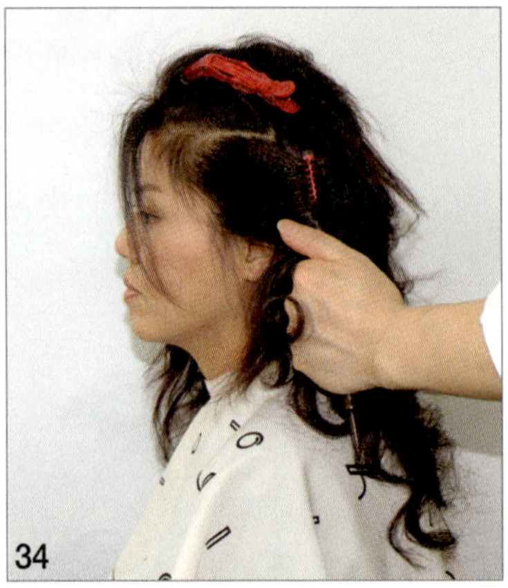

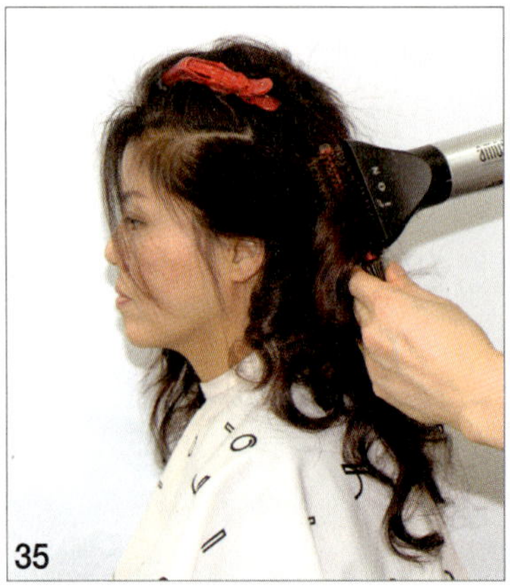

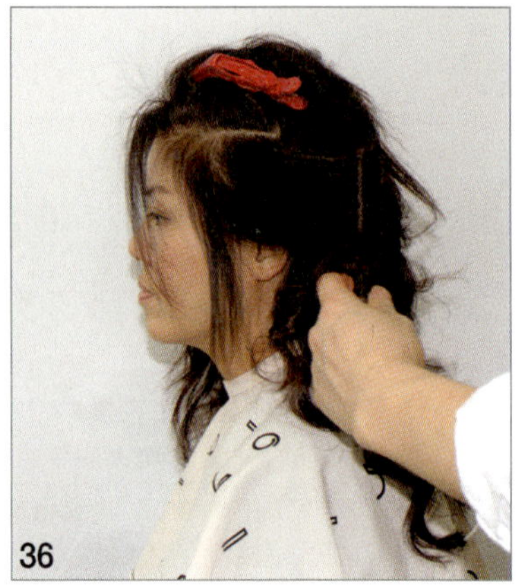

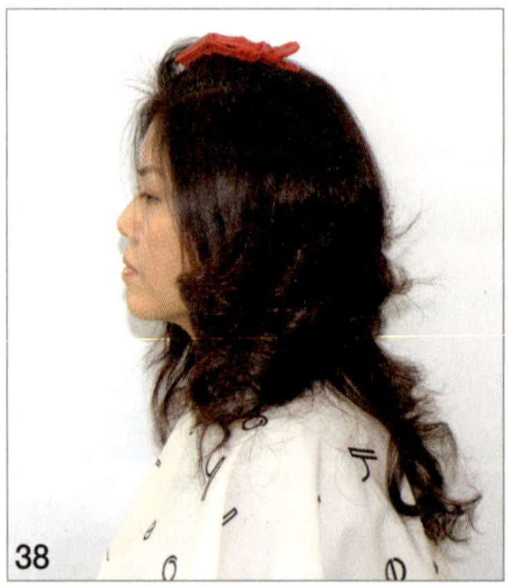

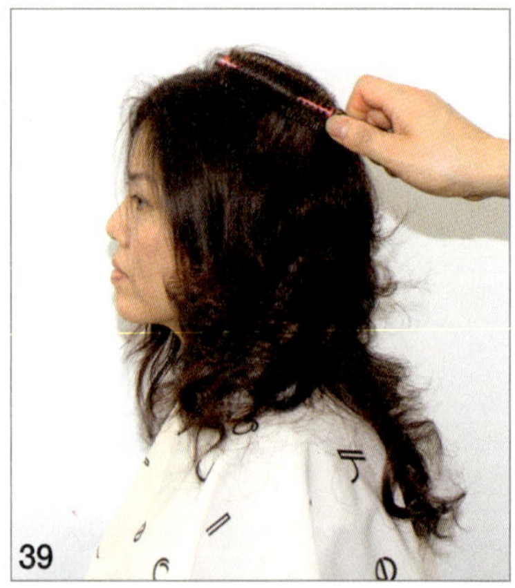

34~39 좌측 사이드 부분(L.S.P)은 후대각 섹션으로 수직에 가깝게 롤을 세워서 와인딩한 후 얼굴 방향으로 웨이브를 만든다.

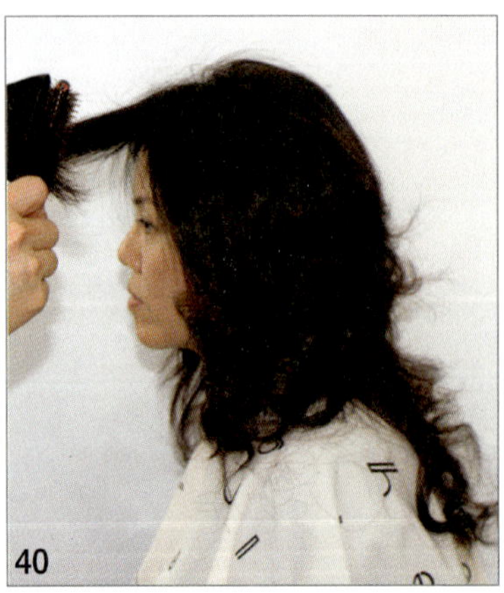

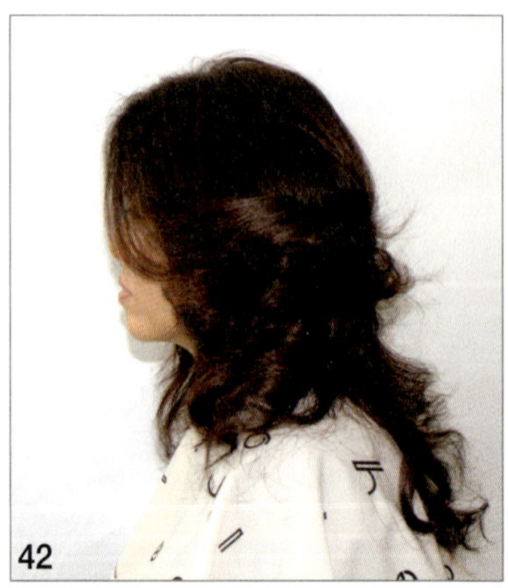

40~42 앞머리 스타일은 리버스 방향으로 모발을 감고 열을 준 다음 뒤로 연출한다.

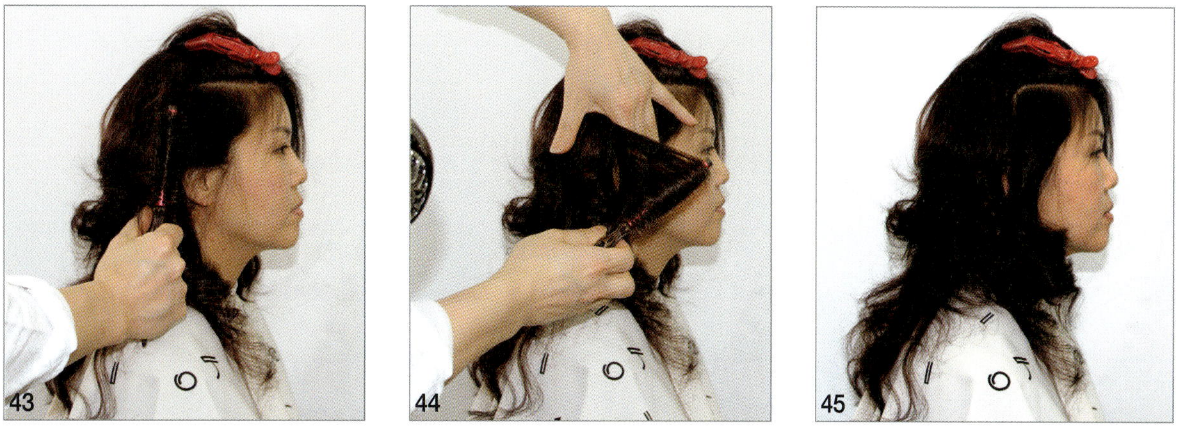

43~45 우측 사이드 부분(R.S.P)도 좌측과 동일한 방법으로 진행한다.

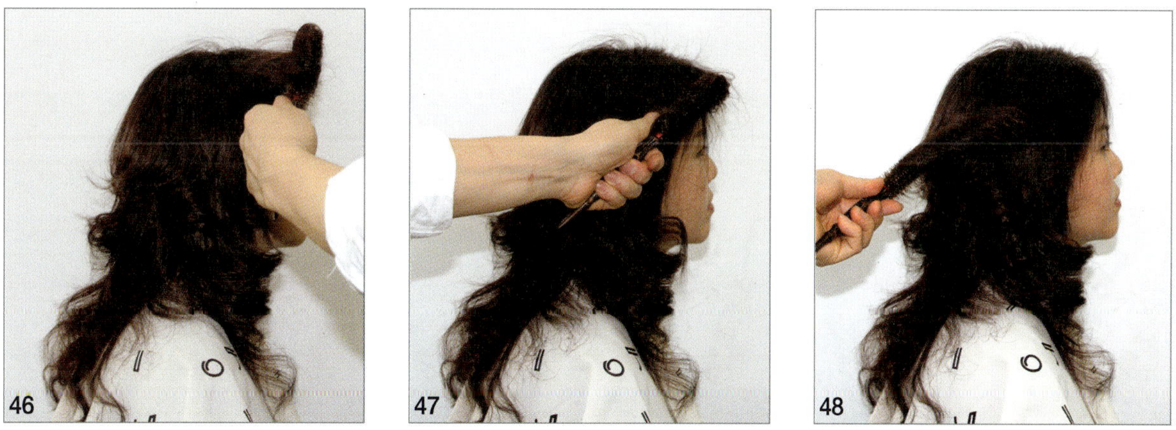

46~48 리버스 방향으로 모발을 감아 뒤쪽으로 연출한다.

Finish view

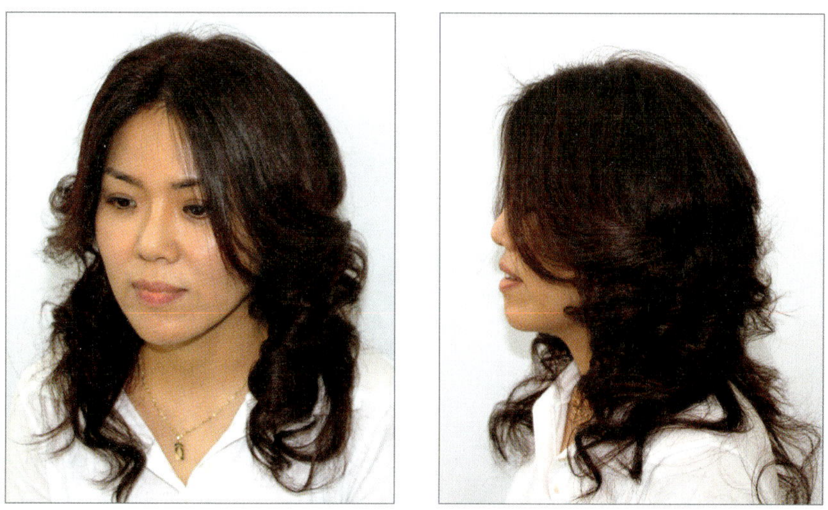

2. 아이론 테크닉

플랫 아이론을 이용한 스트레이트 롱헤어 스타일

청순하며 단정한 이미지의 헤어스타일이다.

Long Style

플랫 아이론을 이용한 단정하고 깔끔한 스타일

볼살이 있고 둥근 얼굴형에는 스트레이트 헤어가 잘 어울린다. 단정하면서 깔끔하고 차분해 보이며 청순한 이미지의 헤어스타일이다.

섹션 도해도

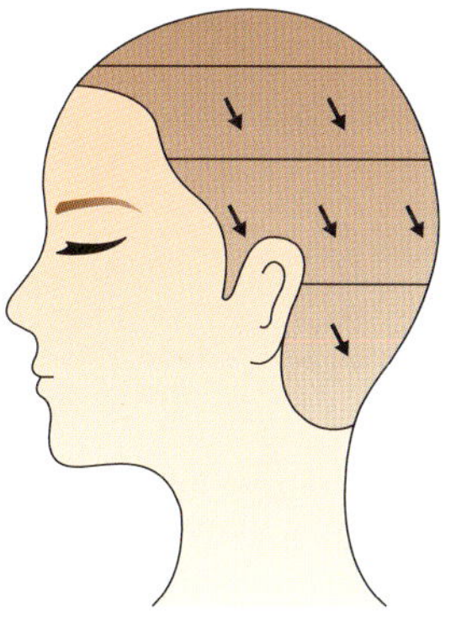

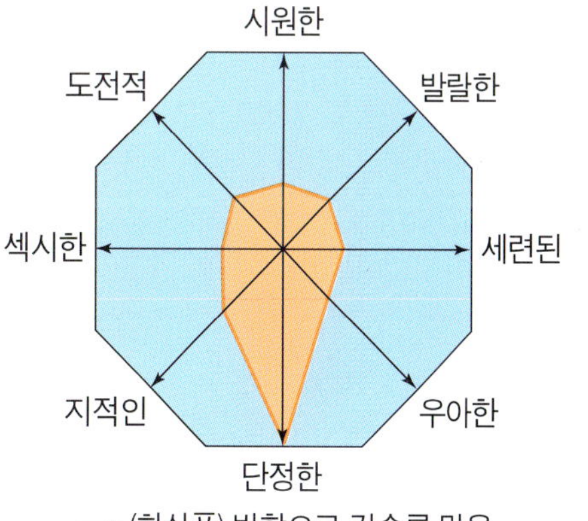

Preview

수평 섹션으로 모발의 흐름은 플랫 아이론으로 하며 아랫단부터 진행하여 모발이 윤기나게 시술한다.

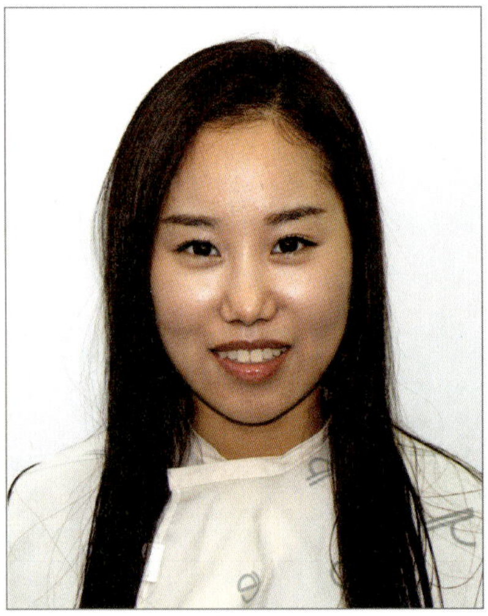

Before

1~6 아랫단부터 플랫 아이론으로 가볍게 프레스하여 모발이 윤기가 날 정도로 시술한다.

7~9 모근부터 모발 끝부분까지 텐션 힘을 조절하여 시술한다.

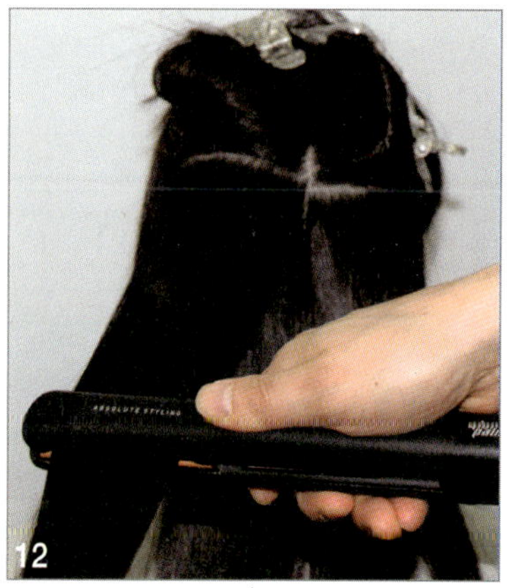

10~15 동일한 방법으로 반복적으로 시술한다.

16~24 골든 포인트(G.P) 지점부터 아이론 기기의 각도를 세워 모근부의 뿌리를 살리면서 시술한다.

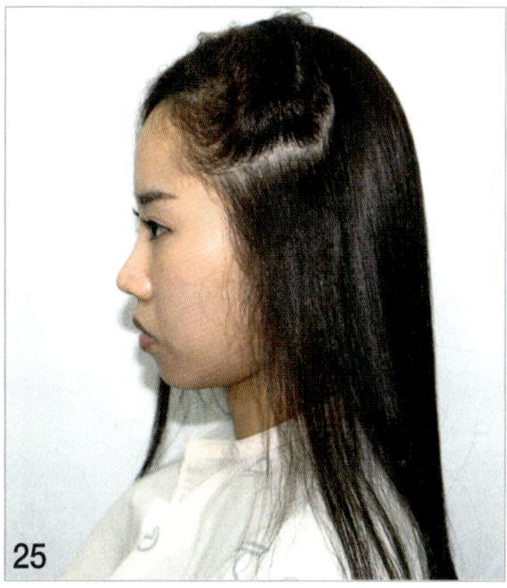

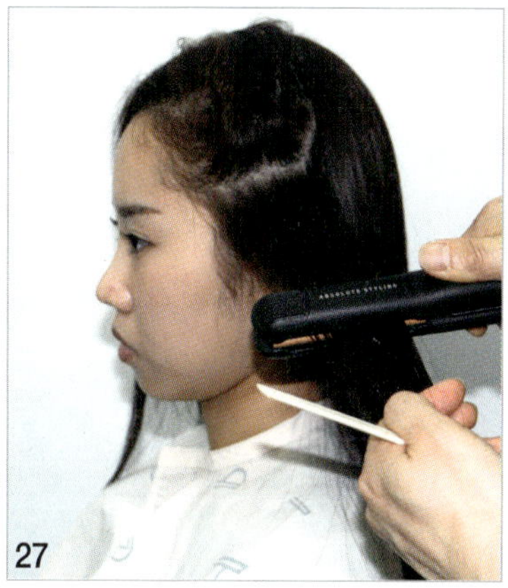

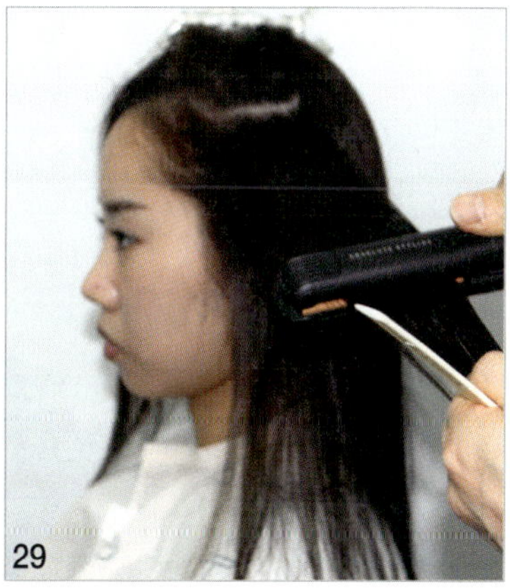

25~30 좌측 사이드 부분(L.S.P)도 동일하게 시술한다.

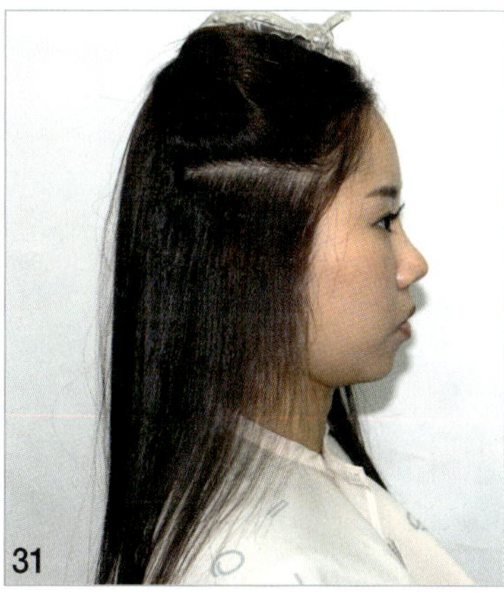

34

35

36

37

38

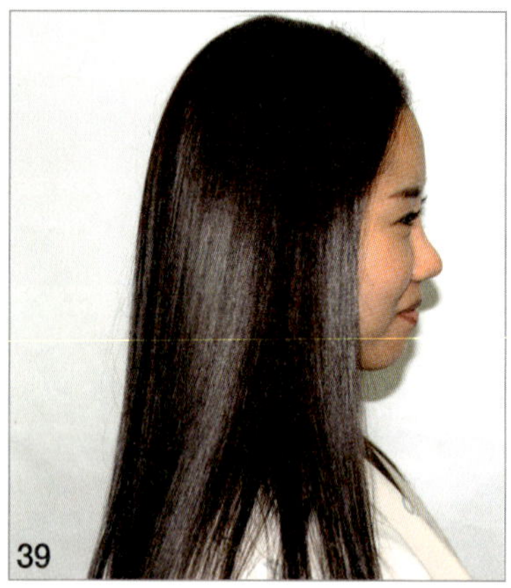

39

31~39 우측 사이드 부분(R.S.P)도 동일하게 시술한다.

Finish view

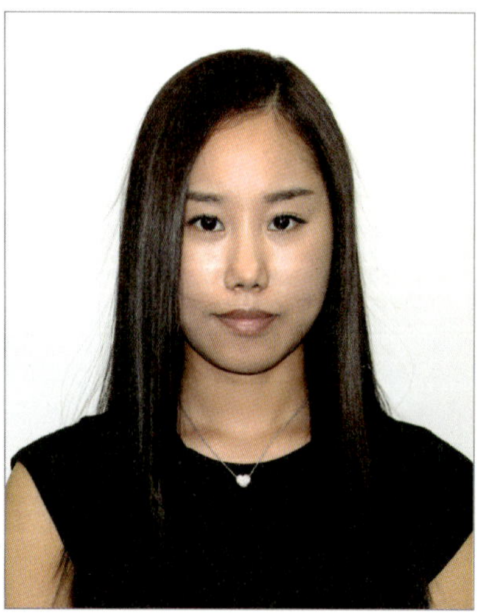

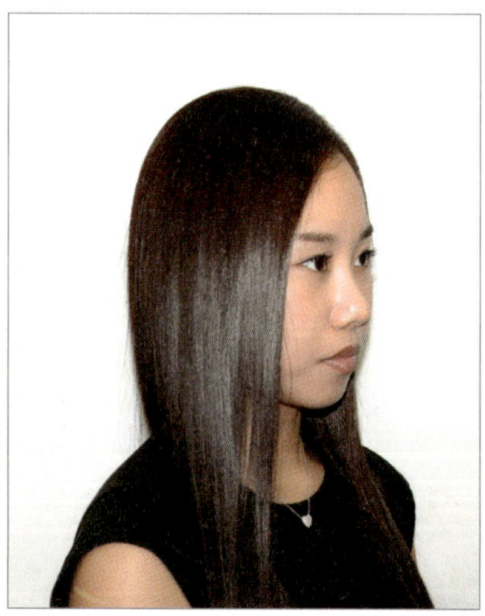

아이론을 이용한 인 컬 스타일

플랫 아이론으로 안 말음 C컬을 연출하여 지적이며 단정한 이미지의 헤어스타일이다.

Medium Style

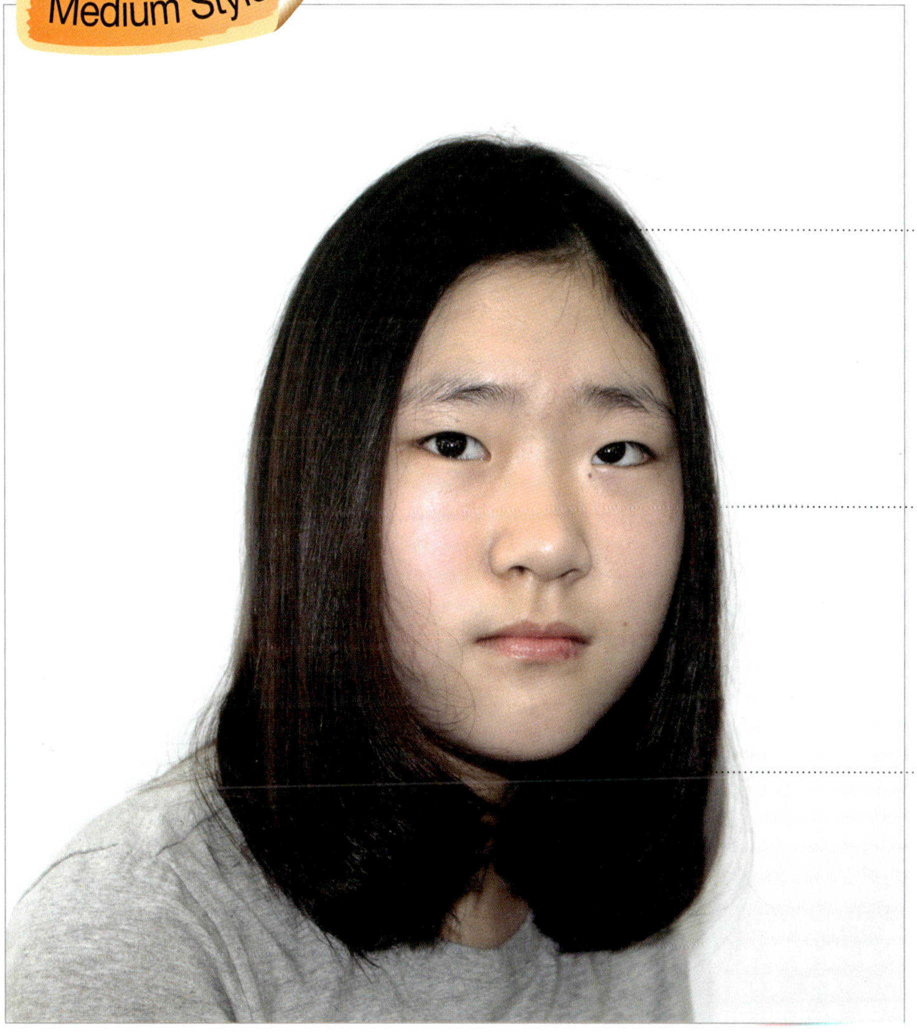

Top
자연스러운 볼륨

Medium
스트레이트라인

Nape
인 컬

인 컬(in curl, 안 말음)을 이용한 지적인 느낌 스타일

두상의 곡면을 따라서 자연스럽게 볼륨감을 주면서 플랫 아이론으로 안 말음을 한 C컬의 형태로 지적인 느낌의 헤어스타일이다. 무거운 원랭스 헤어에 잘 어울린다.

섹션 도해도

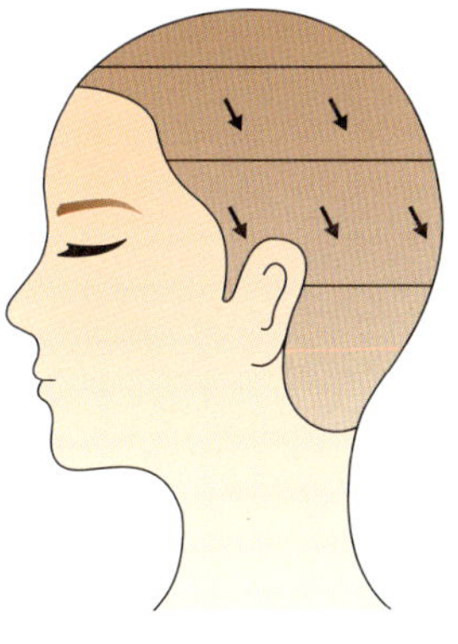

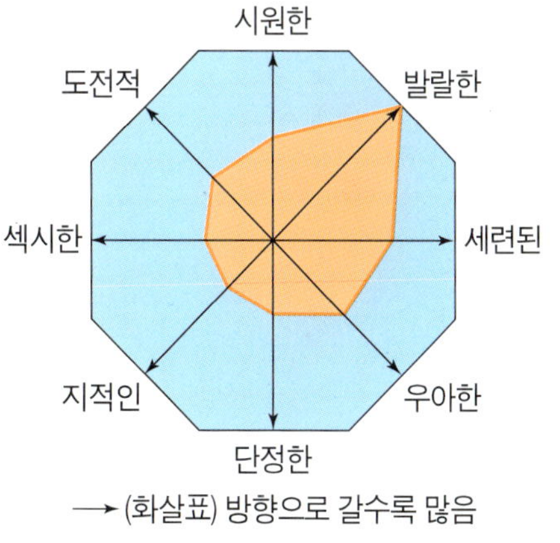

Preview

무거운 원랭스 헤어스타일로 지적이며 단정한 느낌이며 수평섹션으로 안 말음 연출하였다.

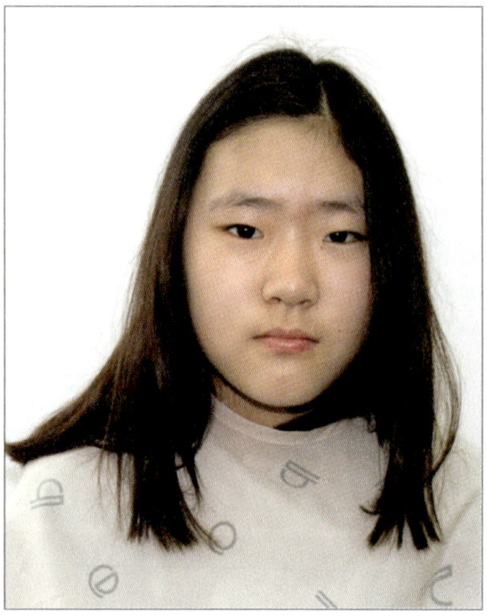

Before

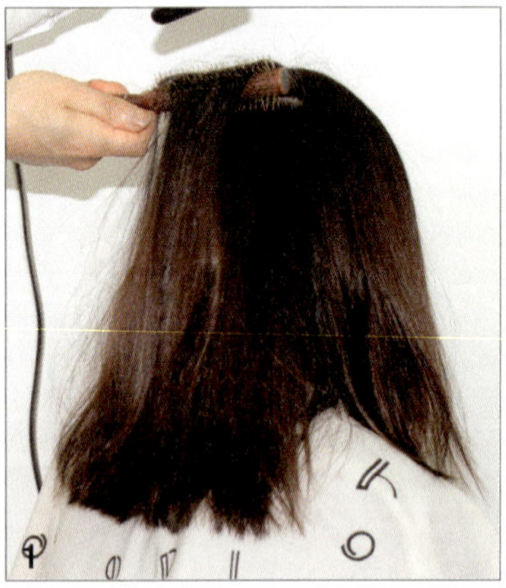

1

2

3

1~3 플랫 아이론을 이용한 인 컬(안 말음)을 연출하기 위해서 먼저 롤 브러시로 뿌리 볼륨을 살리고 아이론으로 컬을 만들어 준다.

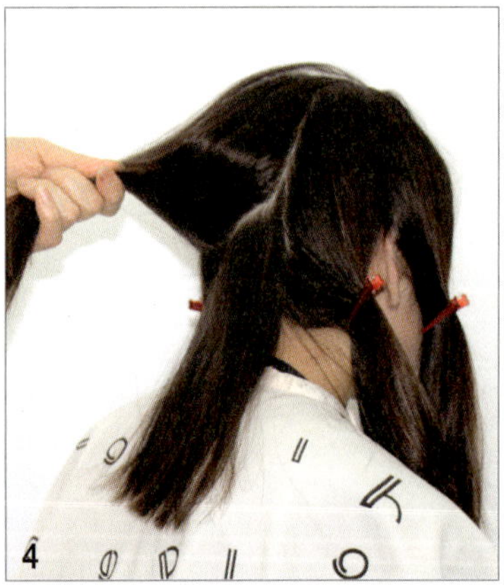

4

5

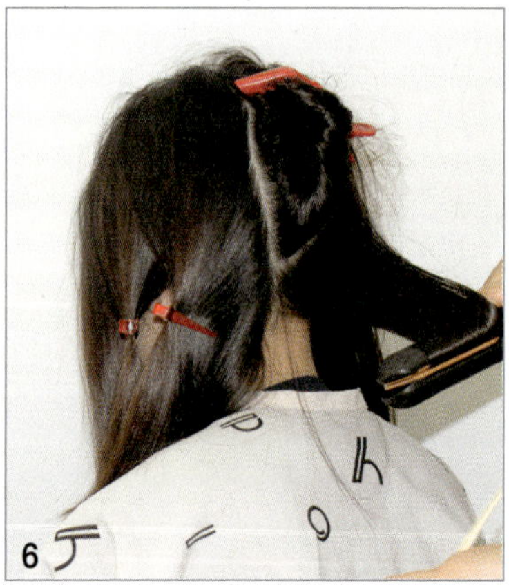

6

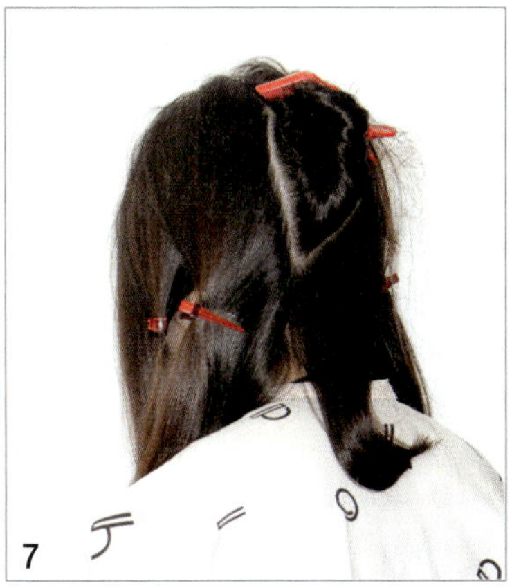

4~9 플랫 아이론으로 모발 끝부분에 C컬을 연출한다.

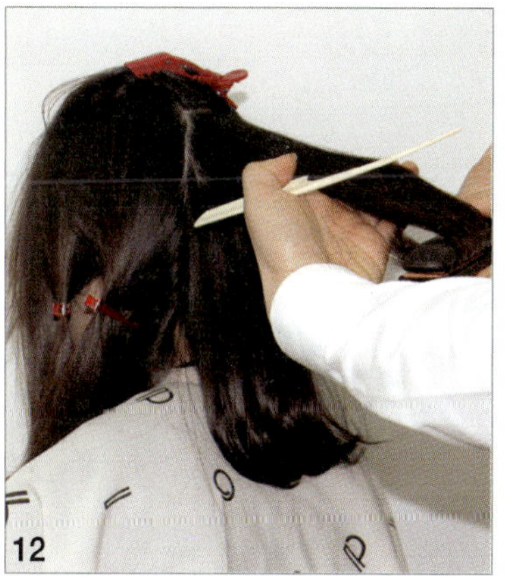

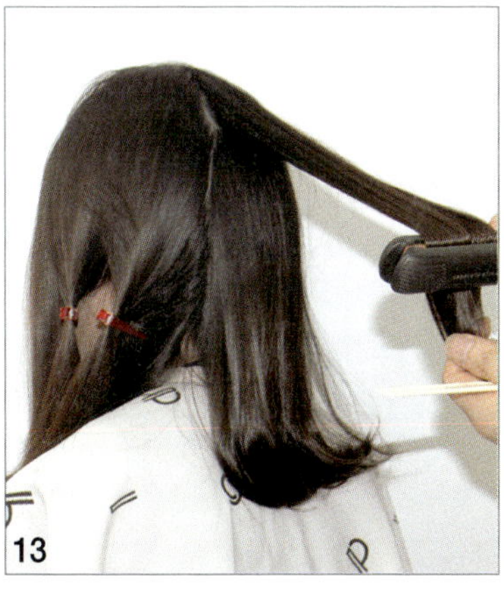

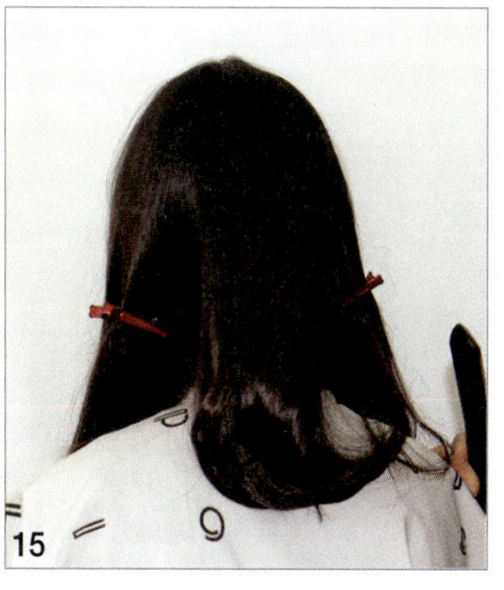

10~15 골든 포인트부터 톱 포인트(G.P~T.P)까지 아이론으로 뿌리 볼륨을 살리면서 컬을 만든다.

16~21 후두부 우측 사이드 부분(B.R.S.P)은 후대각 섹션으로 포워드 방향의 컬을 만든다.

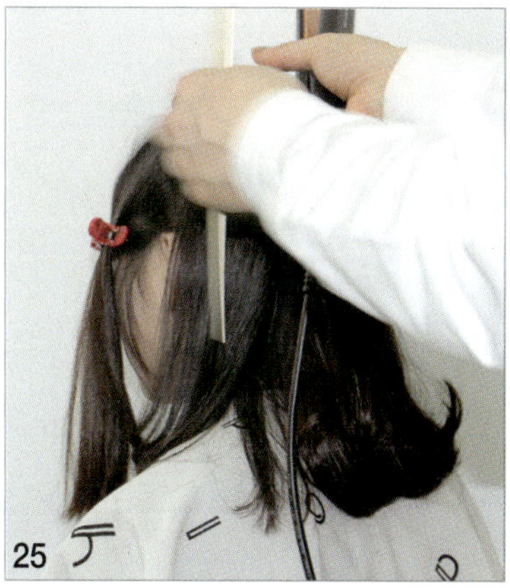
25

26

27

28

29

30

22~28 후두부 좌측 사이드 부분(B.L.S.P)도 우측과 동일한 방법으로 진행한다.

31

32

33

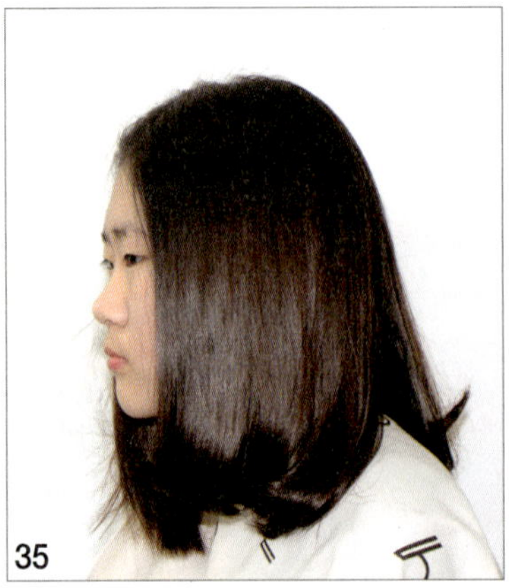

29~35 우측 사이드 부분(R.S.P)은 후대각 섹션으로 포워드 방향으로 컬을 만든다.

36~39 좌측 사이드 부분(L.S.P)도 우측과 동일한 방법으로 시술한다.

Finish view

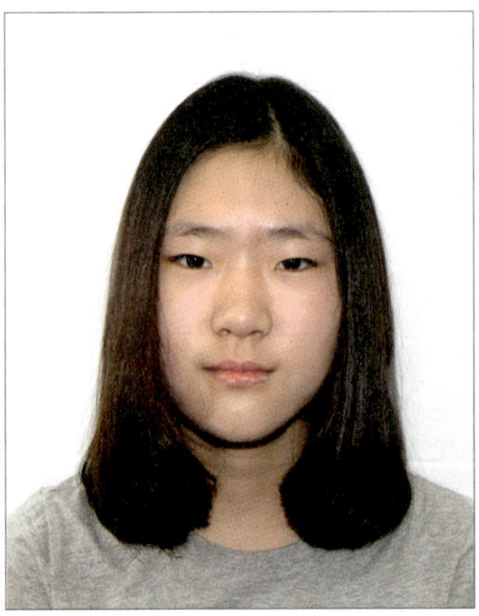

반원형 아이론을 이용한 아웃 컬 스타일

반원형 아이론으로 뻗침 형태의 아웃 컬(Out curl, 겉 말음)을 연출하여 발랄하고 활동적인 이미지의 헤어스타일이다.

Medium Style

Top
볼륨 웨이브

Medium
아웃 컬

페이스라인 포워드

반원형 아이론을 이용한 발랄하고 경쾌한 느낌 스타일

각지고 윤각이 뚜렷한 얼굴형에 잘 어울리는 아웃 컬(Out curl) 헤어스타일이다.

섹션 도해도

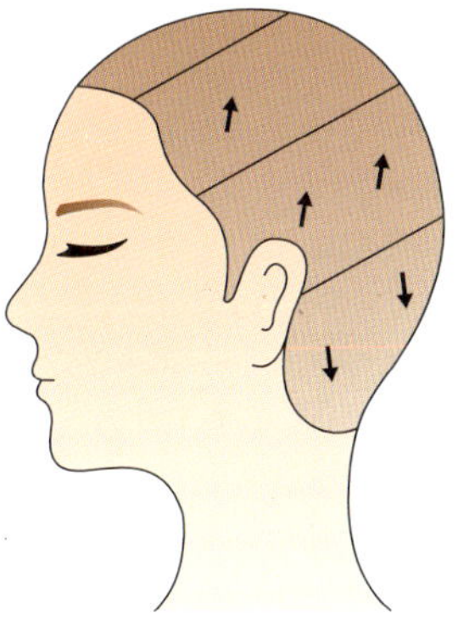

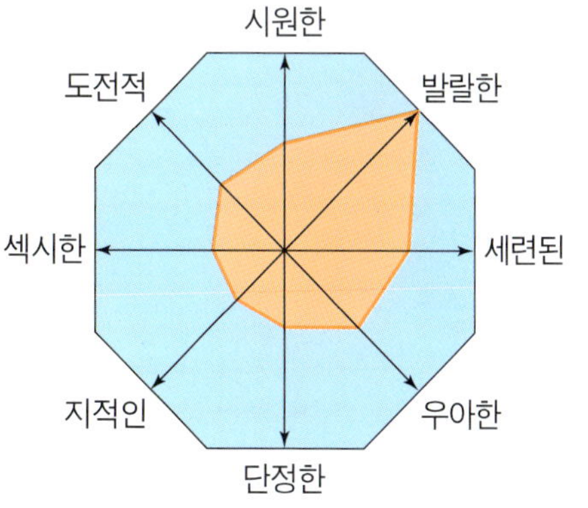

→ (화살표) 방향으로 갈수록 많음

Preview

커트 단발 헤어스타일로 네이프 부분에서 안 말음 형태, 백 포인트 지점에서 아웃 컬 형태, 사이드는 전대각 섹션으로 얼굴 방향으로 뻗치는 모양을 주는 발랄하고 지적인 헤어스타일이다.

Before

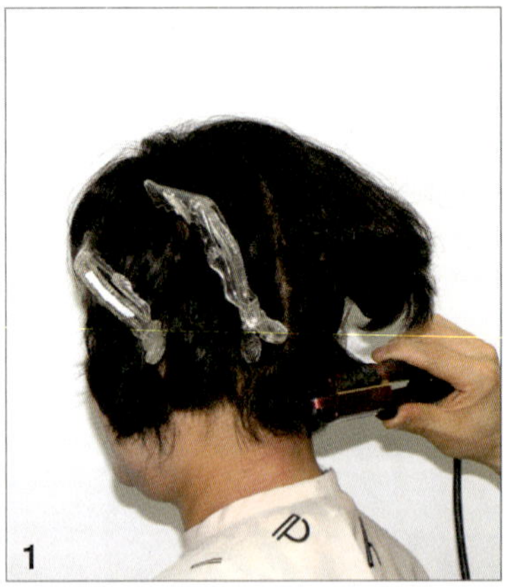

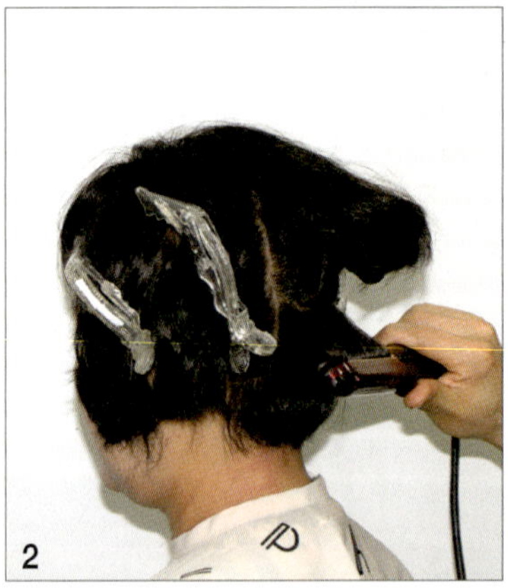

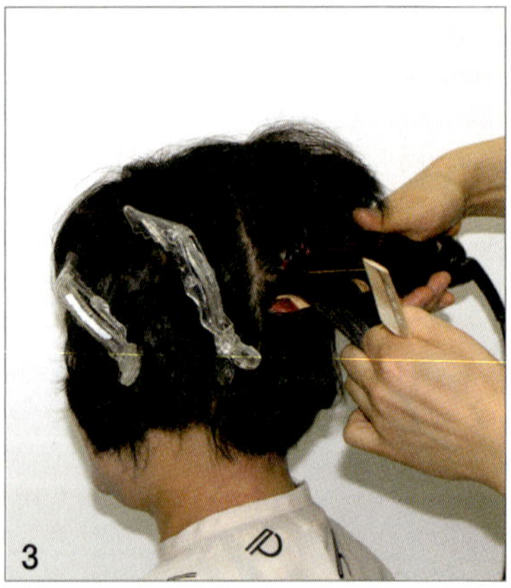

1~3 두부를 브로킹하여 네이프 중앙부터 안 말음으로 진행한다.

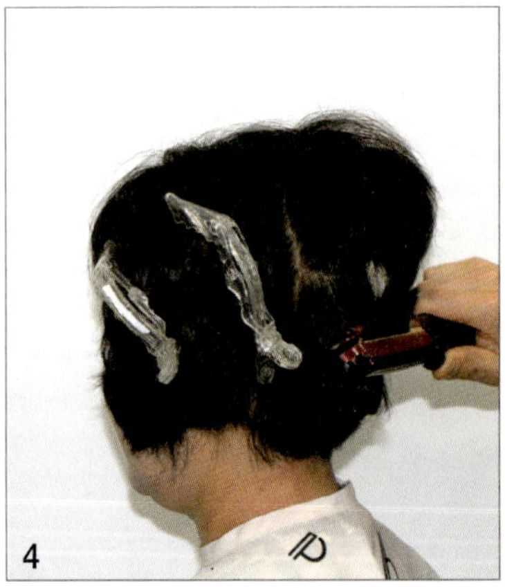

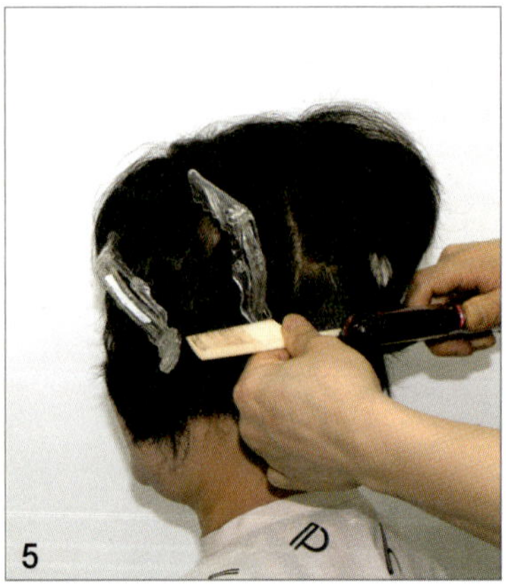

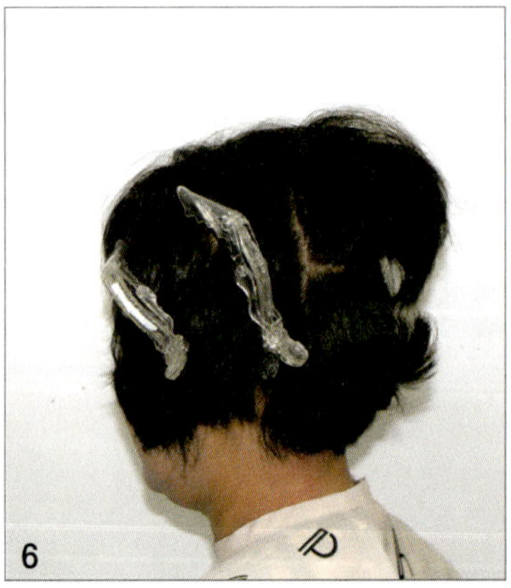

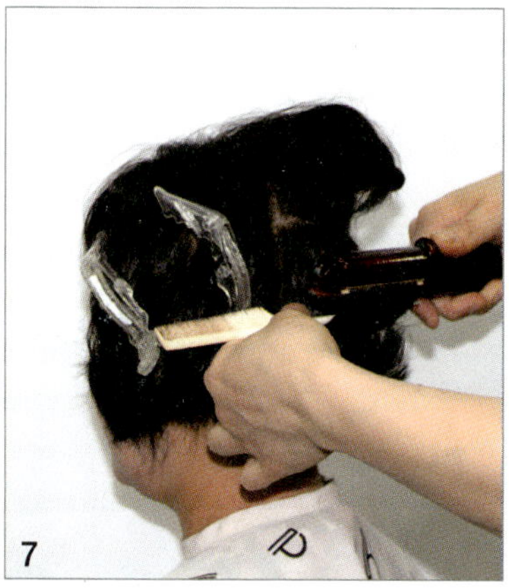

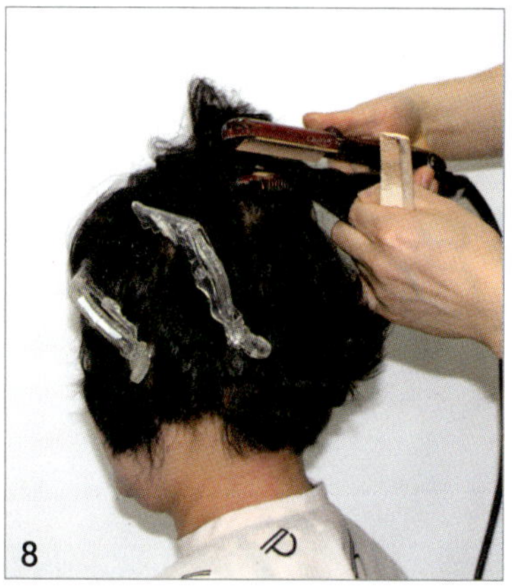

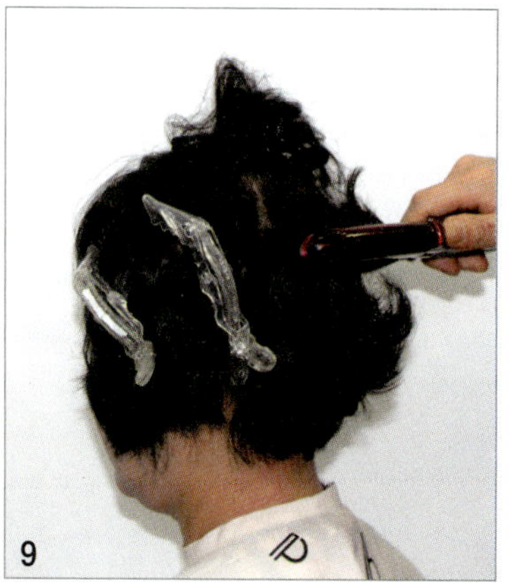

4~9 머리 길이가 짧으므로 꼬리빗의 끝을 이용하여 겉 말음 형태로 아웃 컬을 만들어 시술하고 뿌리 볼륨을 살리면서 아이론으로 아웃 컬을 만든다.

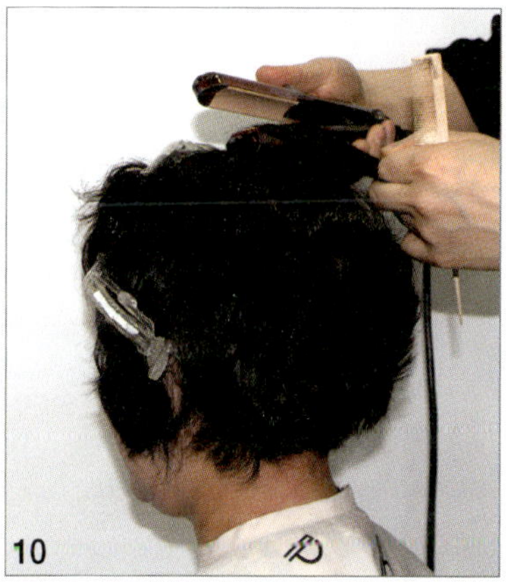

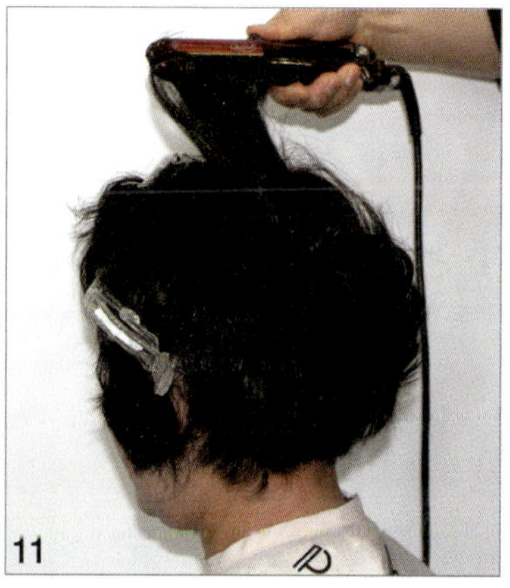

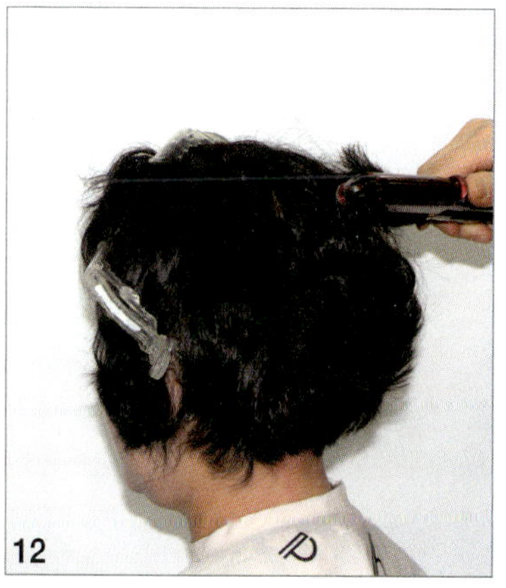

10~12 모근 부분을 최대한 90° 이상 각도를 세워 모발 길이의 1/3 지점까지 볼륨을 주어 시술한다. 모발의 2/3 지점부터는 아웃 컬의 형태로 둥근 아이론을 이용하여 시술한다.

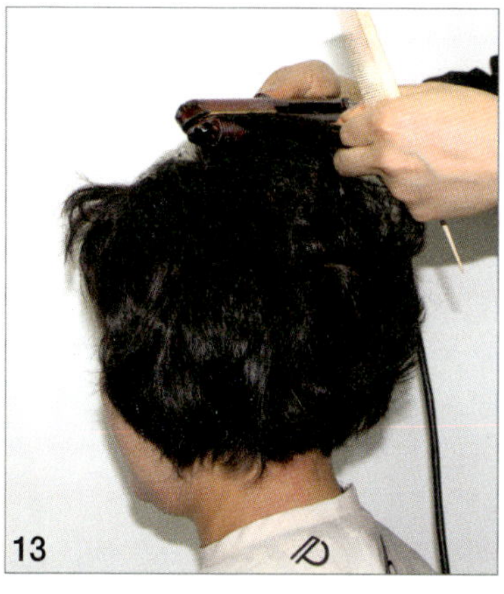

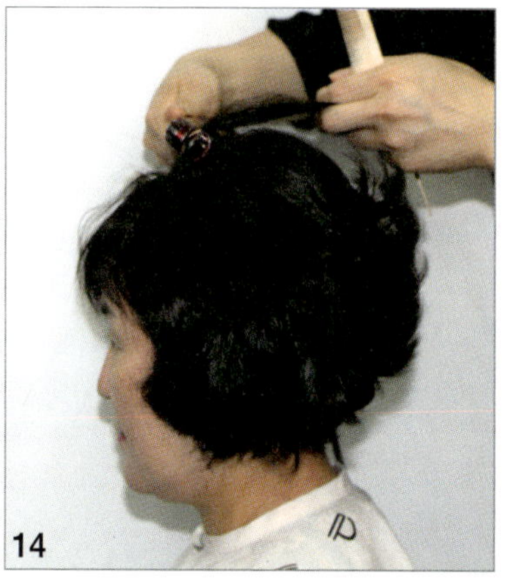

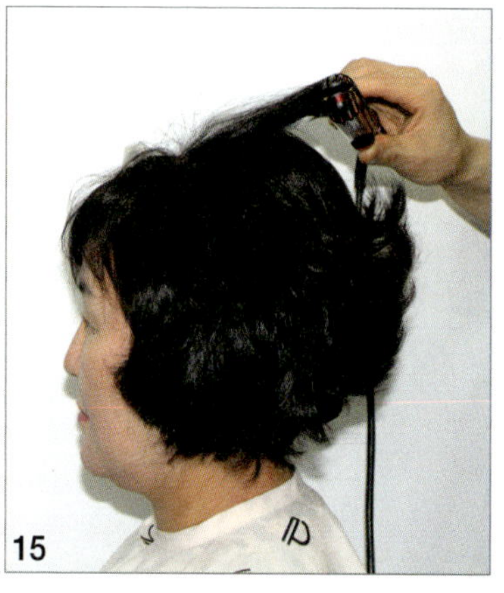

13~15 뿌리 볼륨을 두상의 90° 이상 각도로 최대한 살리면서 자연스럽게 연결한다.

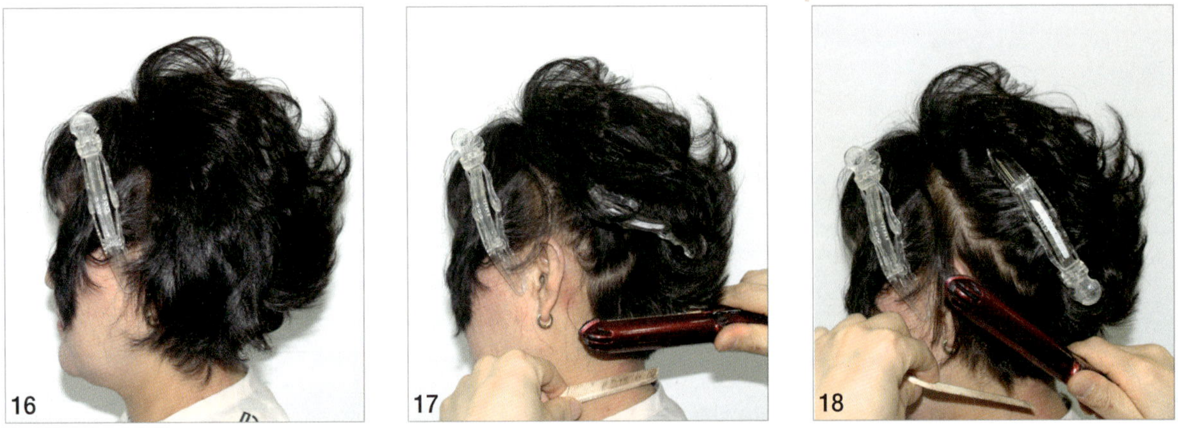

16~18 후두부 우측 사이드 부분(N.R.S.P)은 후대각 섹션으로 목을 감싸며 모발의 끝부분을 이용하여 아웃 컬로 만들어 시술한다.

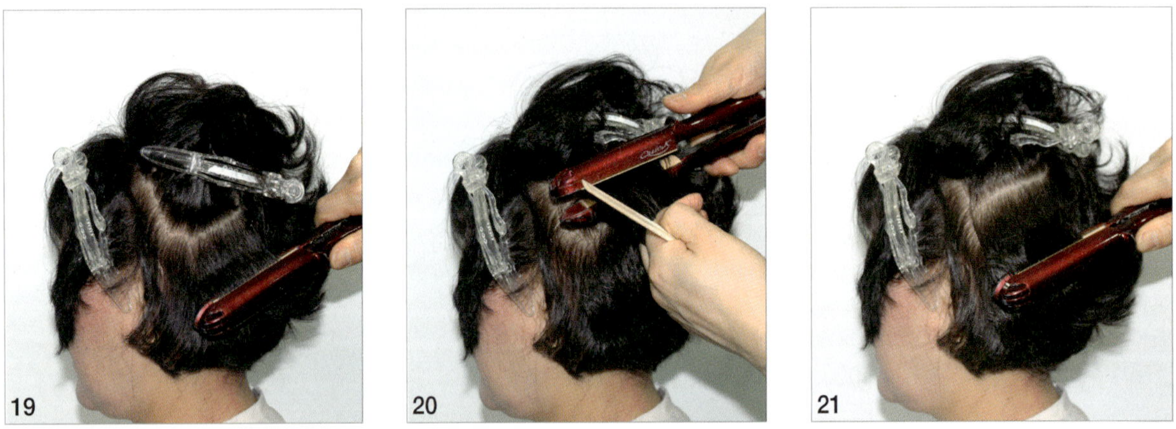

19~20 모발 길이의 1/3 지점은 안 말음하며 2/3 지점은 아웃 컬(겉 말음) 형태가 이루어지도록 시술한다.

22~24 모발 길이의 1/3 지점을 안 말음하여 모근 부분을 살려 주고 길이의 2/3 지점부터는 아웃 컬의 형태를 이루면서 시술한다.

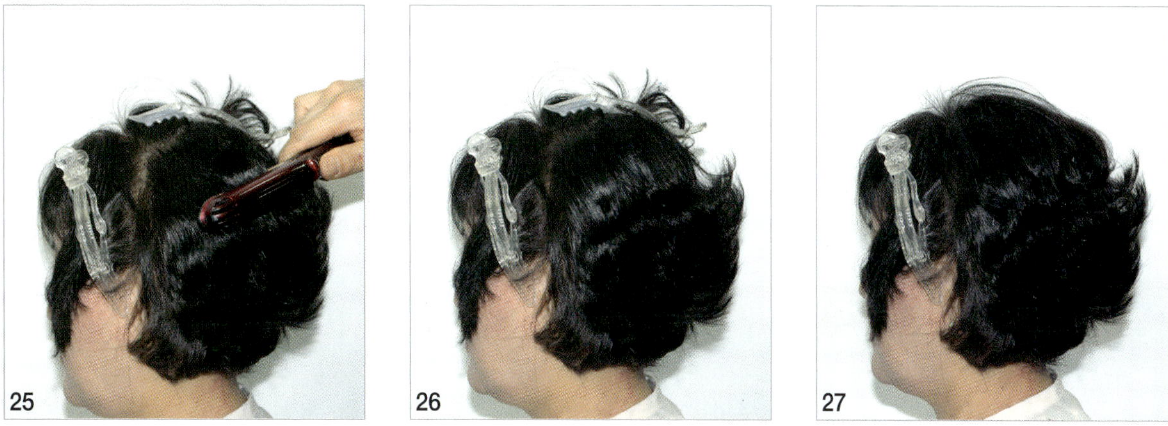

25~27 전대각 섹션으로 아웃 컬을 만들어 얼굴 방향으로 뻗침머리를 만든다. 아웃 컬로 활동적인 이미지를 연출하기 위해서이다.

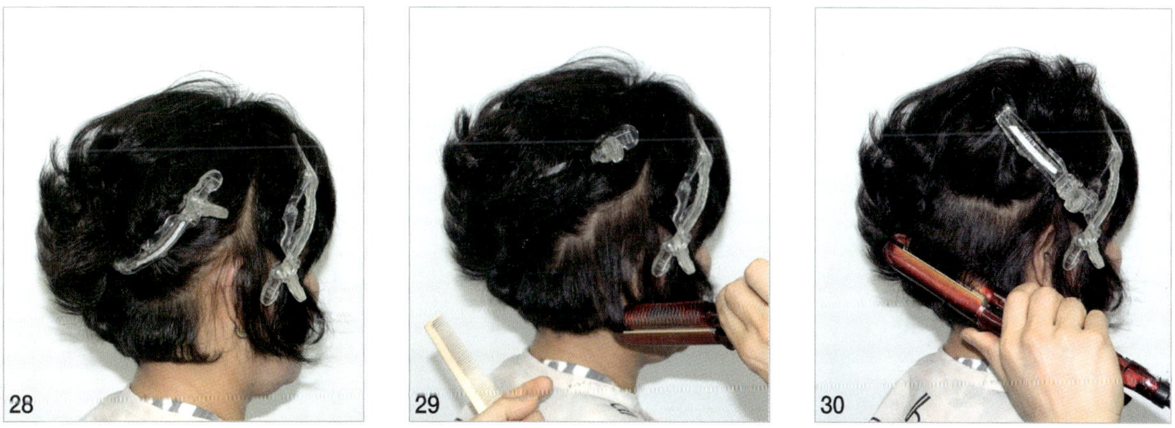

28~29 후대각 섹션으로 목을 감싸듯이 컬을 만든다.

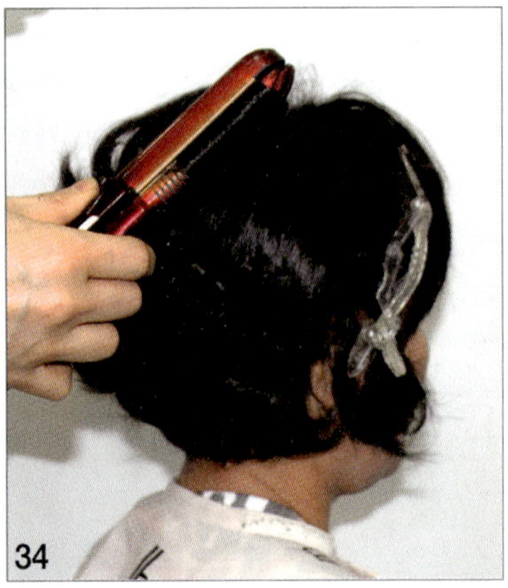
34

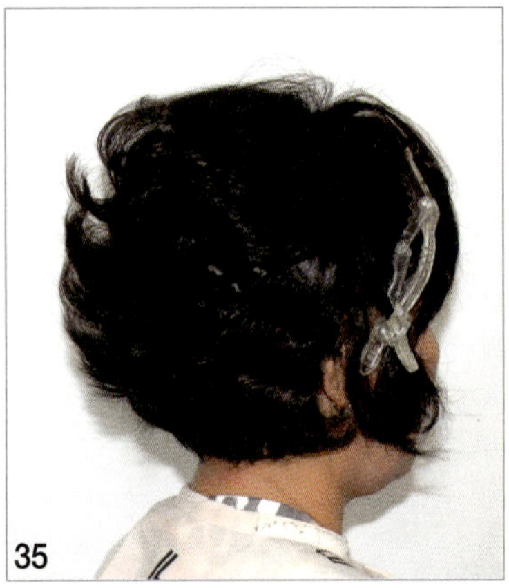
35

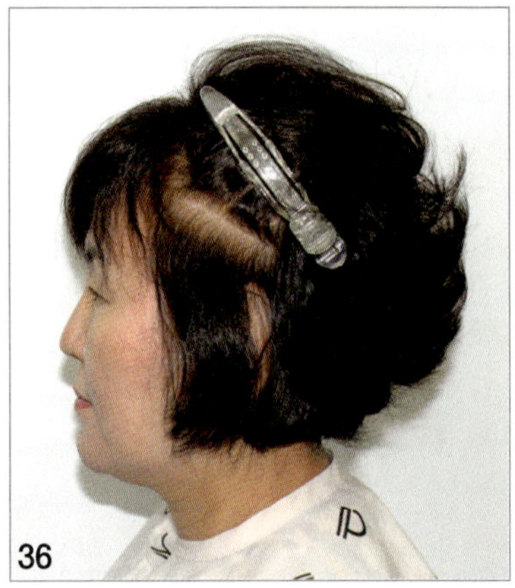
36

30~35 우측과 동일한 방법으로 진행한다.

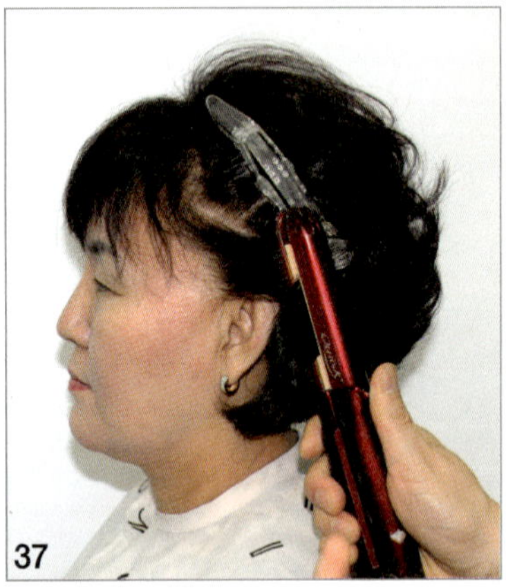
37

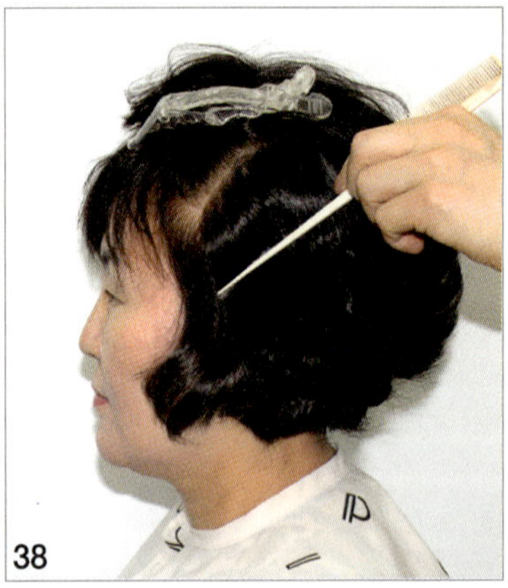
38

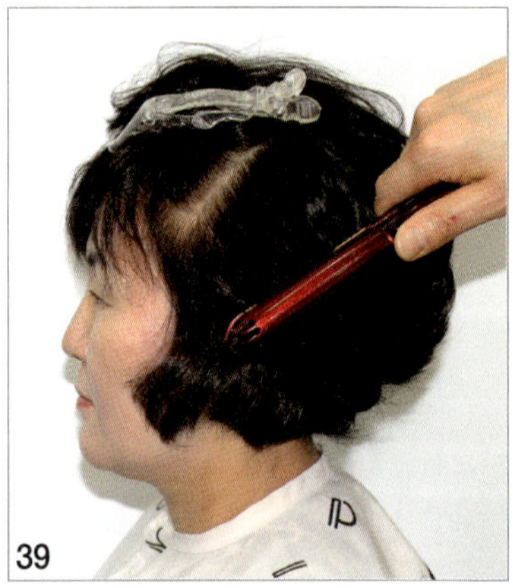
39

36~37 후대각 섹션으로 포워드 방향으로 얼굴형을 감싸듯이 웨이브를 만든다.

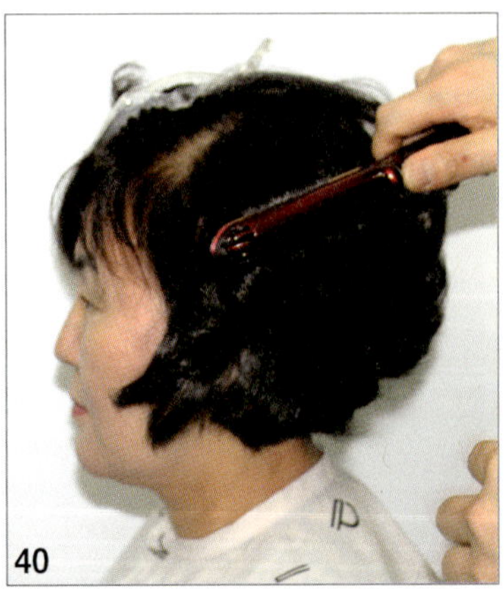
40

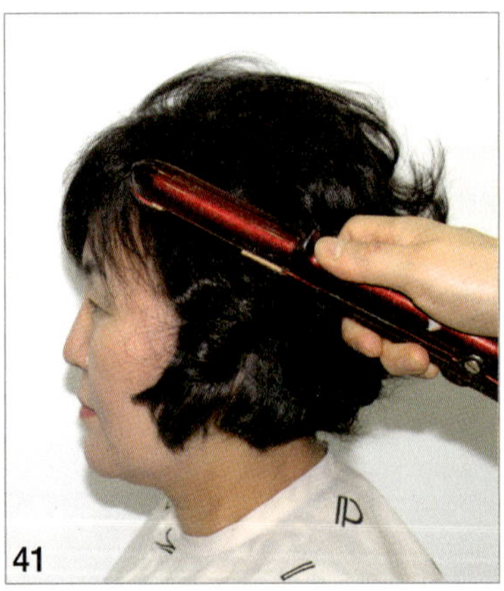
41

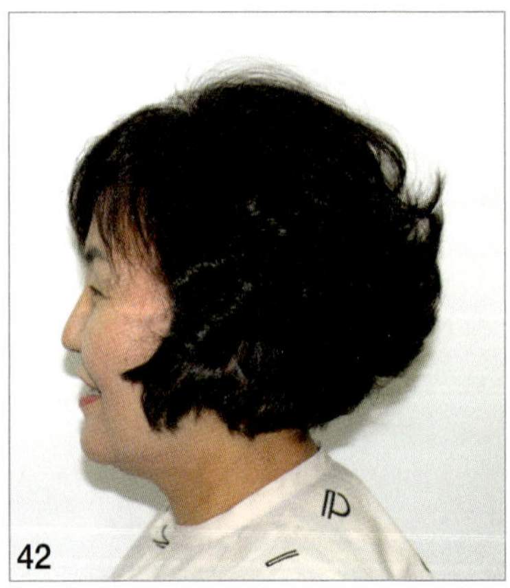
42

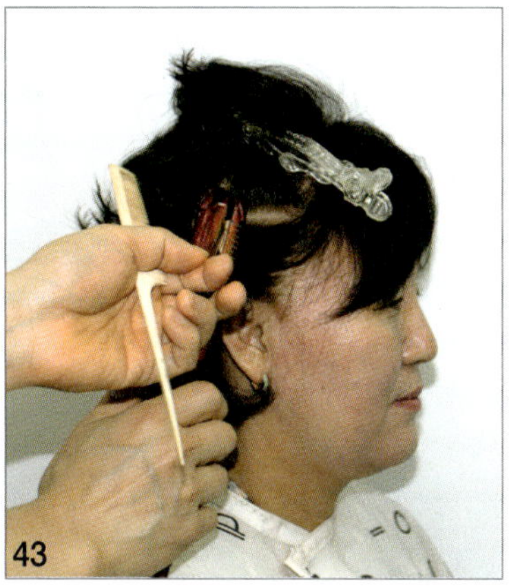

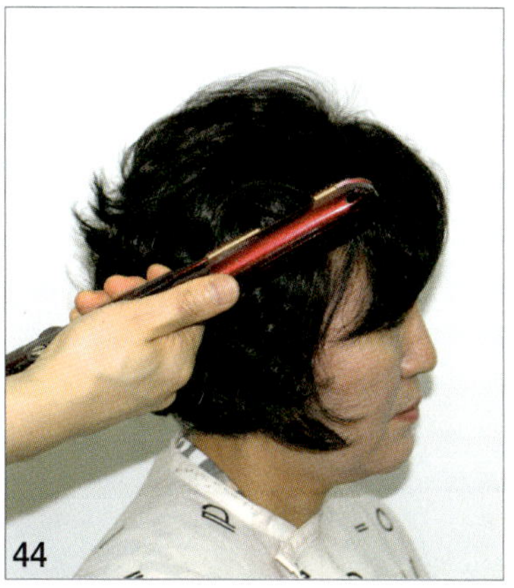

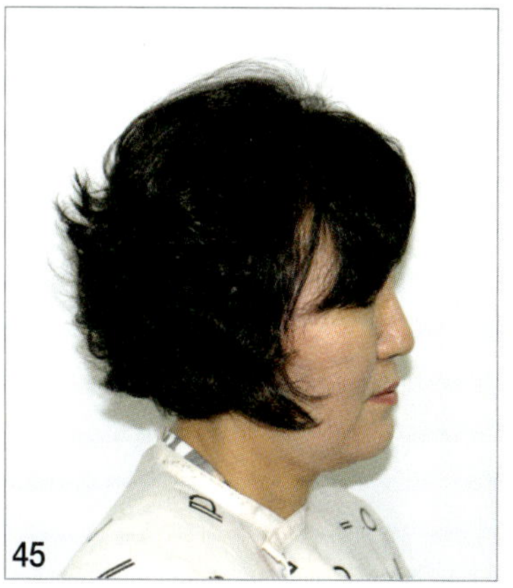

38~45 전대각 섹션으로 뻗침 형태를 얼굴 방향으로 만들어 활동적이면서 당당한 이미지를 표현한다(좌·우측 동일한 시술).

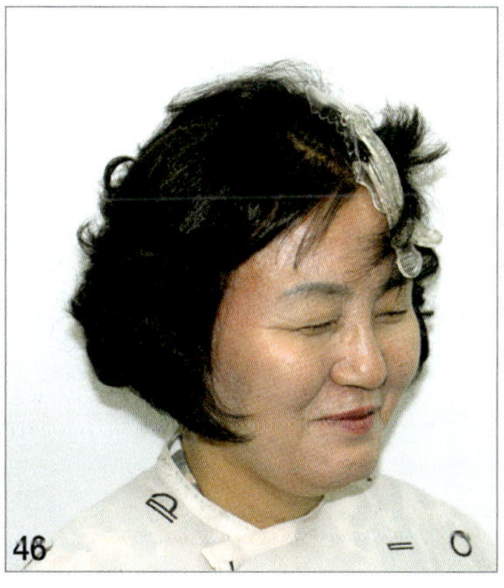

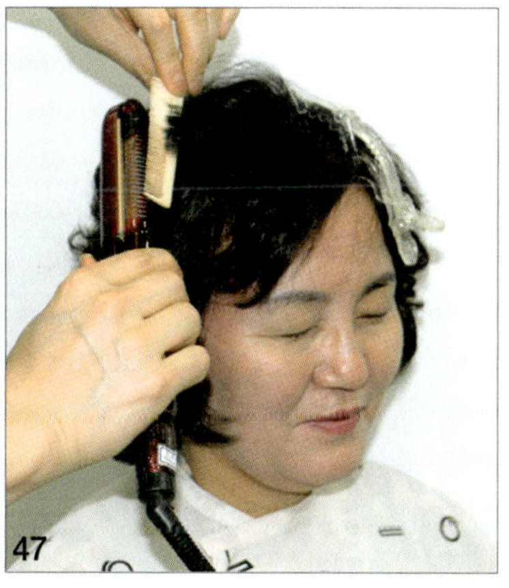

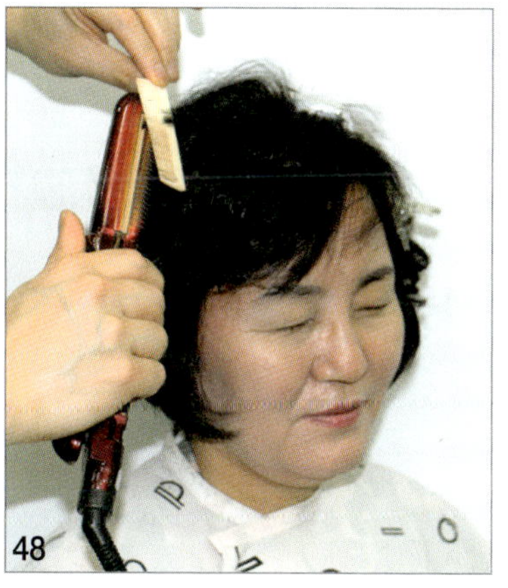

46~48 앞머리 스타일을 우아한 이미지를 표현하기 위해 볼륨을 살리면서 사선 뱅 스타일로 연출한다.

Finish view

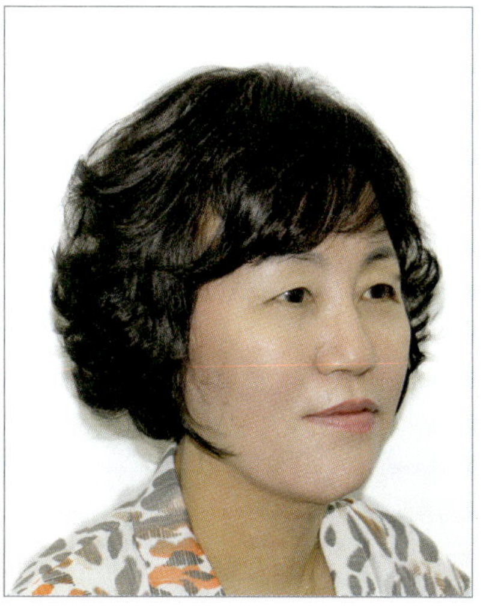
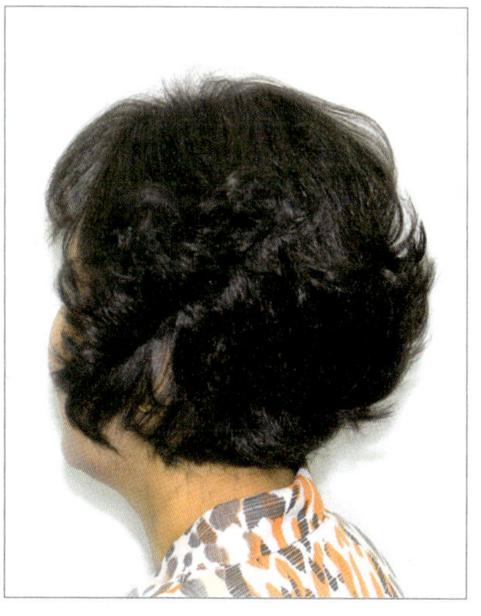

원형 아이론을 이용한 버티컬 스타일

우아하며 여성스러운 이미지의 헤어스타일이다.

Long Style

Top
자연스러운 볼륨

Medium
포워드 방향

자연스러운 웨이브 컬

원형 아이론을 이용한 버티컬(Vertical) 섹션의 우아한 느낌 스타일

롱 헤어스타일에서 얼굴형을 감싸주면서 내려오는 우아하고 세련된 느낌의 헤어스타일이다.

섹션 도해도

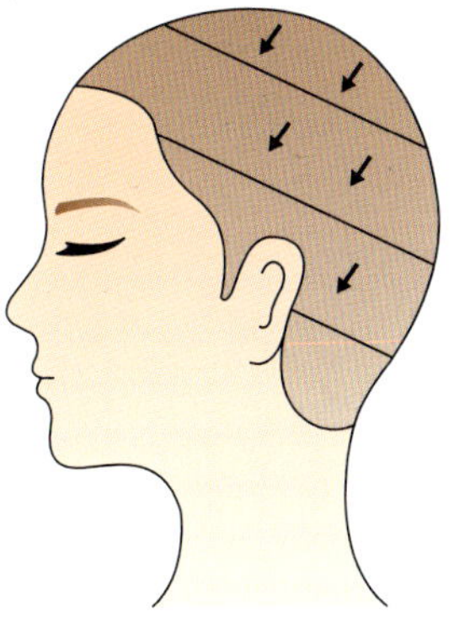

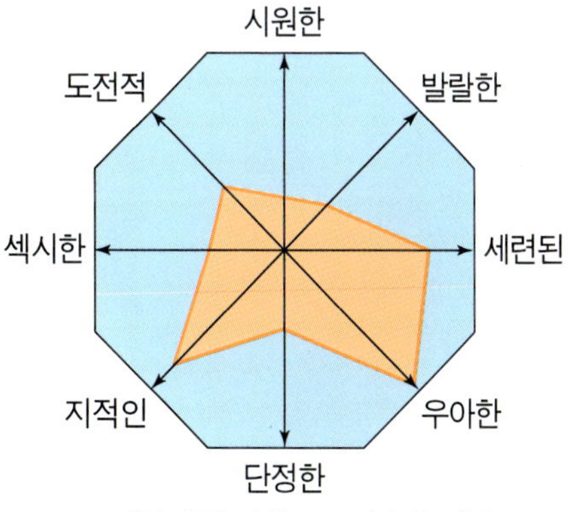

Preview

후대각 섹션으로 포워드 방향으로 롤을 수직에 가깝게 머리카락을 감아서 웨이브를 연출한다.

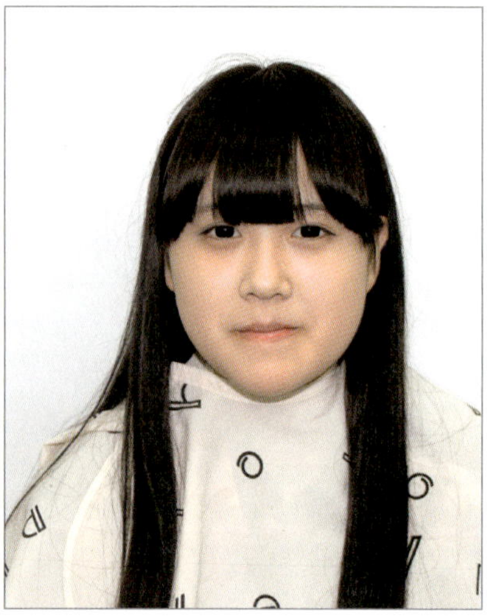

Before

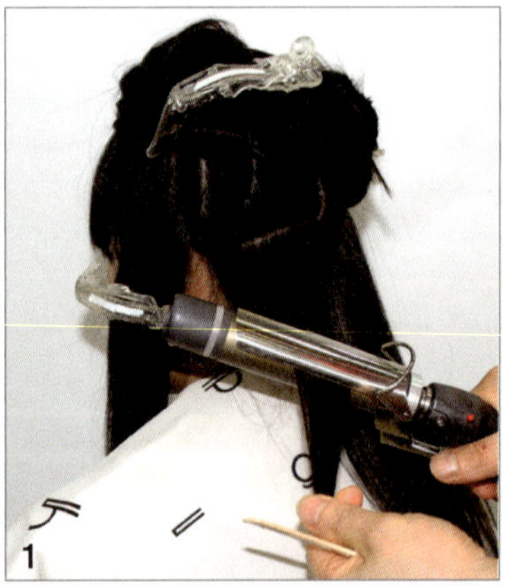

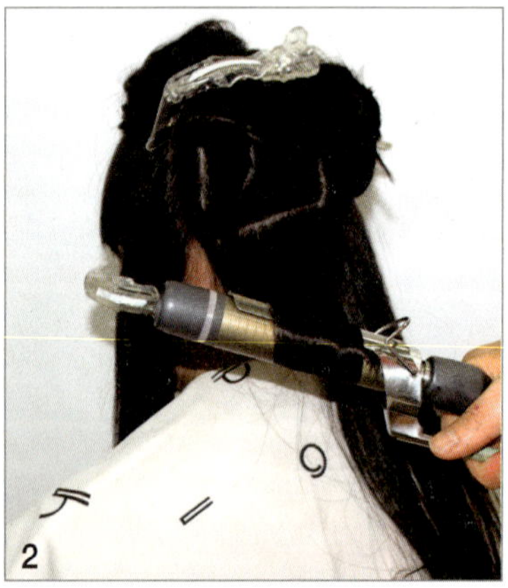

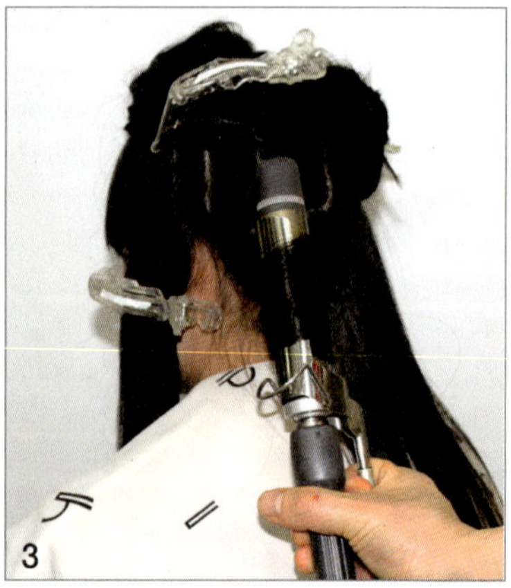

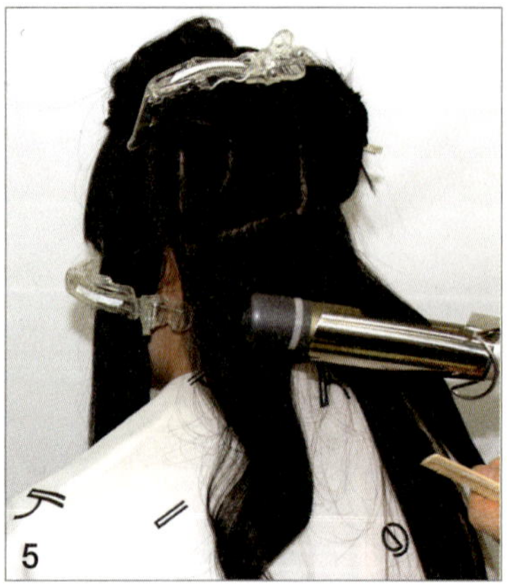

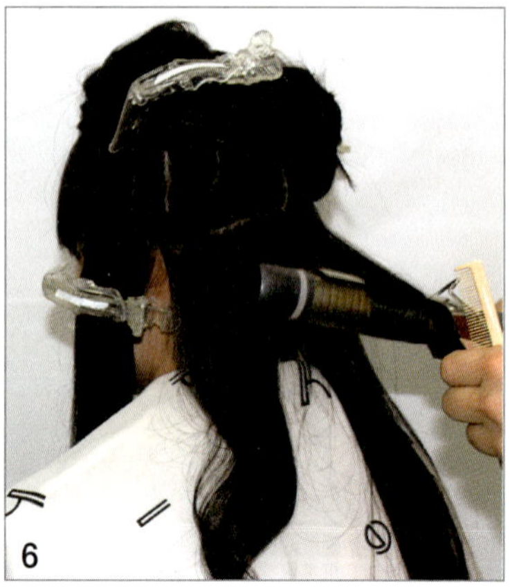

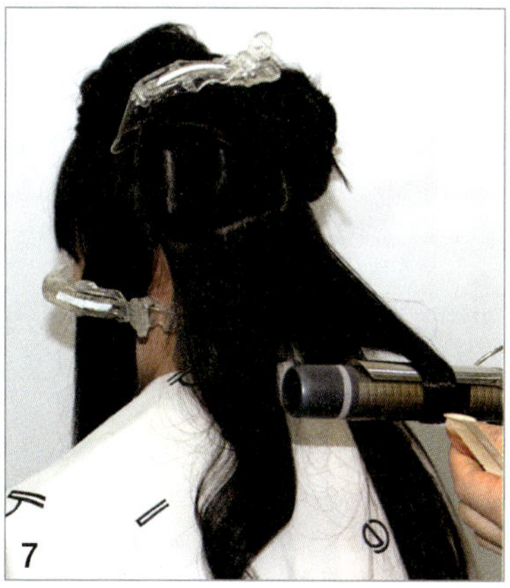
7

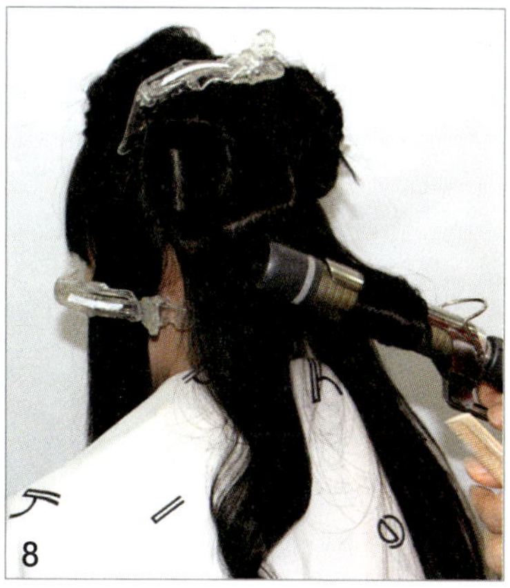
8

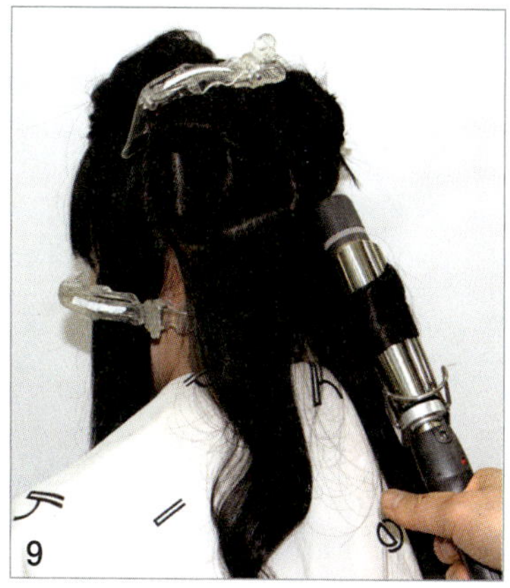
9

1~9 E.P~E.P(Ear Point~Ear Point)까지 섹션을 나눈다. 수직 섹션으로 모발을 잡고 아이론으로 센터를 중심으로 포워드 방향으로 웨이브를 만든다.

10

11

12

13

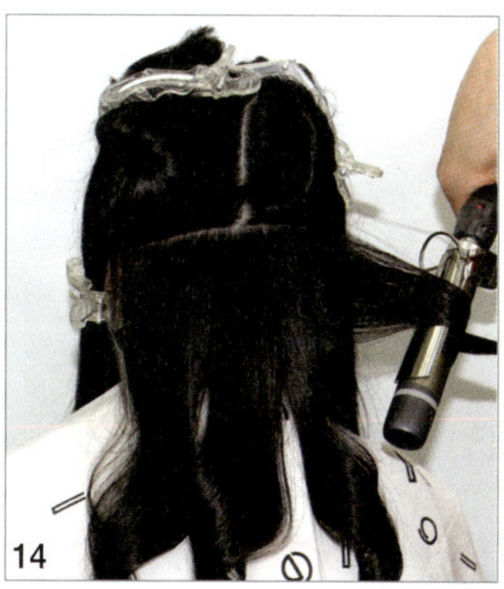
14

15

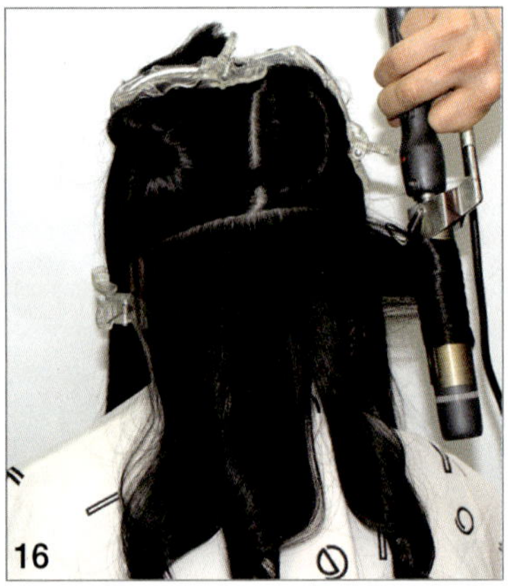

10~16 백 센터(B.C.P : Back Center Point)를 중심으로 우측은 포워드 방향으로 웨이브를 만다.

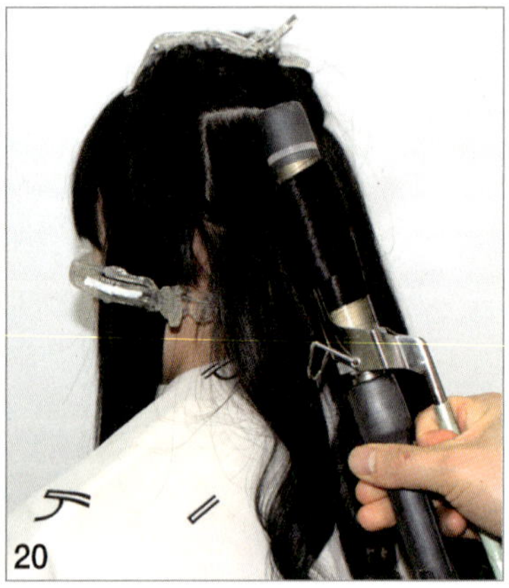

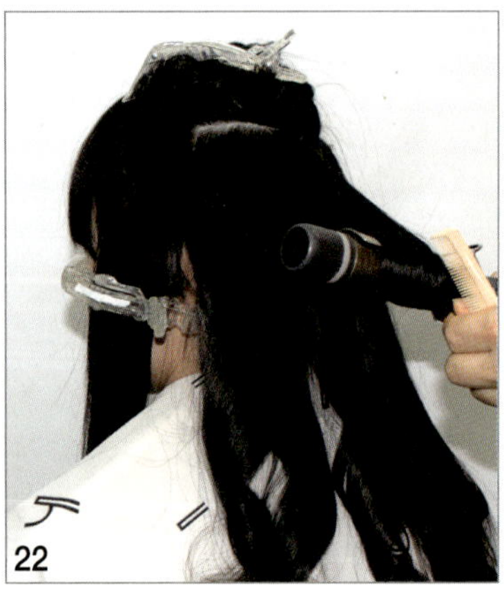

17~23 중간 부분 섹션을 나누고 센터를 중심으로 포워드 방향으로 웨이브를 만든다.

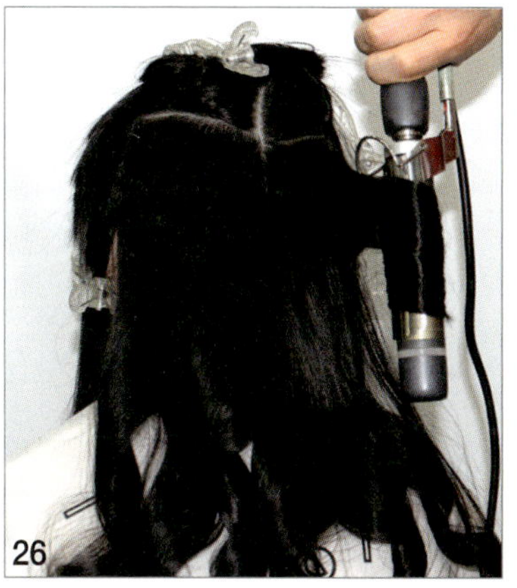

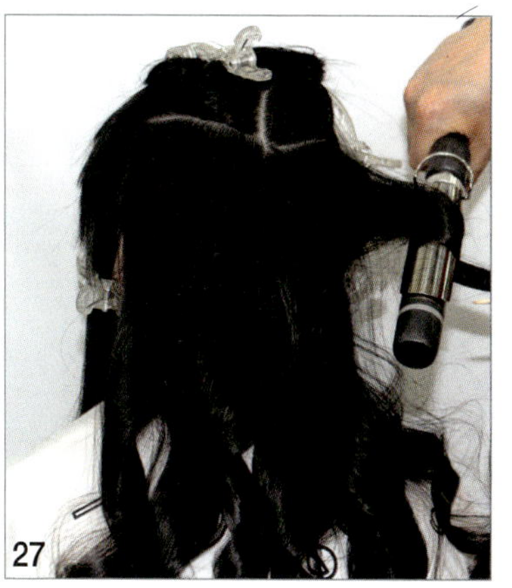

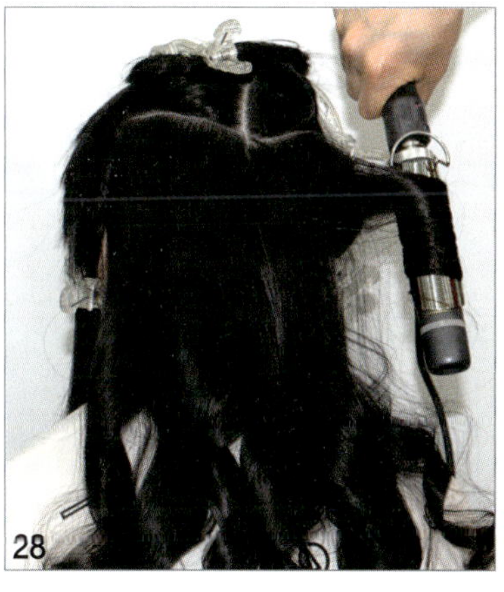

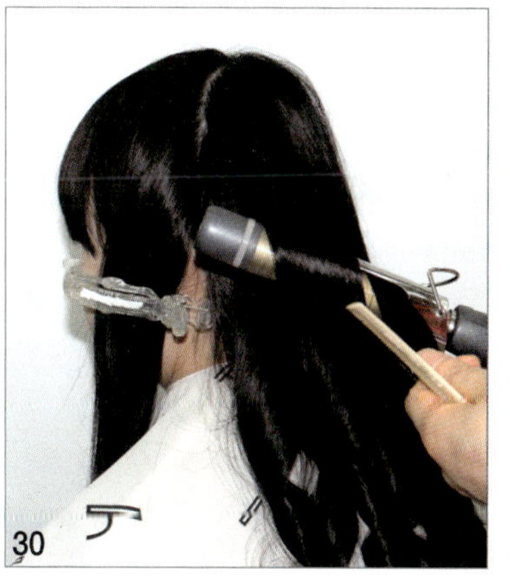

24~29 센터(Center)를 중심으로 우측도 동일한 방법으로 포워드 방향으로 한다.

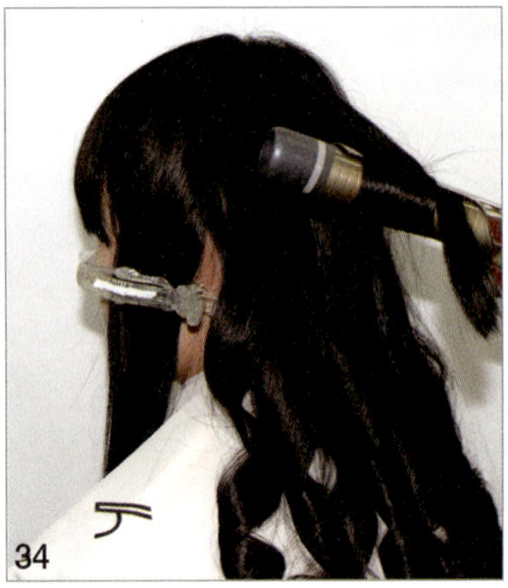

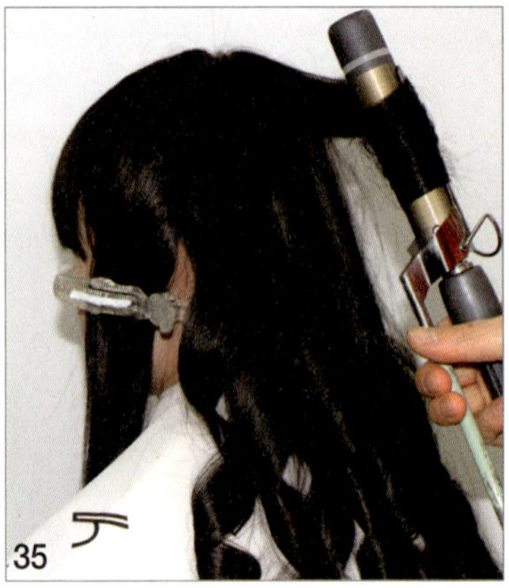

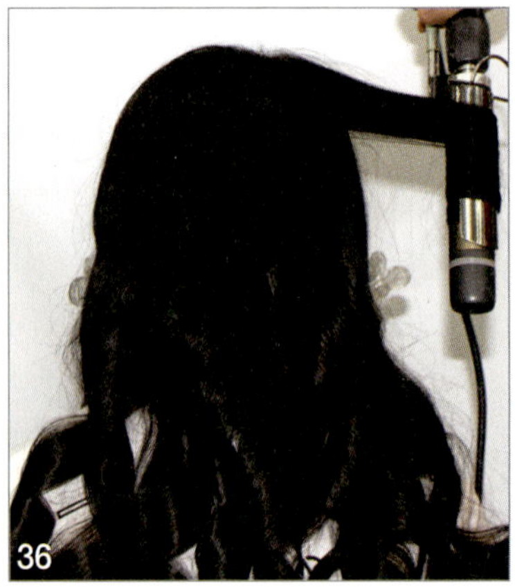

30~35 좌측 톱 부분도 포워드 방향으로 웨이브를 만든다.

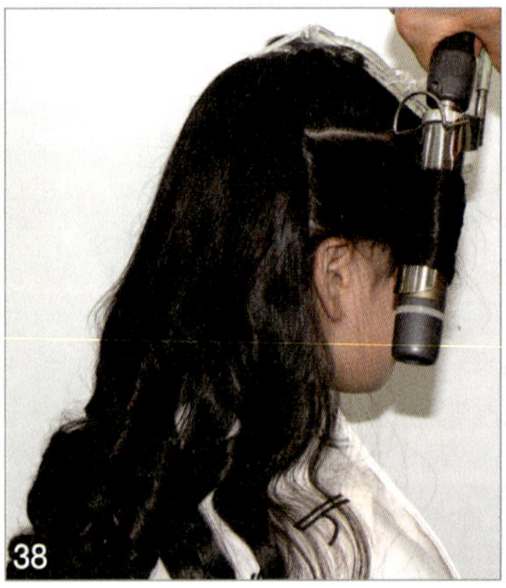

36~37 백 센터(Back Center)를 중심으로 포워드 방향으로 웨이브를 만든다.

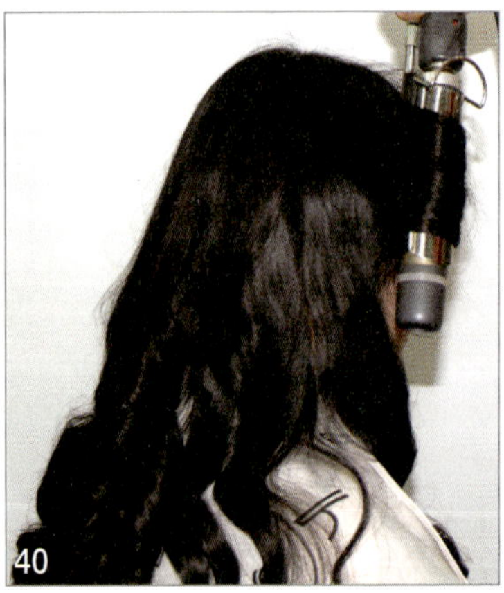

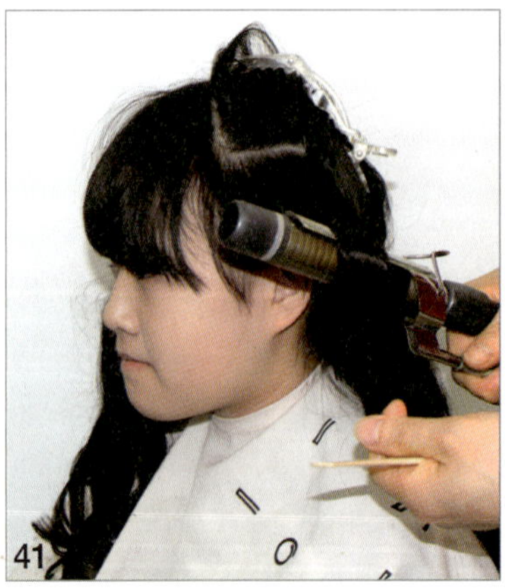

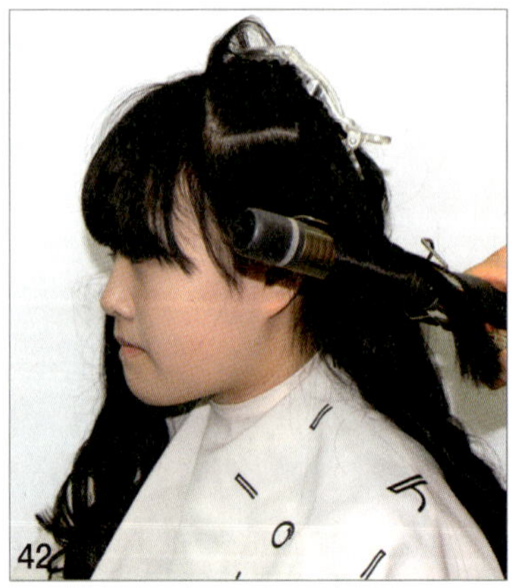

38~40 우측 사이드 후대각 섹션으로 자연스럽게 웨이브를 포워드 방향으로 시술한다.

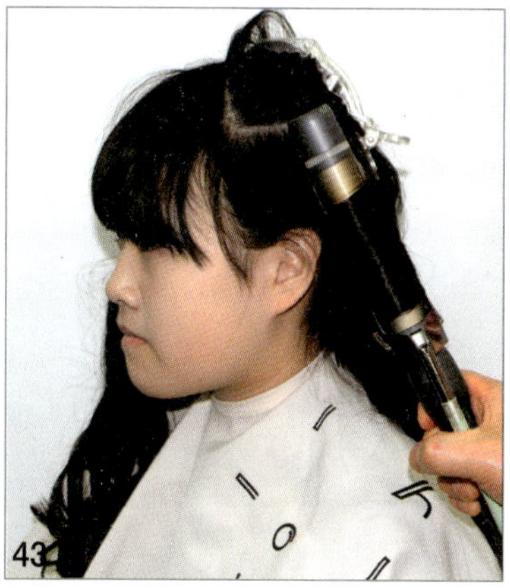
43

44

45

41~46 좌측 사이드도 우측과 동일하게 시술한다.

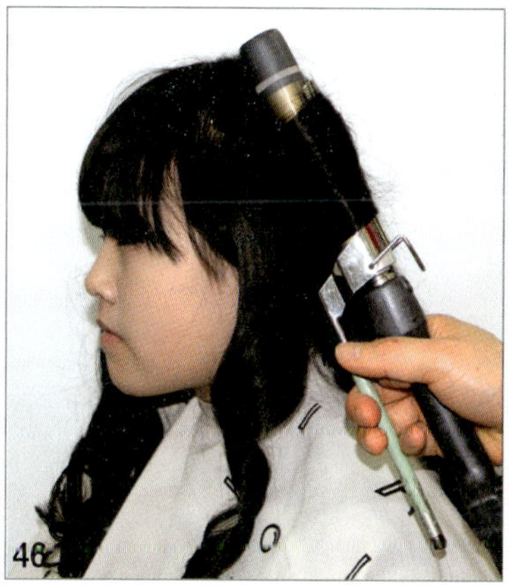
46

47

48

47~48 앞머리는 볼륨감을 살리기 위해 자연스럽게 인 컬(안 말음) 스타일로 연출한다.

Finish view

Chapter 6

응용 스타일 : 트렌드 헤어스타일

Chapter 6

응용 스타일 : 트렌드 헤어스타일

반원형 아이론을 이용한 수평물결 스타일

반원형 아이론을 이용한 수평물결 웨이브로 귀족적인 이미지의 헤어스타일이다.

Medium Style

Top
볼륨 웨이브

Medium
오목

Nape
볼록

아이론을 이용한 귀족적인 웨이브 느낌 스타일

신비하고 귀족적인 웨이브 이미지를 표현한 스타일로 인 컬과 아웃 컬을 교차하여 물결무늬로 웨이브를 연출한 헤어스타일이다.

섹션 도해도

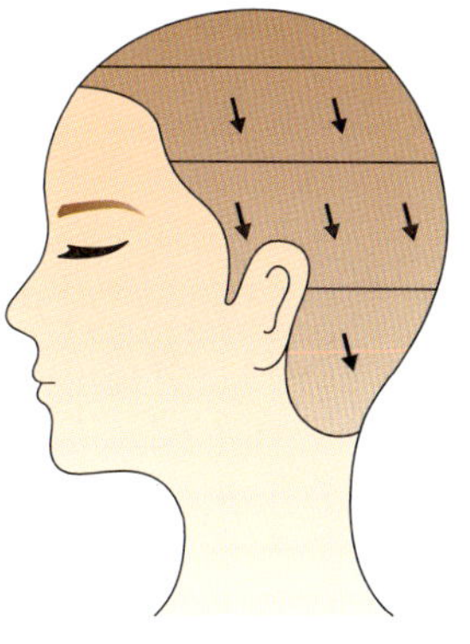

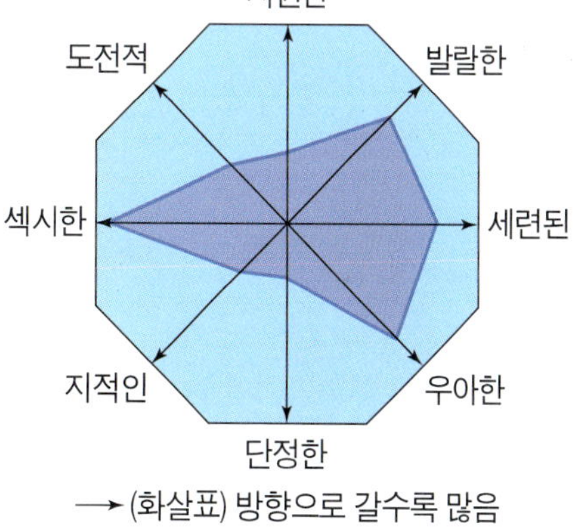

Preview

약간 무거운 단발 헤어스타일에서 반원형 아이론으로 인 컬(in curl)과 아웃 컬(out curl)을 교차해 가며 웨이브를 수평 섹션으로 각도를 낮춰서 연출한다.

Before

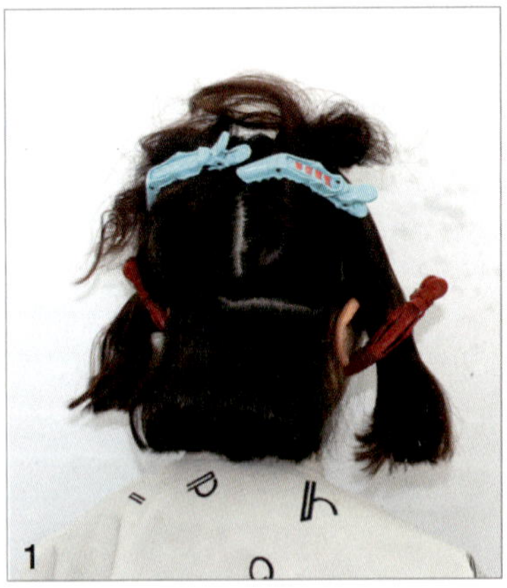

1

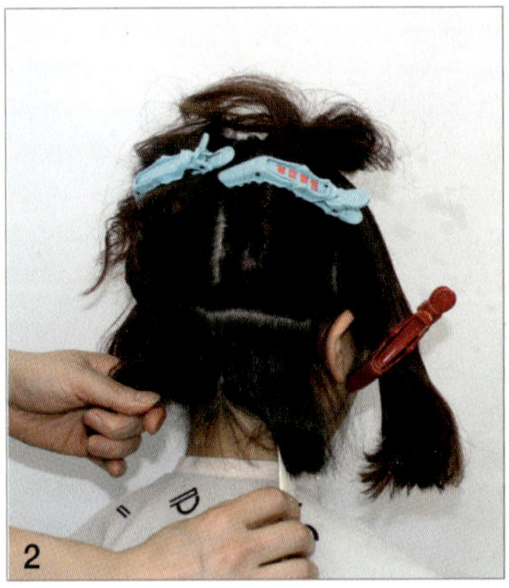

2

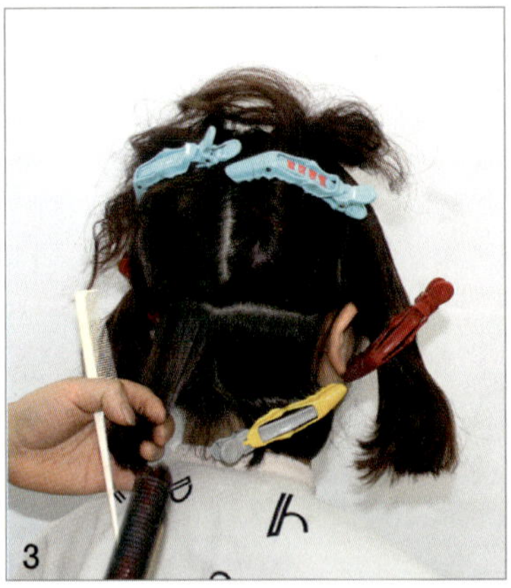

3

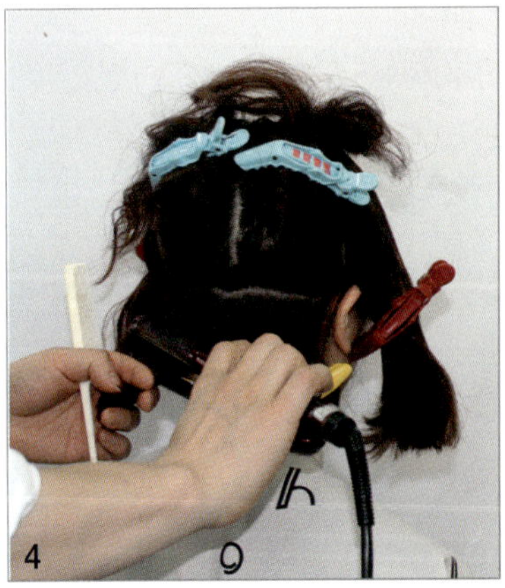

4

5

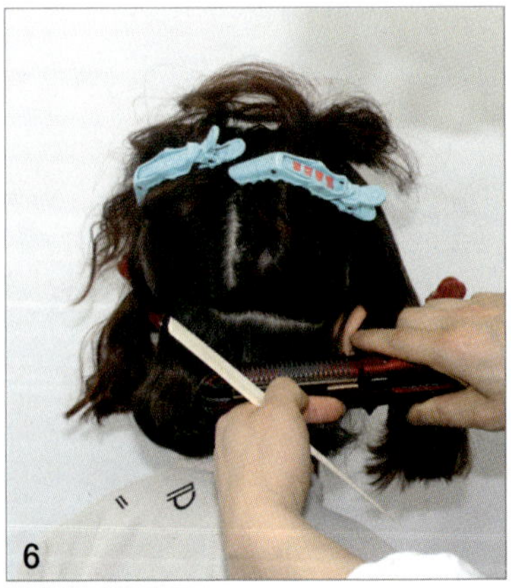

6

1~6 E.P~E.P(Ear Point~Ear Point)까지 수평 섹션을 나누고, 아이론으로 안 말음 C컬을 만든다.

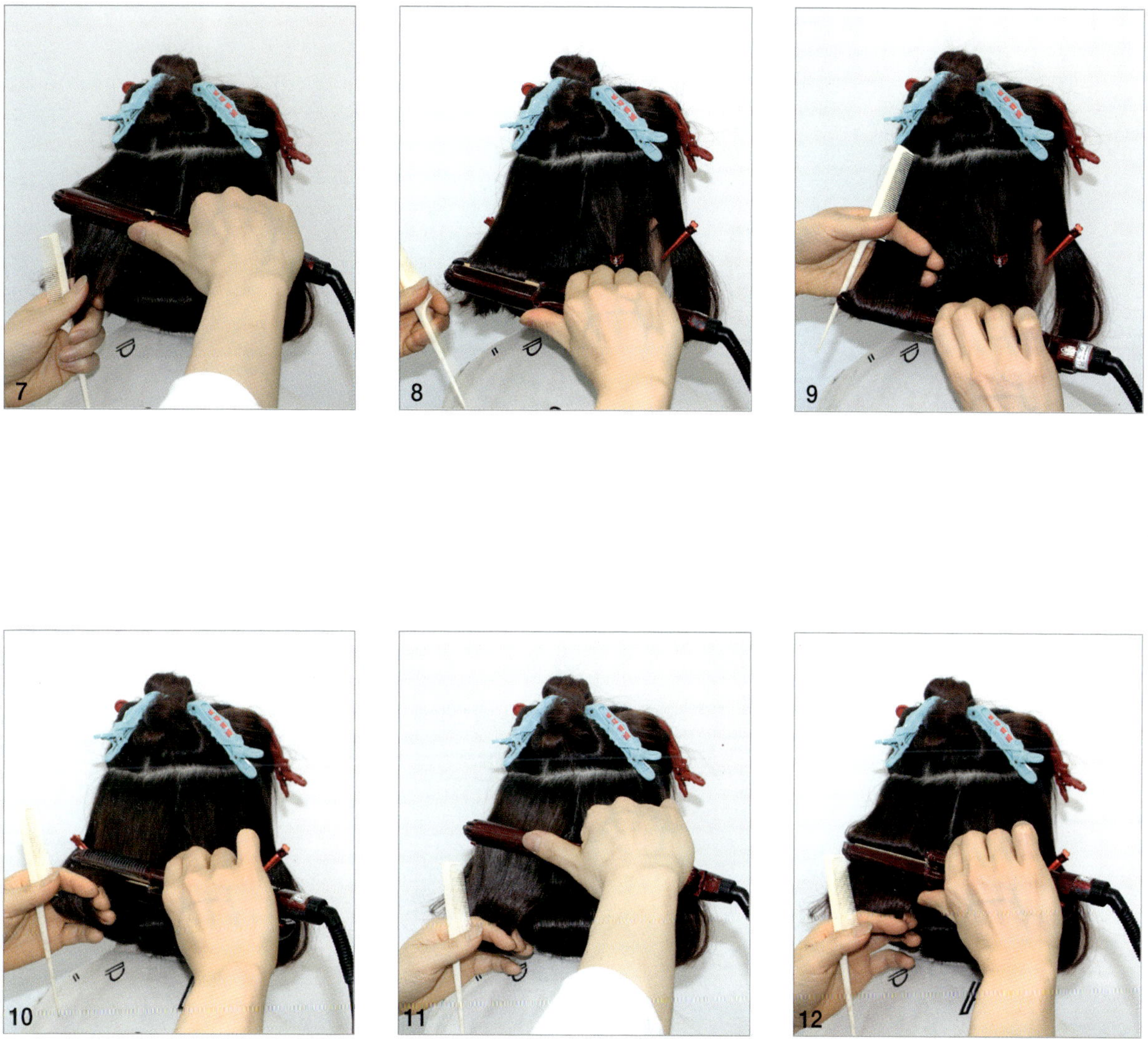

7~12 후두부를 3브로킹으로 나누고 센터 먼저 시술하며 모발 끝부터 C컬을 만들고 인 컬과 아웃 컬을 교차해 가며 반복 시술한다.

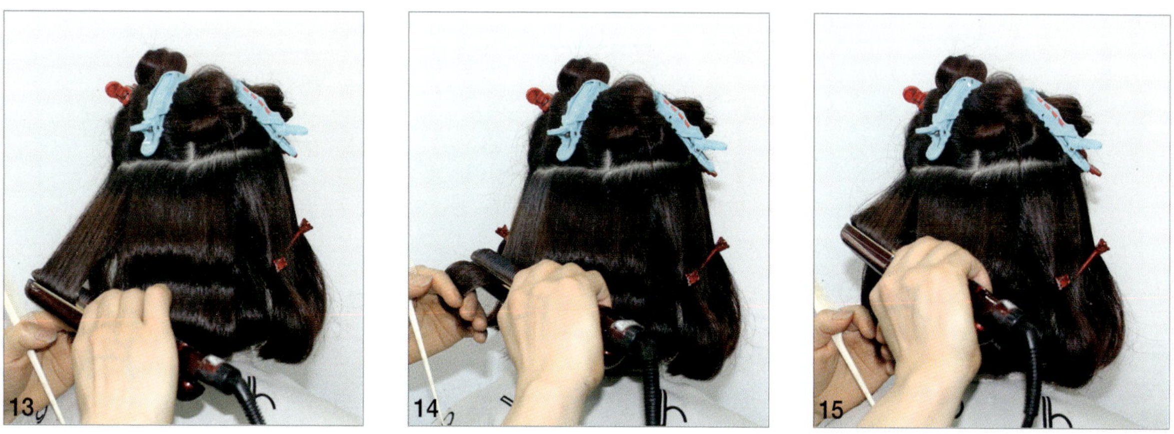

13~15 후두부 좌측 부분도 볼륨, 인 컬로 시술한다.

16~18 후두부 우측도 좌측과 동일하게 진행한다.

19~21 우측 사이드 부분(R.S.P)도 모발 아래 부분부터 C컬을 만들면서 인 컬과 아웃 컬로 교차 시술한다.

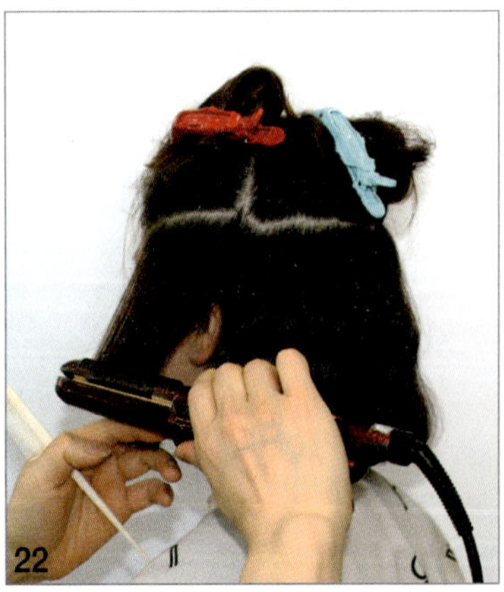

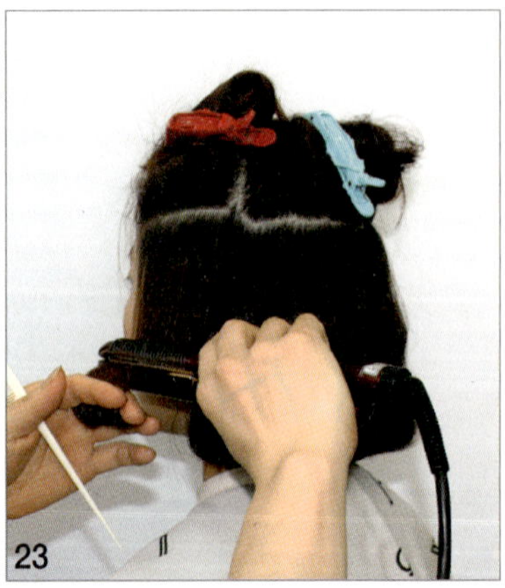

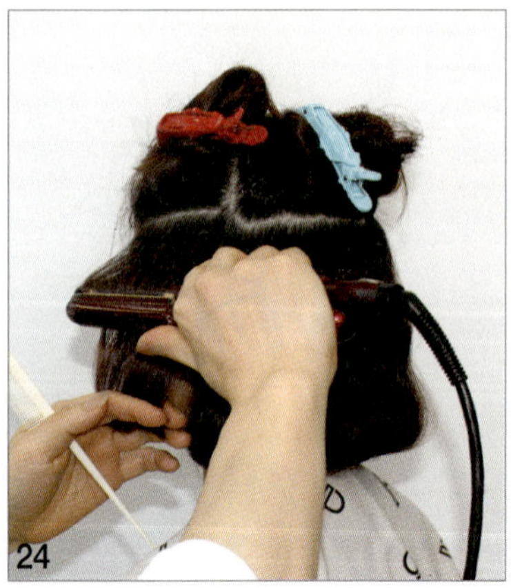

22~24 좌측 사이드 부분(L.S.P)도 우측과 동일하게 시술한다.

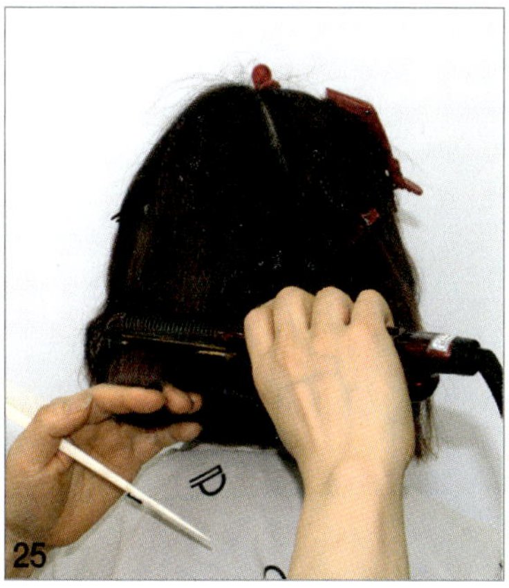

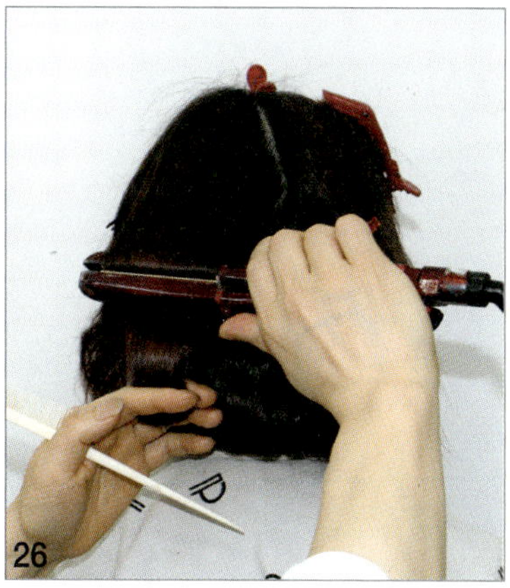

25~27 톱 부분(Top Point)도 동일하게 진행한다.

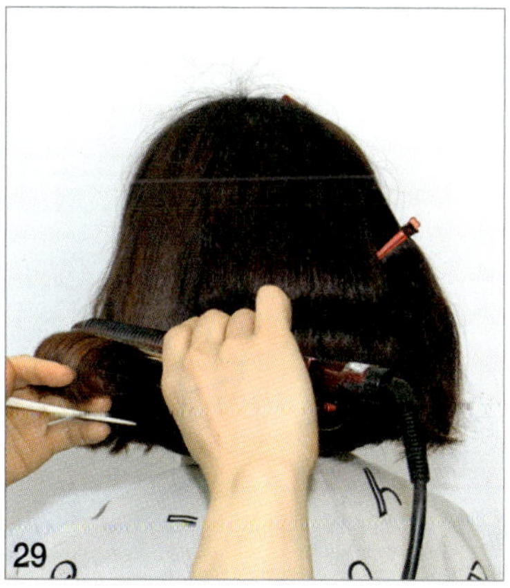

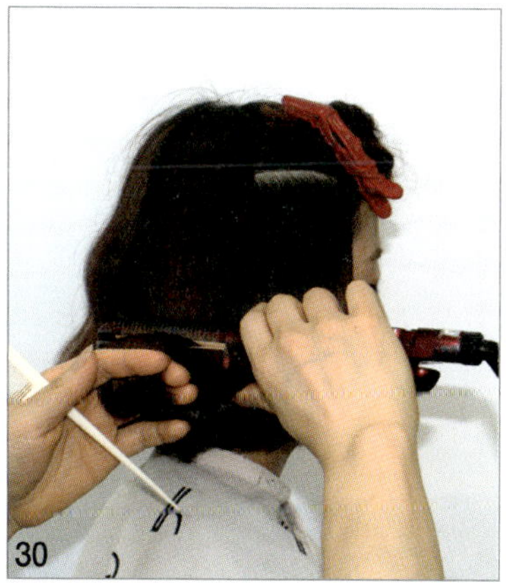

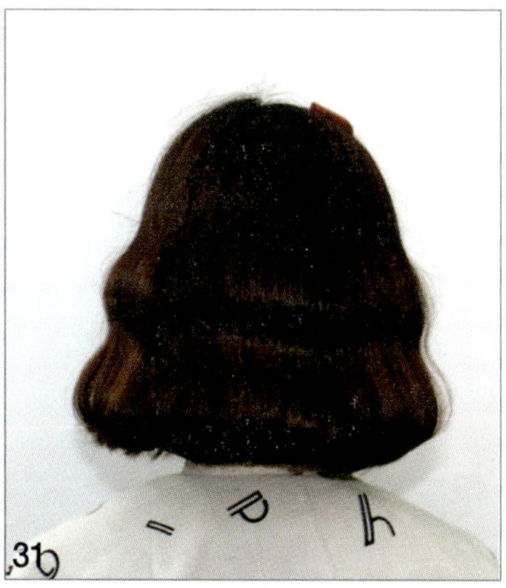

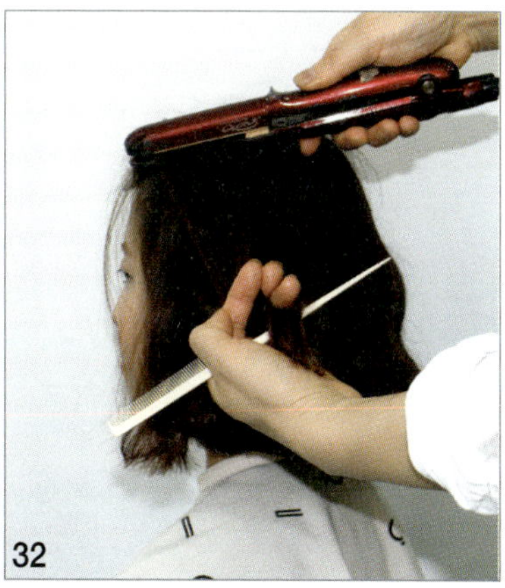

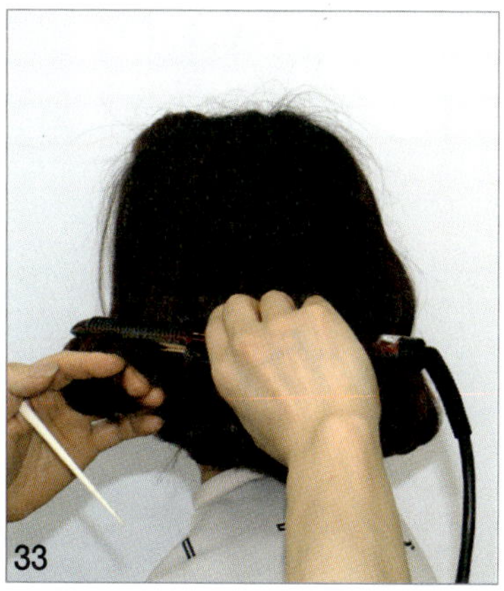

28~31 후두부 사이드도 동일하게 진행한다.

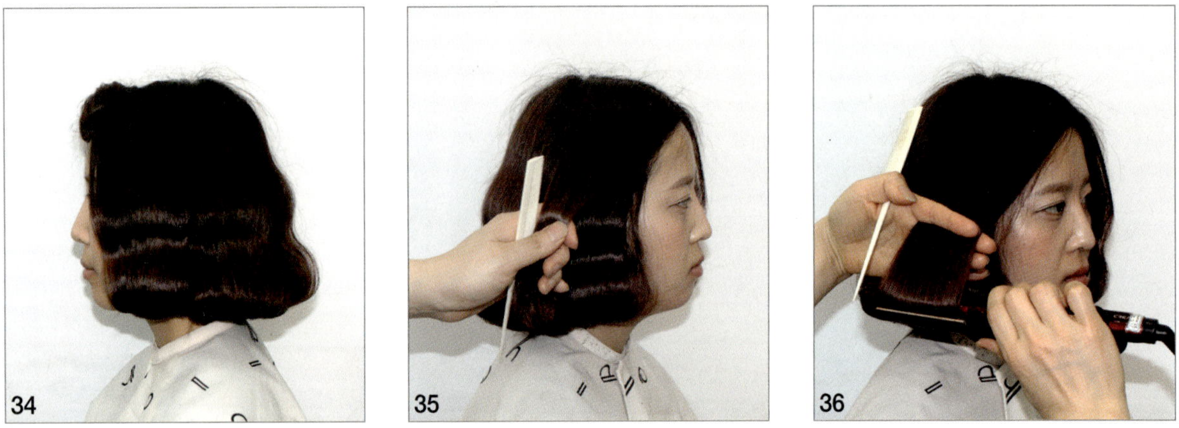

32~34 왼쪽 사이드는 웨이브 단을 맞춰 진행한다.

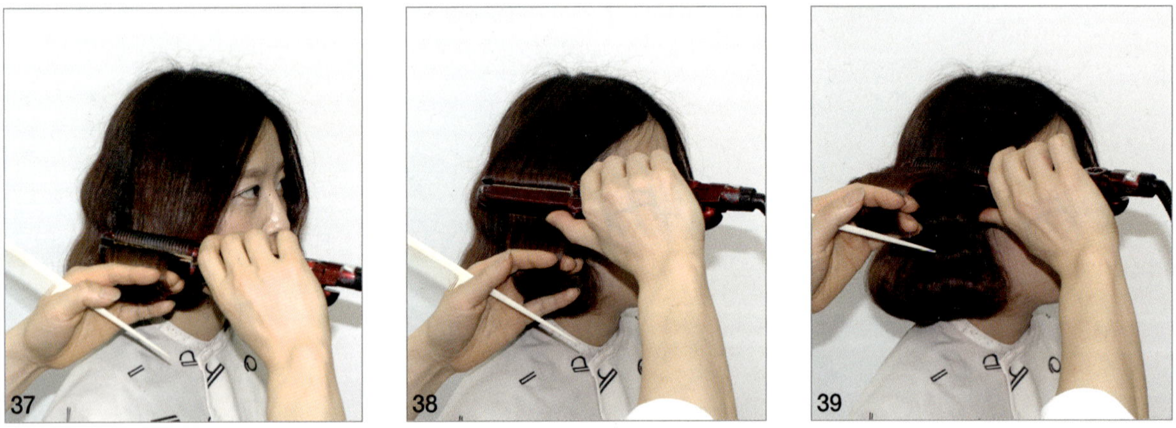

35~39 오른쪽 사이드도 왼쪽과 동일하게 진행한다.

Finish view

원형 아이론을 이용한 리버스 수직물결 웨이브 스타일

원형 아이론을 이용한 수직물결 웨이브로 신비한 여성미를 느낄 수 있는 헤어스타일이다.

Long Style

Top
볼륨 웨이브

Medium
리버스 방향

Nape
물결무늬의 웨이브

아이론을 이용한 신비한 여성미 느낌 스타일

신비하고 귀족적인 웨이브 이미지가 리버스(reverse) 방향으로 물결무늬의 웨이브 형태를 띠는 헤어스타일이다.

섹션 도해도

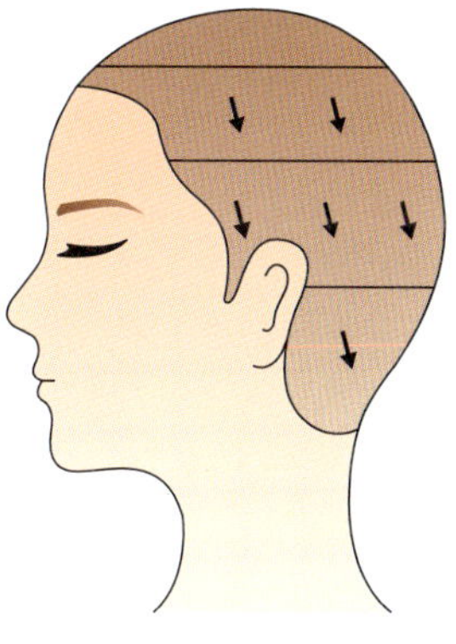

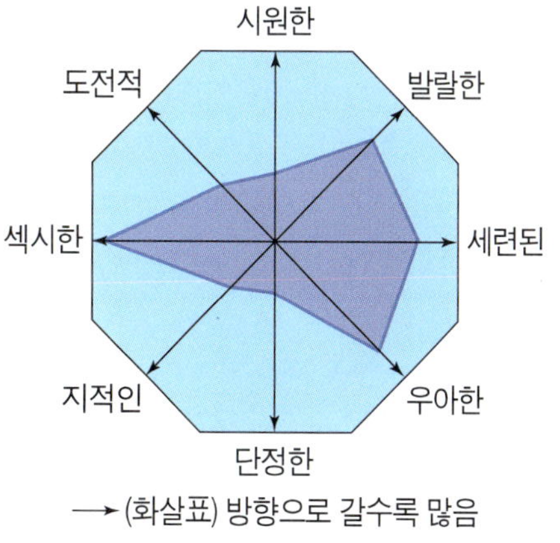

Preview

원형 아이론을 이용 수직 섹션으로 나선형 와인딩을 하여 충분히 시간을 준 후 나선형 형태에서 모발을 펴서 웨이브를 연출한다.

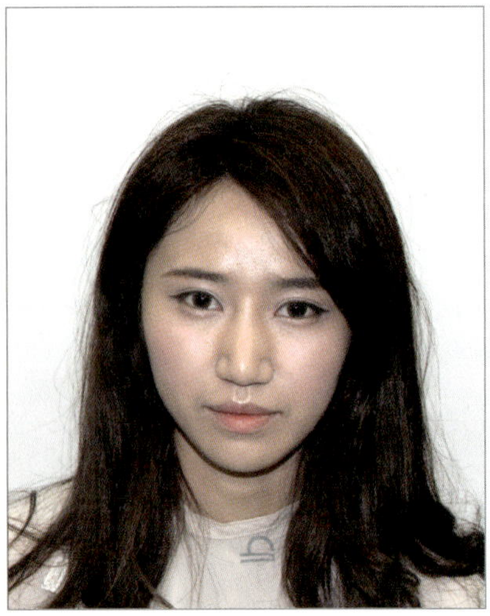

Before

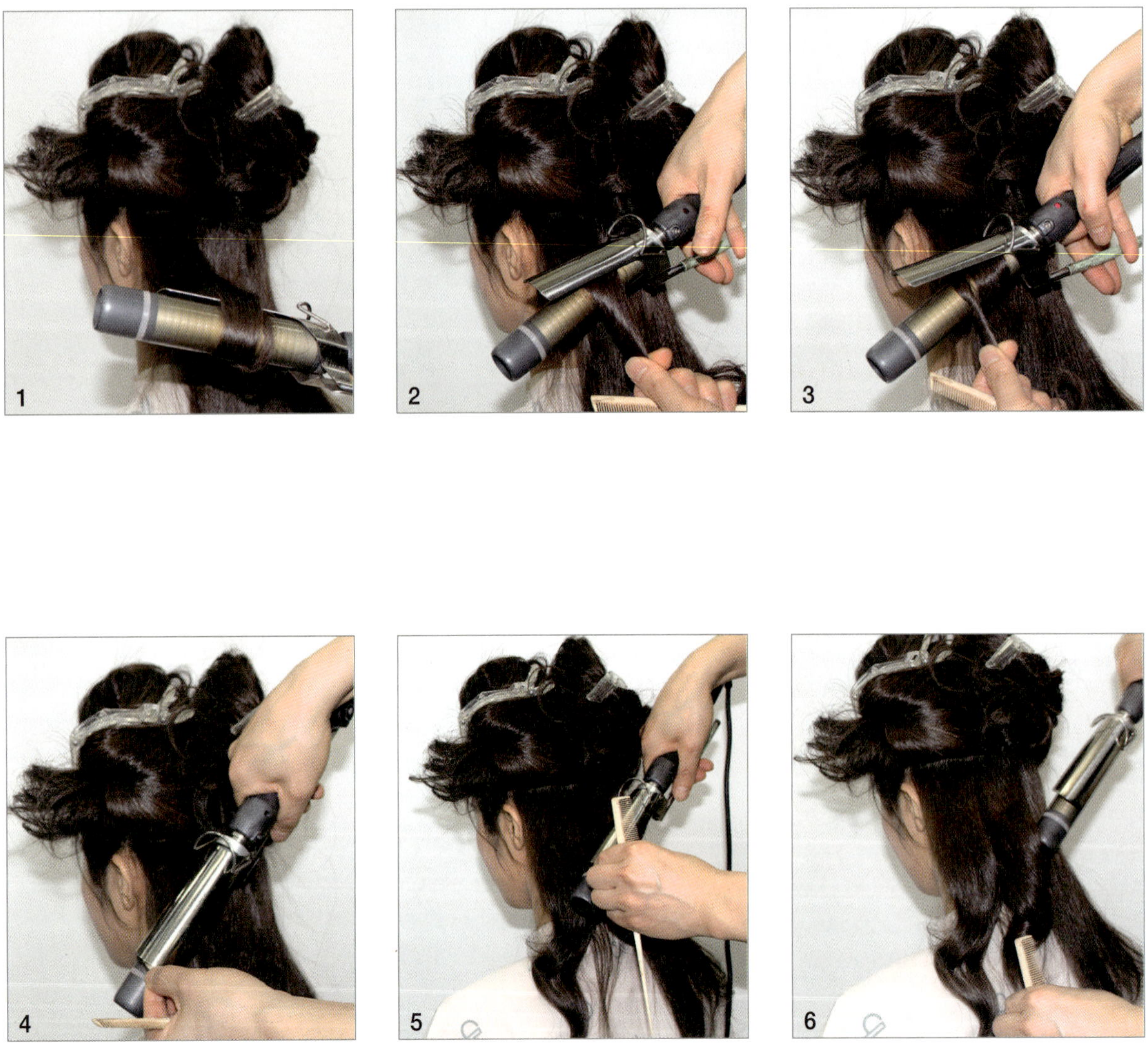

1~6 E.P~E.P까지 섹션을 나눈다. 센터를 중심으로 수직 슬라이스를 잡고 리버스 방향으로 스파이럴식 와인딩을 한다.

7~9 우측 부분도 센터를 중심으로 리버스 방향으로 스파이럴식으로 와인딩을 하여 열을 주고 모발을 가볍게 펴준다.

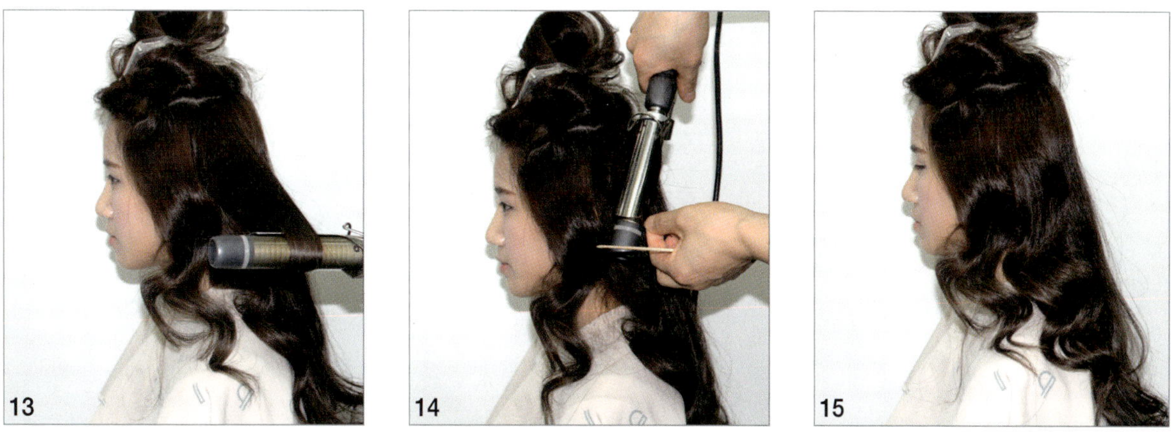

10~15 원형 아이론에 모발을 스파이럴식으로 와인딩하고 열을 충분히 주며 서서히 빼준다. 2번째 존 섹션으로 사이드부터 리버스 와인딩을 하여 진행한다.

16~20 센터까지 리버스 와인딩을 한 상태이다.

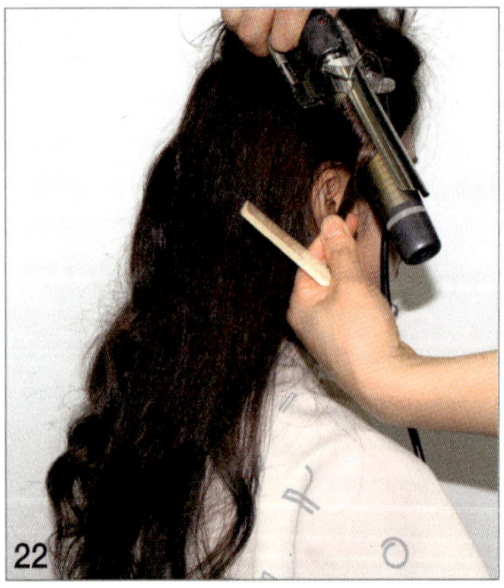

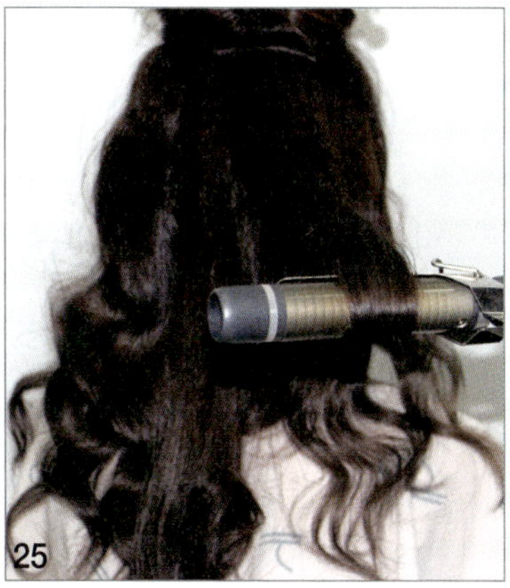
25

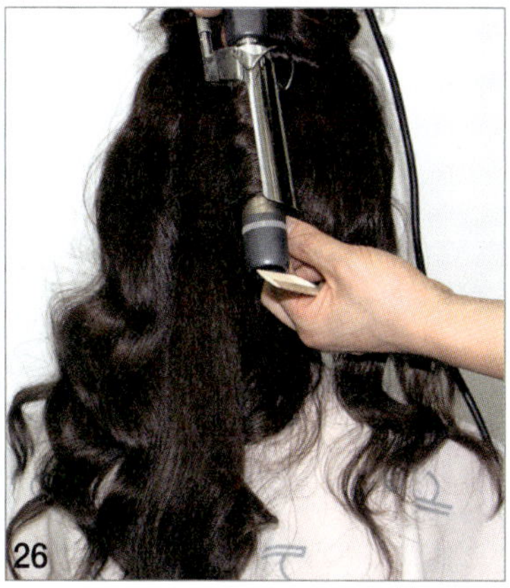
26

27

28

29

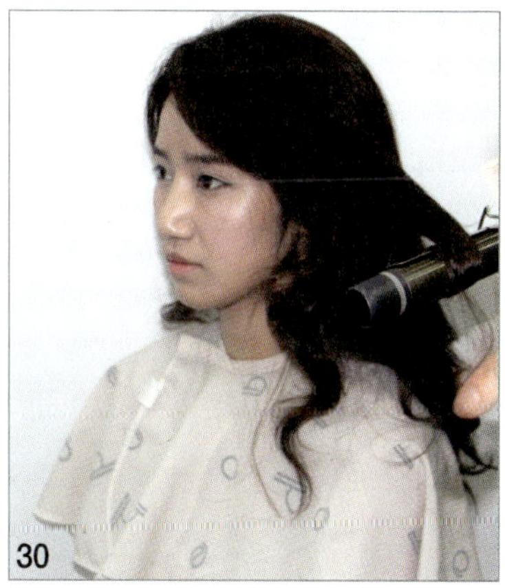
30

21~29 센터를 중심으로 우측 부분도 사이드부터 진행하여 후두부 센터까지 단을 맞추면서 진행한다.

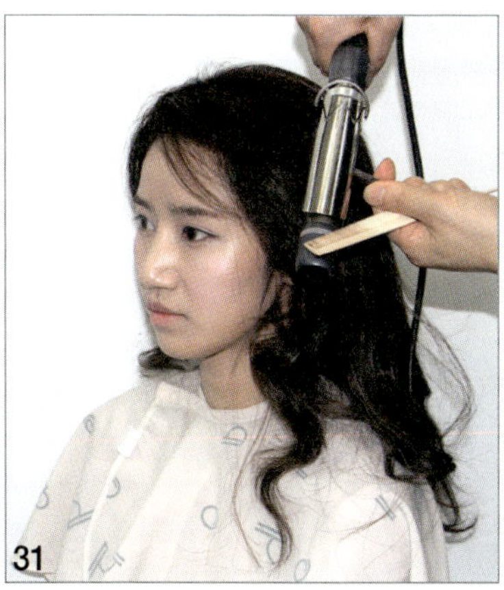
31

32

33

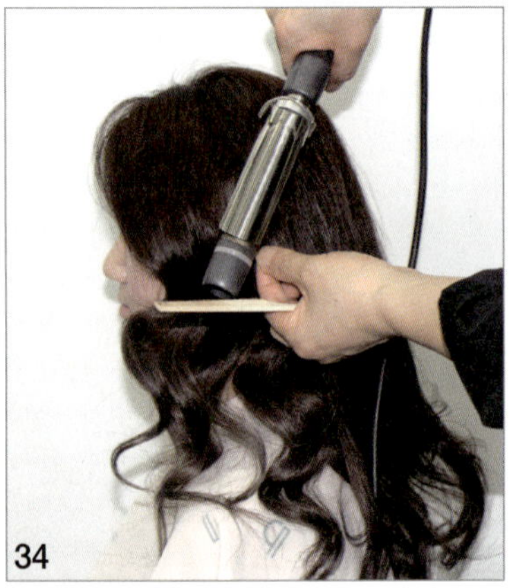

30~35 좌측 사이드 부분은 웨이브 단을 맞춰 진행한다.

36~41 후두부 센터까지 리버스 스파이럴 와인딩을 하여 웨이브를 연출한다.

43

44

45

46

47

48

42~48 좌측 사이드부터 리버스 방향으로 동일하게 진행하여 웨이브를 연출하고 자연스럽게 손가락이나 굵은 빗을 사용, 빗질하여 웨이브를 자연스럽게 연출한다.

Finish view

원형 아이론을 이용한 S웨이브 스타일

원형 아이론을 이용하며 웨이브 움직임이 좌우로 연출되어 세련된 헤어스타일이다.

Long Style

Top
볼륨 웨이브

Medium
좌우 웨이브

Nape
포워드 방향

아이론을 이용한 세련된 느낌 스타일

웨이브의 릿지가 선명하게 S컬을 연출하여 더욱 세련된 헤어스타일이다.

섹션 도해도

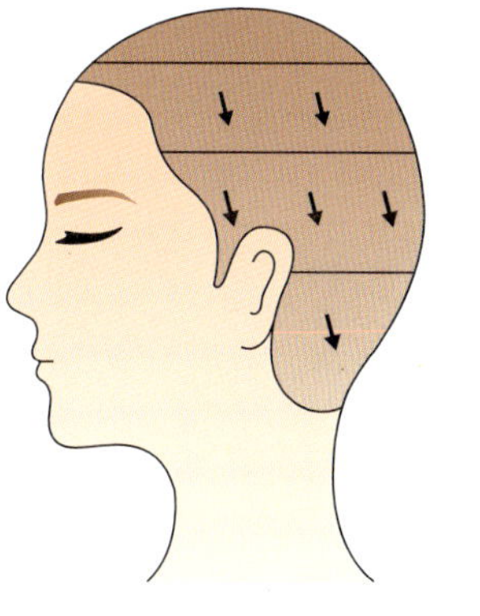

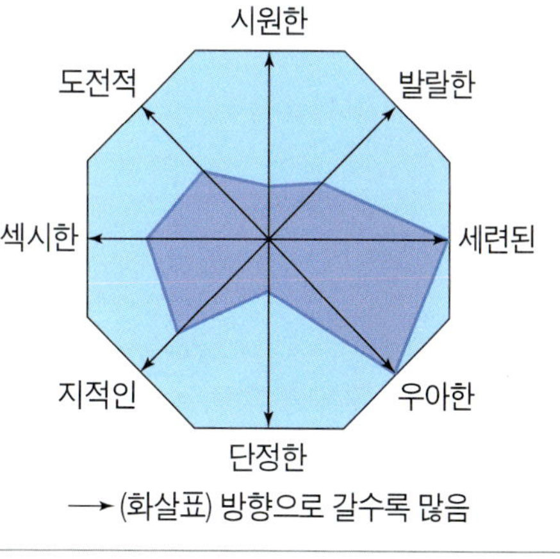

Preview

원형 아이론으로 웨이브의 릿지를 좌우로 표현하여 얼굴 방향으로 S 컬을 연출한다.

Before

1

2

3

4

5

6

1~9 아이론을 이용하여 S웨이브를 연출한다. 센터를 중심으로 네이프부터 웨이브가 왼쪽으로 흐름을 만든다.

10~12 우측 부분도 동일하게 진행한다.

13~15 아이론에 모발을 오른쪽으로 회전하여 감고 반대로 감아서 웨이브를 만들어 릿지를 만든다.

16~24 릿지를 만들어 단을 맞추면서 진행한다.

25

26

27

28

29

30

25~30 후두부 우측 부분도 센터을 중심으로 웨이브 릿지를 연출한다.

31

32

33

31~33 웨이브 릿지도 단을 맞춰 진행한다.

34~39 우측 부분도 동일하게 진행한다.

40~42 좌측 사이드 부분도 동일하게 진행하면서 웨이브 릿지를 단을 맞춰 진행한다.

43~48 우측 사이드 부분도 동일하게 진행한다.

Finish view

포워드 커브 스타일

포워드 방향으로 웨이브를 연출하며 보이시한 헤어스타일이다.

Medium Style

아이론을 이용한 보이시한 느낌 스타일

단발 헤어에서 모발 끝이 포워드 방향으로 웨이브를 연출하여 지적이면서 섹시한 느낌의 헤어스타일이다.

섹션 도해도

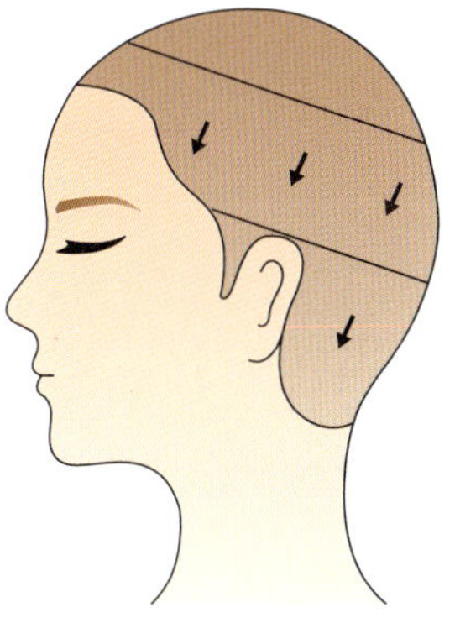

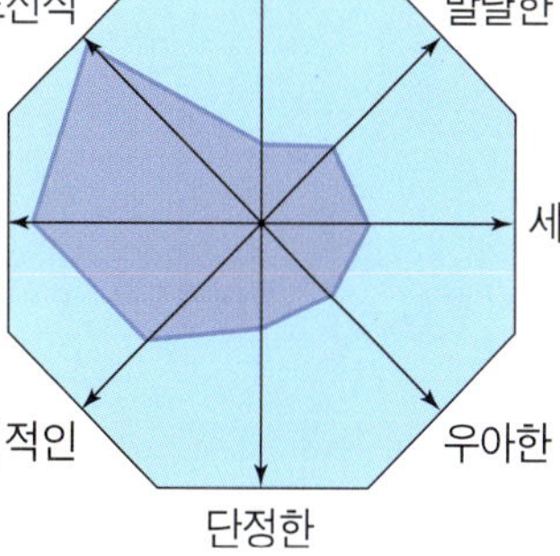

Preview

후대각 섹션 아이론으로 얼굴 방향으로 웨이브를 연출하여 섹시하면서 지적인 웨이브를 연출한다.

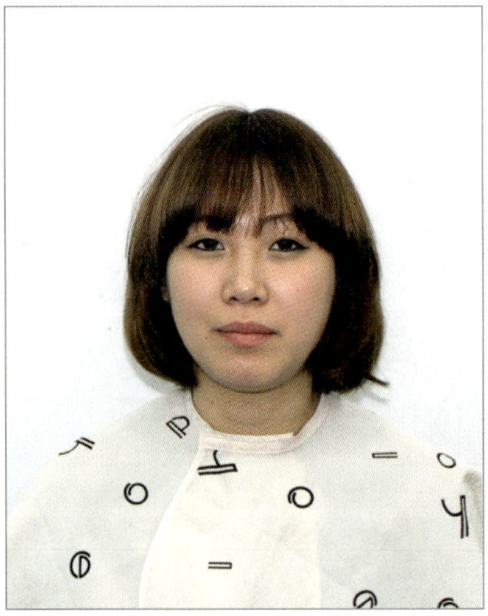

Before

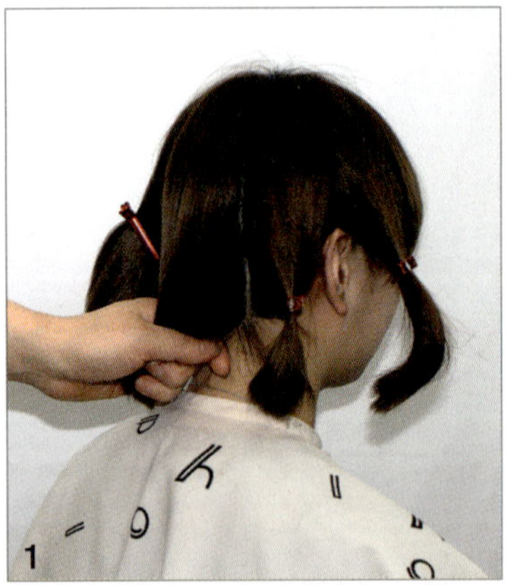
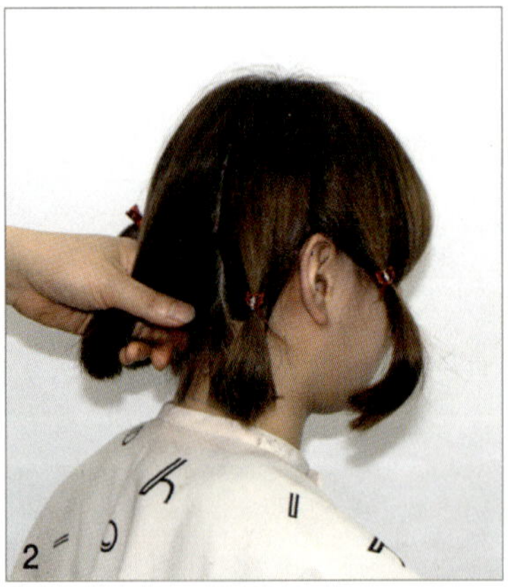

1~3 브로킹을 나누고 정중앙부터 슬라이스 두께를 정당히 잡아 아이론으로 시술한다.

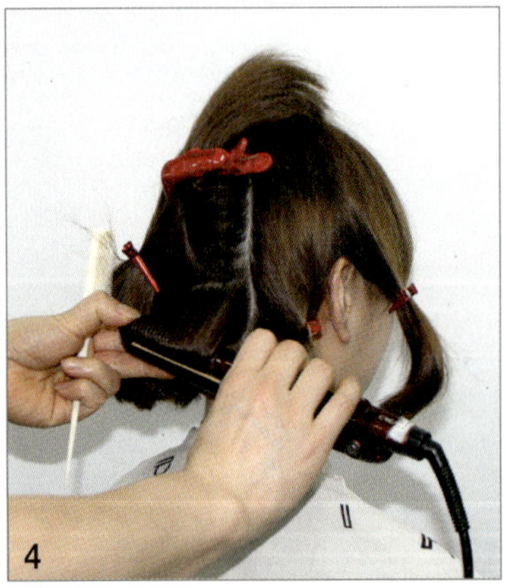
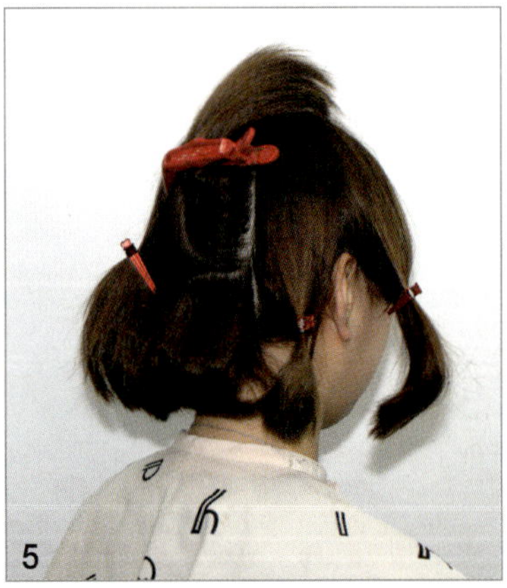
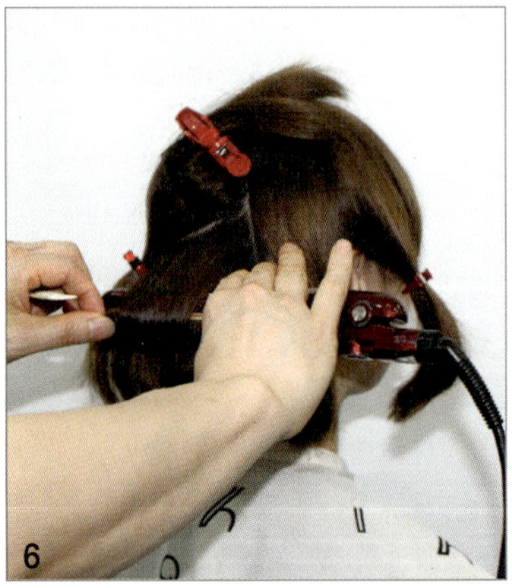

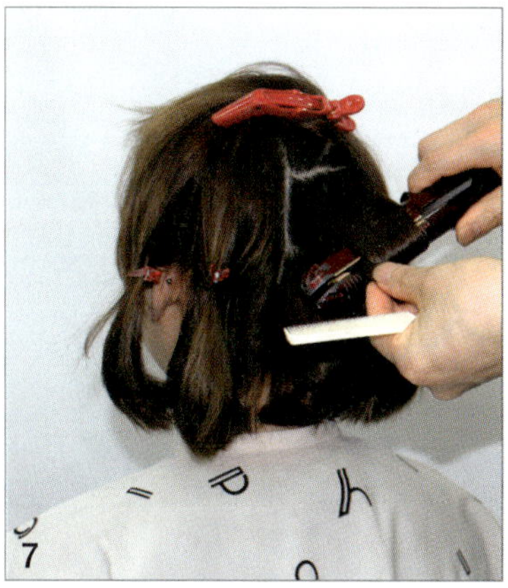

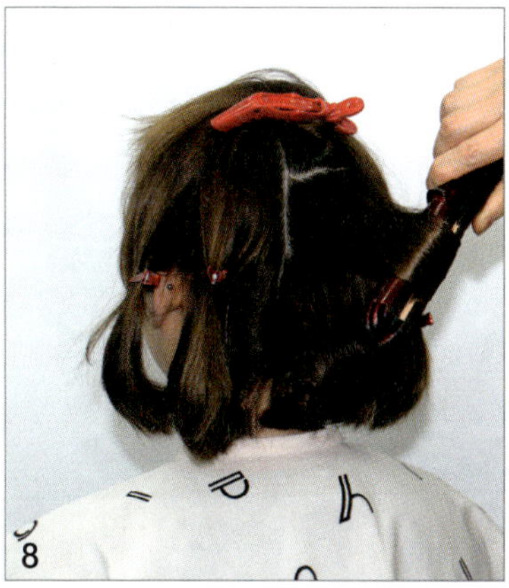

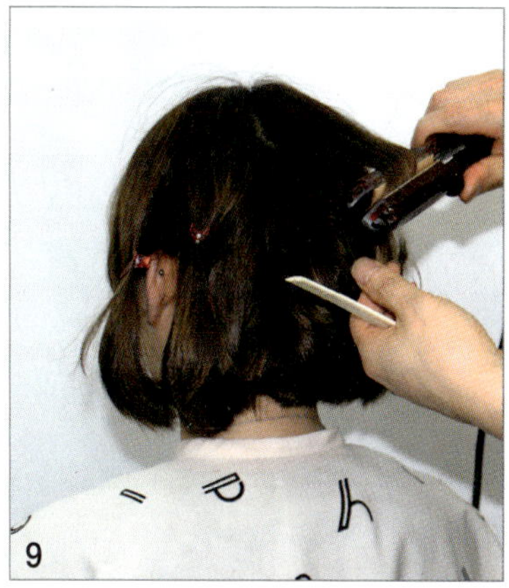

4~9 약간 사선 섹션으로 탄력 있는 C컬을 만든다. 톱까지 진행한다.

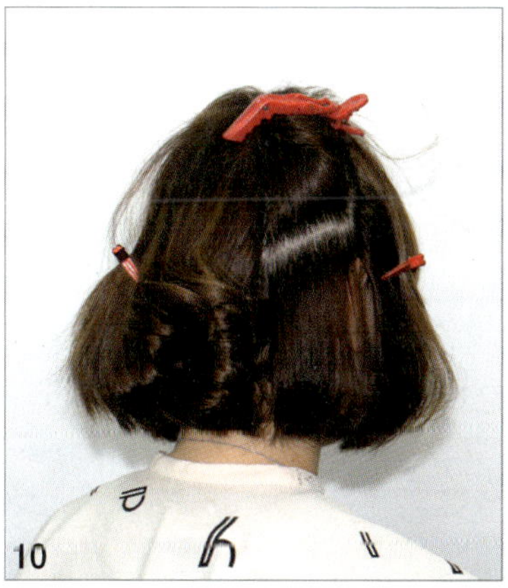

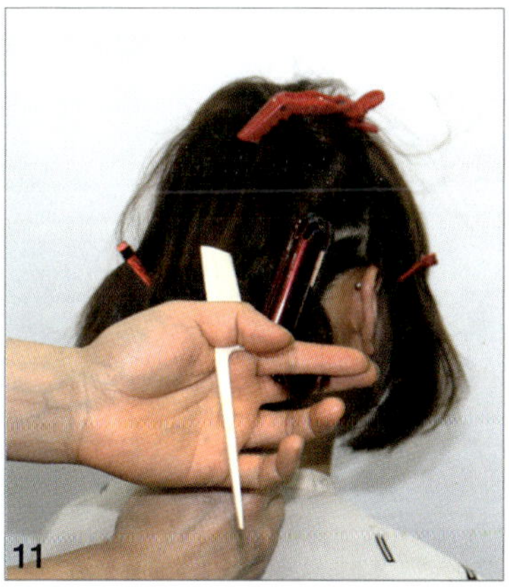

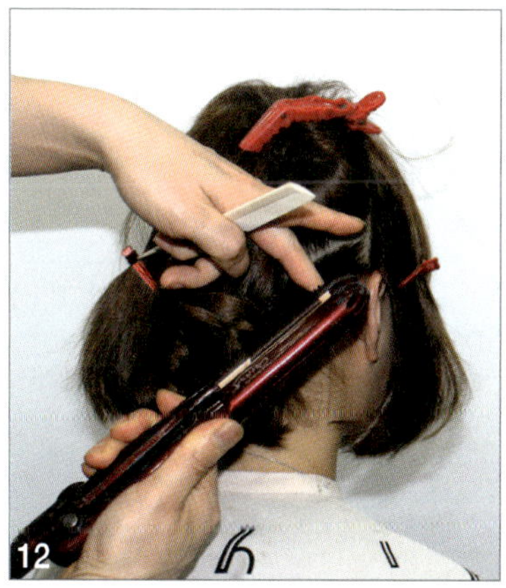

10~12 후대각 섹션으로 수직으로 모발을 잡고 포워드 방향으로 컬을 만든다.

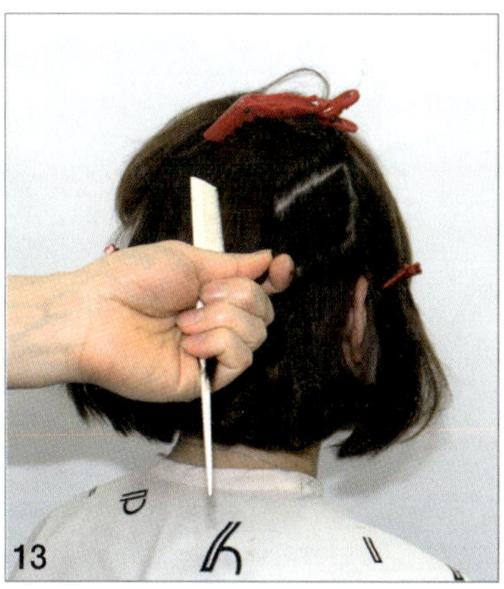

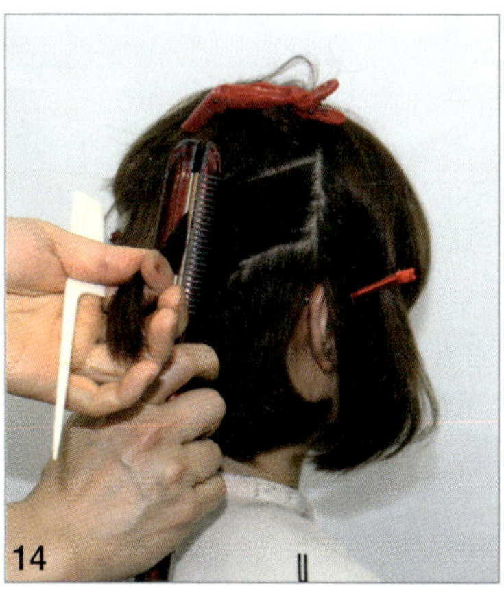

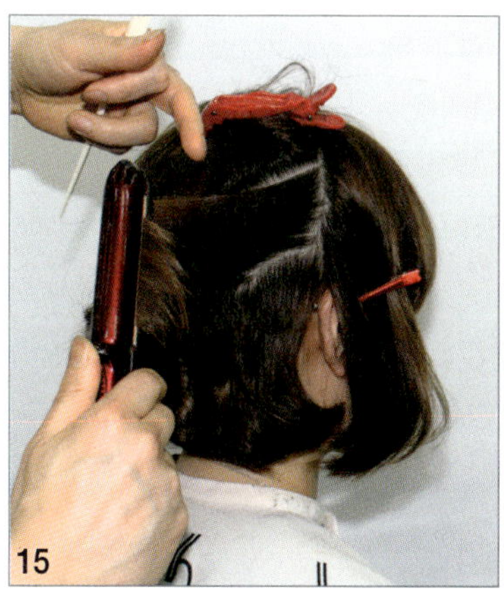

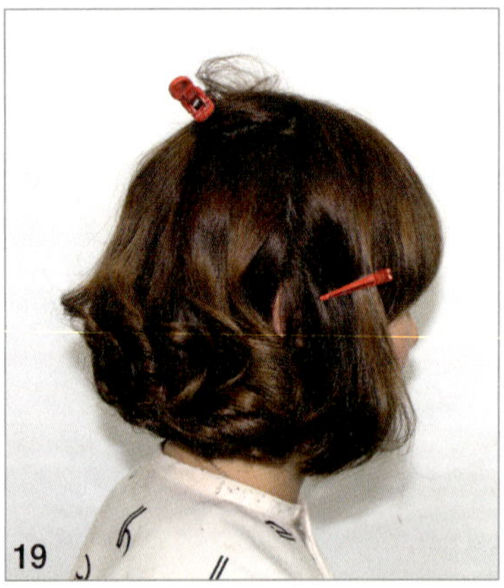

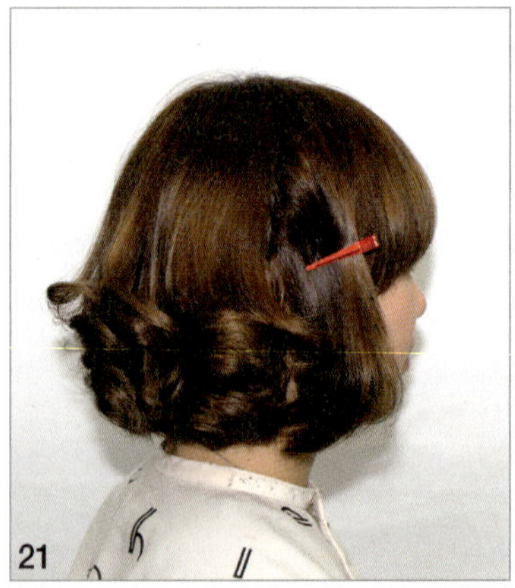

13~21 후대각 섹션으로 포워드 방향으로 컬을 만들고 톱까지 진행한다.

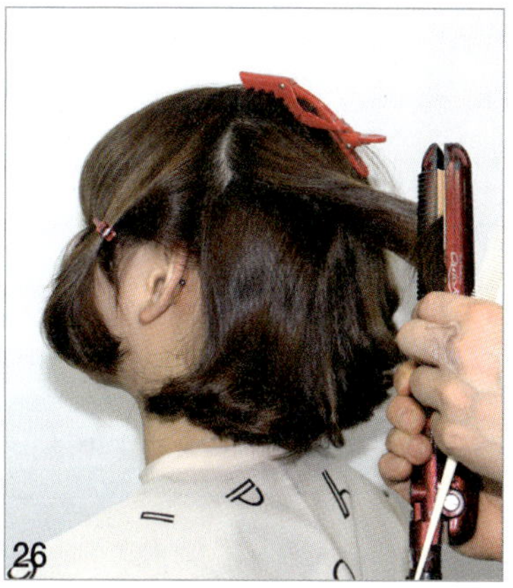

22~26 좌측과 동일하게 진행한다.

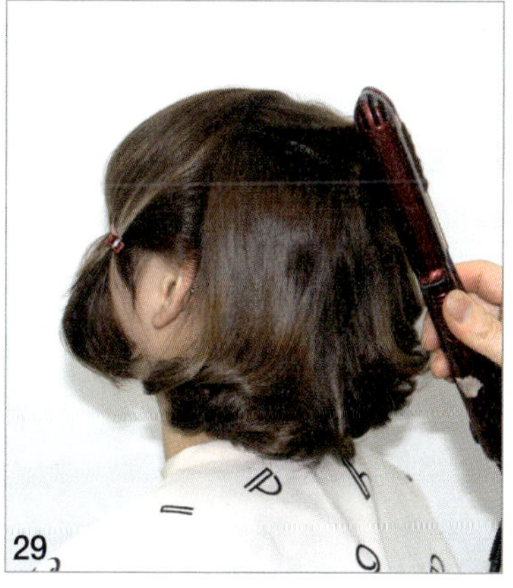

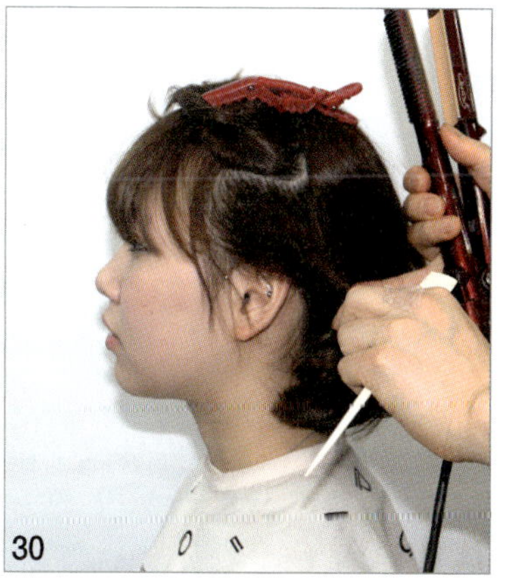

27~29 톱까지 컬을 만든다.

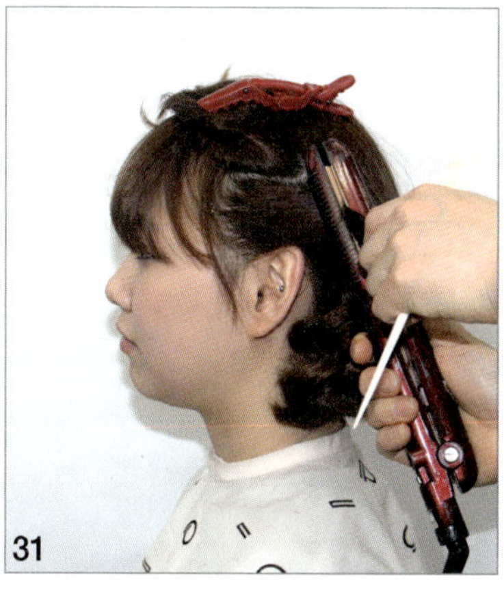

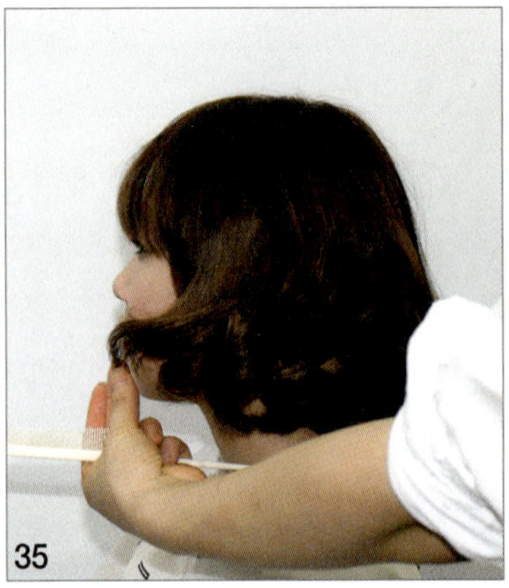

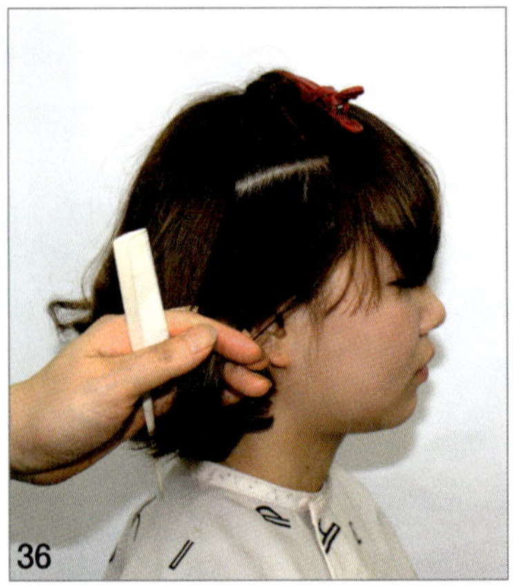

30~35 좌측 사이드는 얼굴을 감싸듯이 포워드 방향으로 자연스럽게 연출한다.

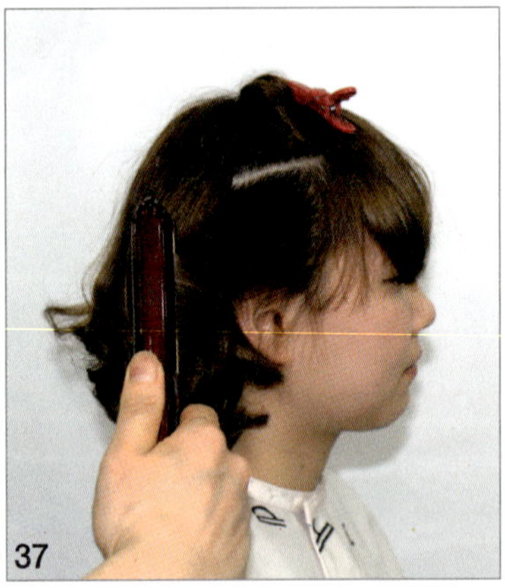

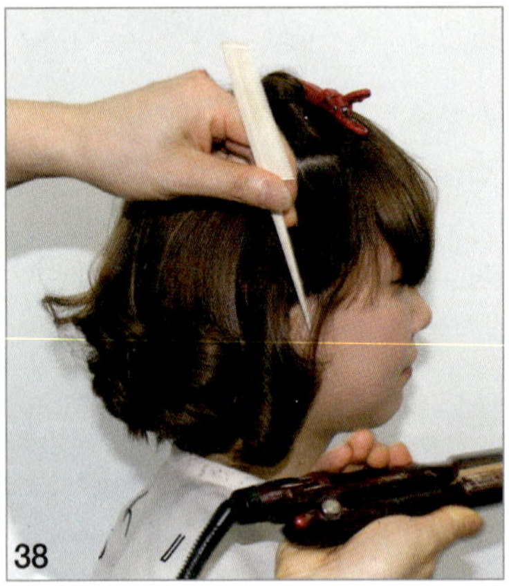

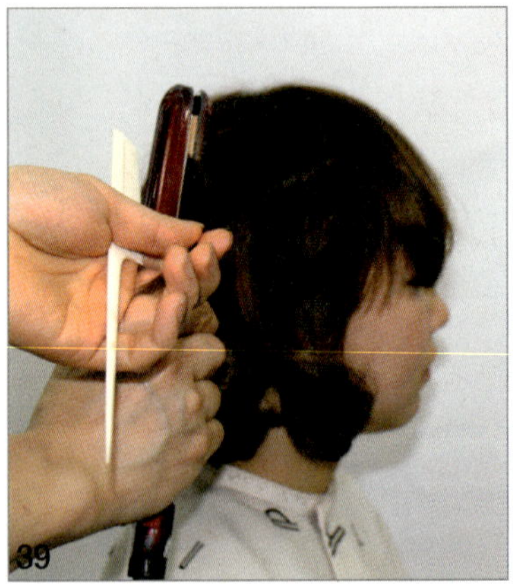

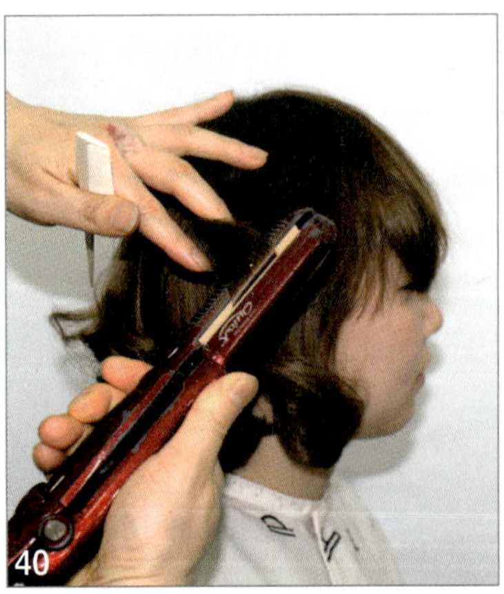

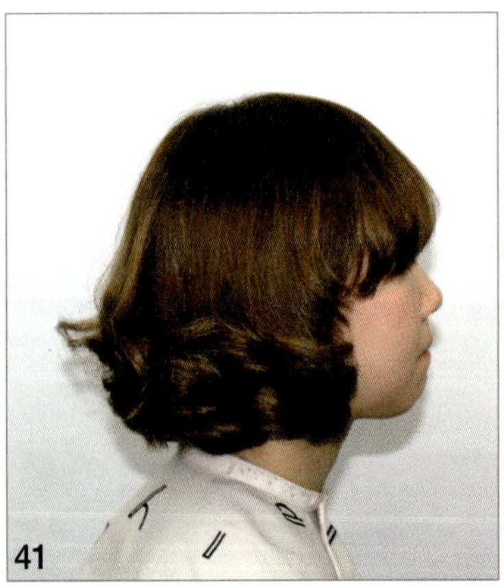

36~41 우측도 좌측과 동일하게 시술한다.

43

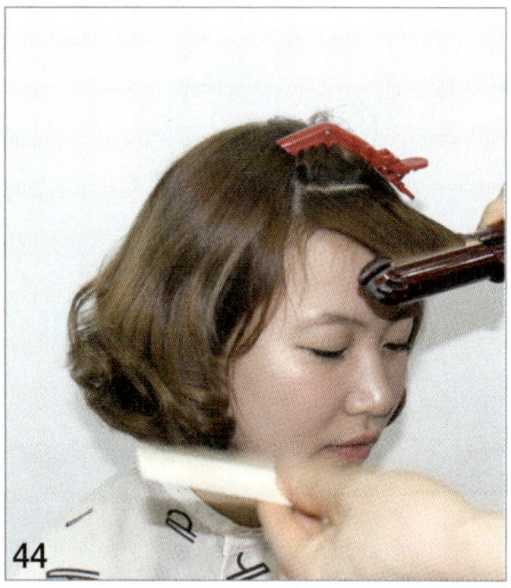

44

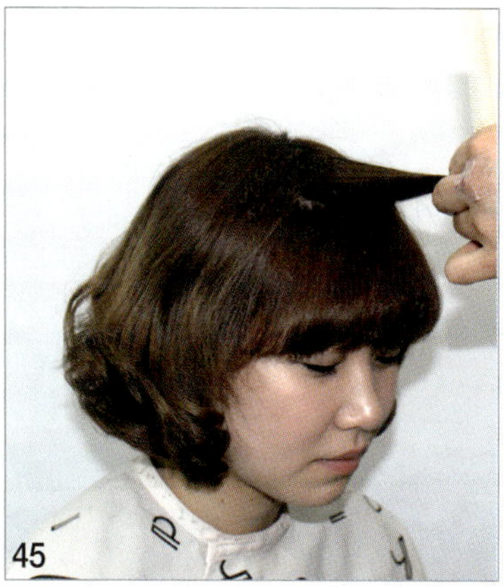

45

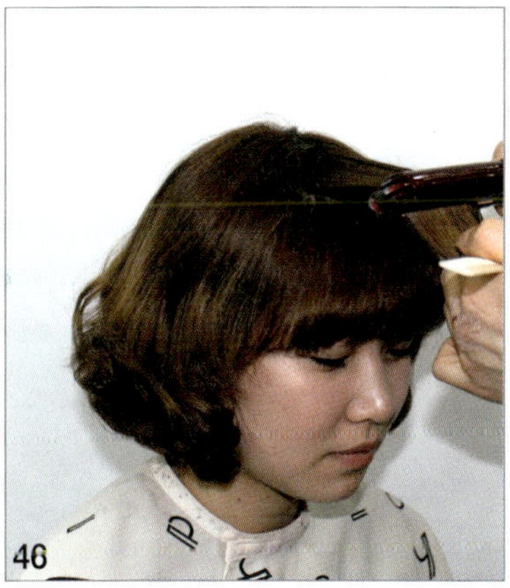

46

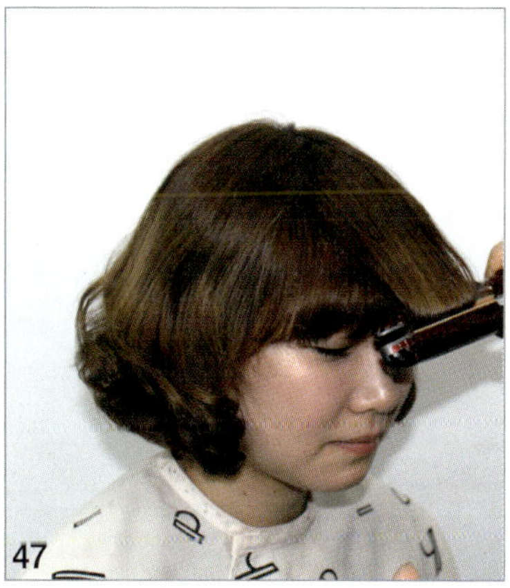

47

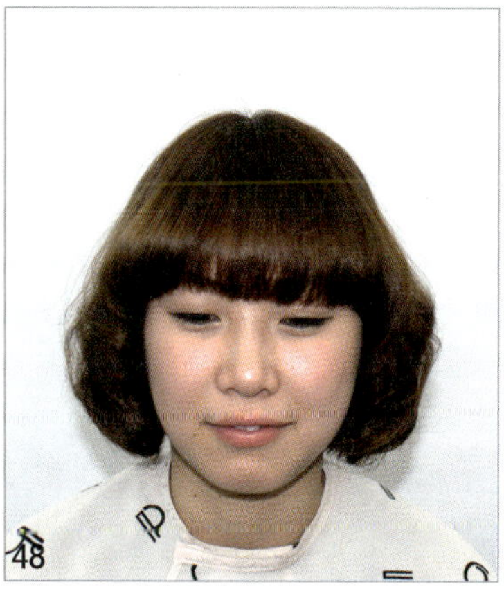

48

42~48 앞머리는 볼륨감 있게 연출한다.

Finish view

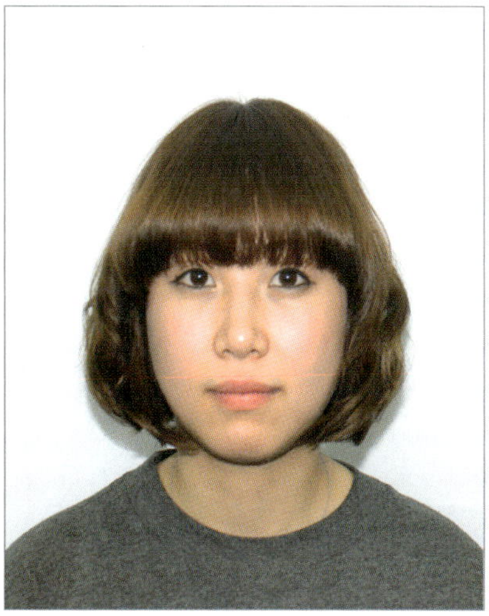

물결판 웨이브 스타일

물결판 아이론으로 프레스처럼 찍어서 발랄한 웨이브의 헤어스타일이다.

Long Style

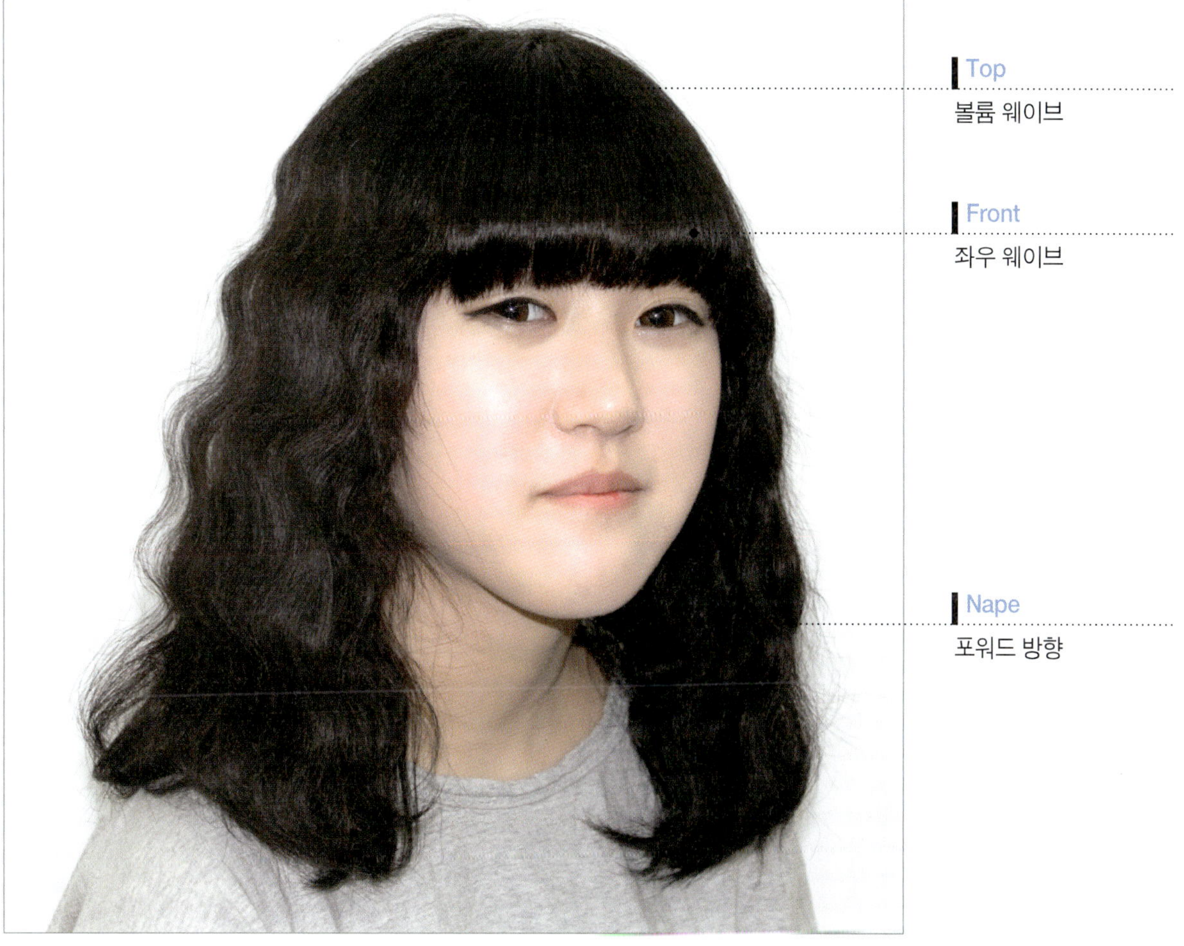

물결웨이브 연출로 발랄하고 귀여운 스타일

물결판 아이론을 이용하여 빠른 시간에 프레스로 찍듯이 웨이브를 만들어 발랄하면서 귀여운 느낌의 헤어스타일이다.

섹션 도해도

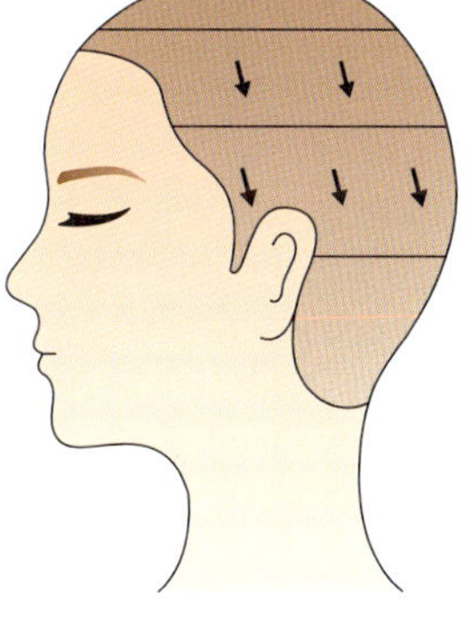

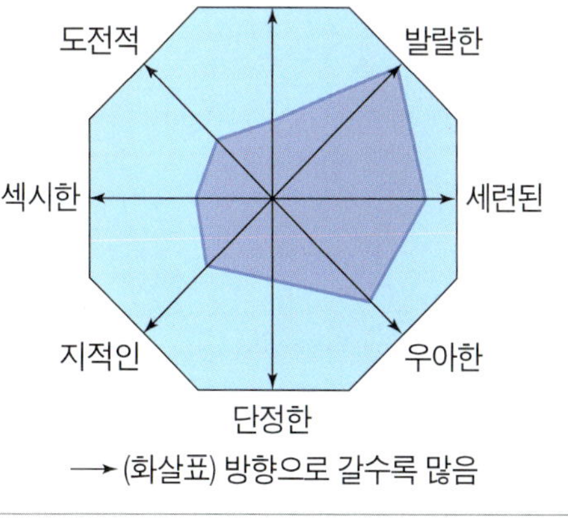

Preview

수평 섹션으로 모발 슬라이스를 두껍게 잡고 아래부터 웨이브 단차를 맞춰서 물결판을 찍어주면서 진행한다.

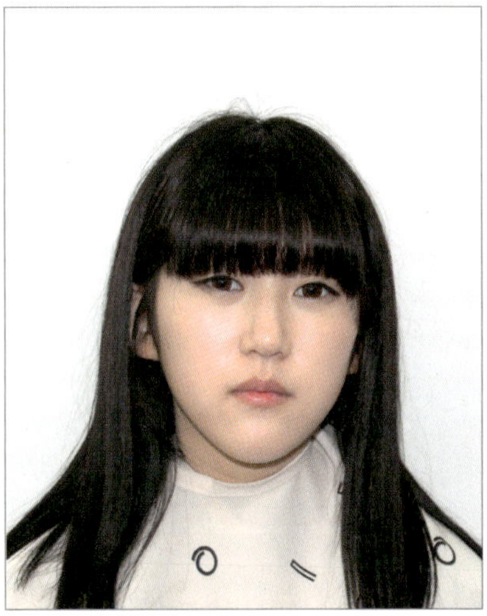

Before

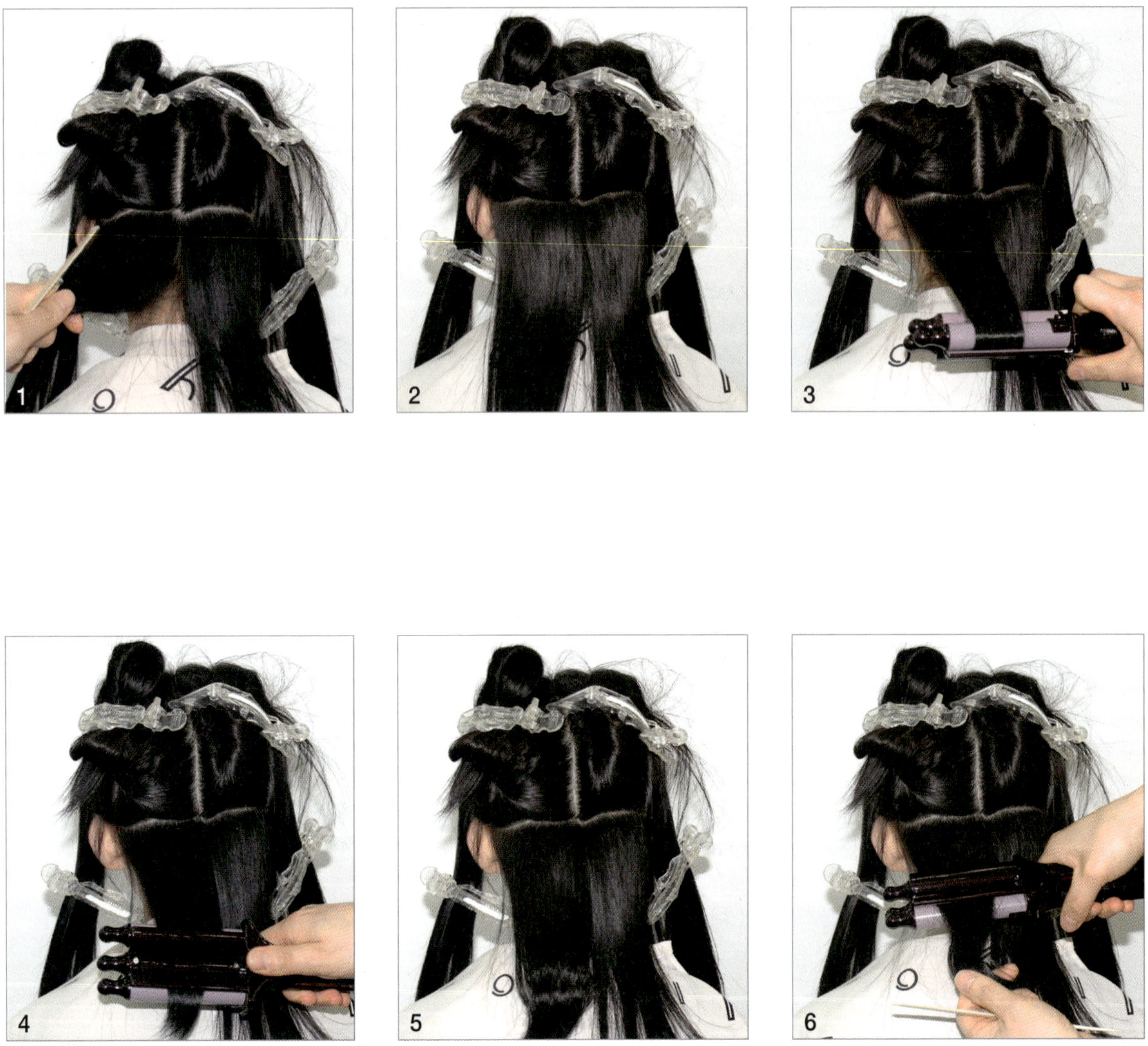

1~6 4브로킹으로 나누고 모발길이가 원랭스 형태이므로 아랫단부터 물결판 아이론으로 컬을 만들면서 진행한다.

7~9 우측 부분도 동일하게 시술한다.

10~16 후두부 좌측 부분은 웨이브 단을 맞춰 시술한다.

17~21 좌·우 단을 맞춰 동일하게 시술한다.

22~28 물결판 아이론은 아랫단과 윗단의 단차를 맞춰 시술하는 것이 매우 중요하다.

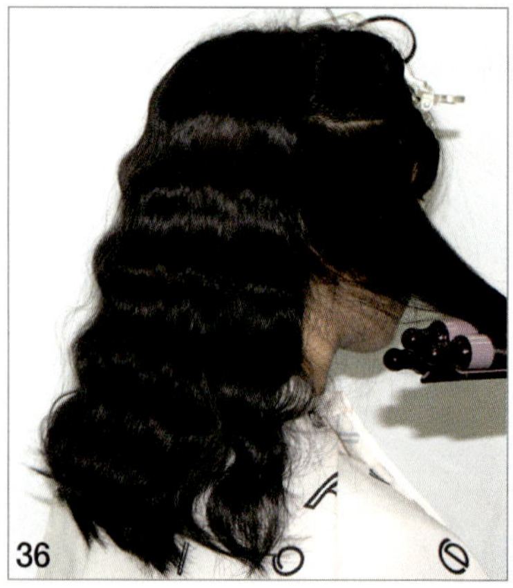

29~35 동일한 방법으로 웨이브의 단차, 물결무늬를 맞춰 시술한다.

36~41 우측 사이드 부분의 후두부 웨이브 단차를 맞춰 시술한다.

42~47 좌측 사이드 부분도 우측과 동일하게 시술한다.

48 앞머리는 귀여움을 강조하기 위해서 살짝 안 말음 스타일로 연출한다.

Finish view

리버스 웨이브 롱헤어 스타일

풍성하게 발랄하면서 귀여운 웨이브 스타일이다.

Long Style

Top
볼륨 웨이브

Front
리버스 웨이브

Nape
풍성한 웨이브

발랄하고 귀여운 스타일

아이론으로 리버스 방향으로 웨이브를 연출하여 귀여운 느낌을 주는 헤어스타일이다.

섹션 도해도

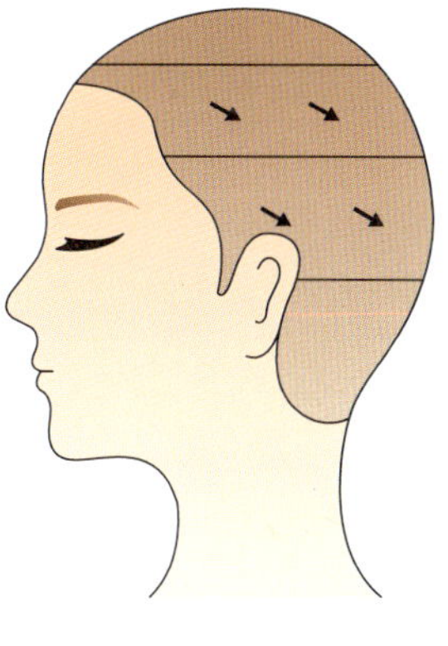

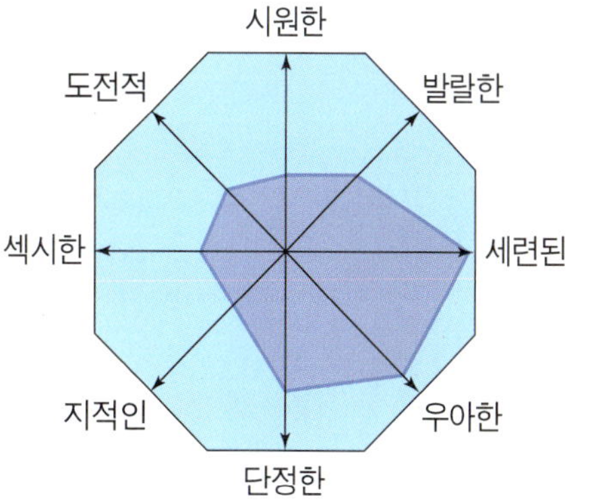

Preview

두상의 센터를 중심으로 리버스 방향으로 원형 아이론에 충분히 열을 가하여 탄력 있는 웨이브를 연출한다.

Before

1

2

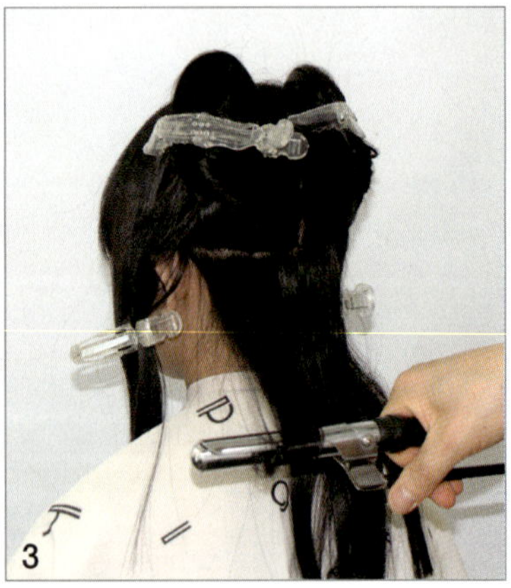

3

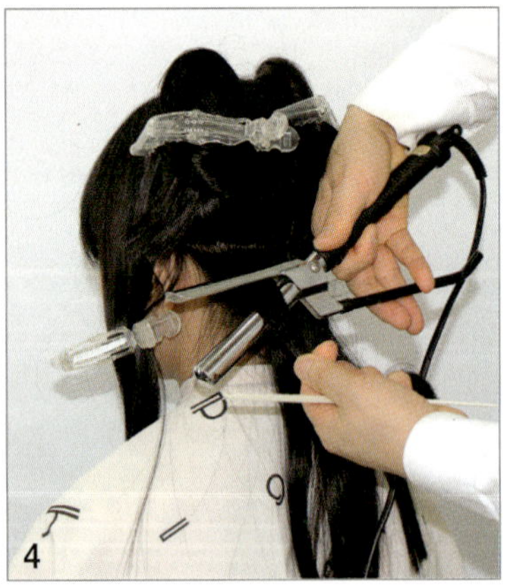

4

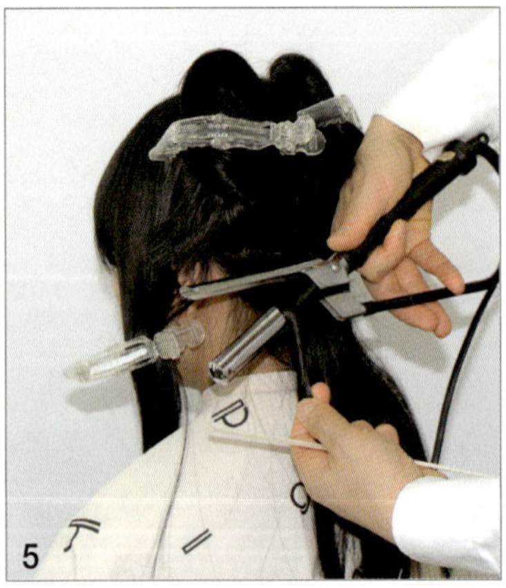

5

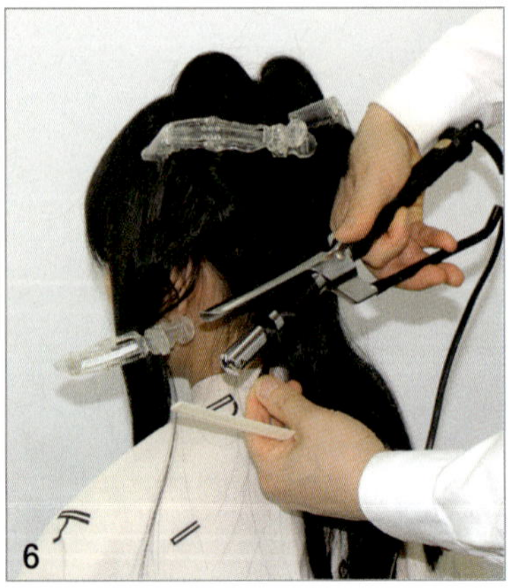

6

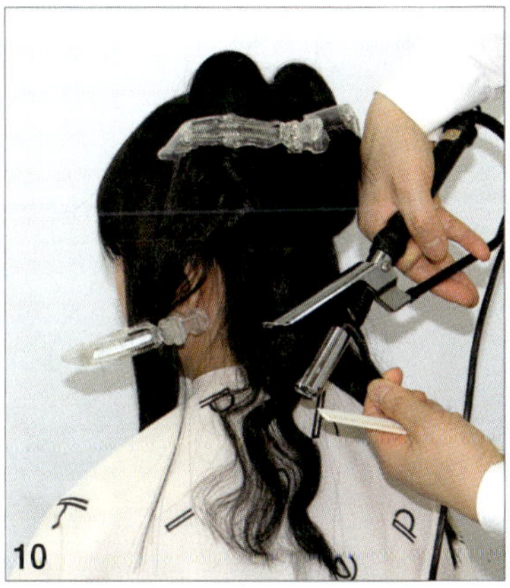

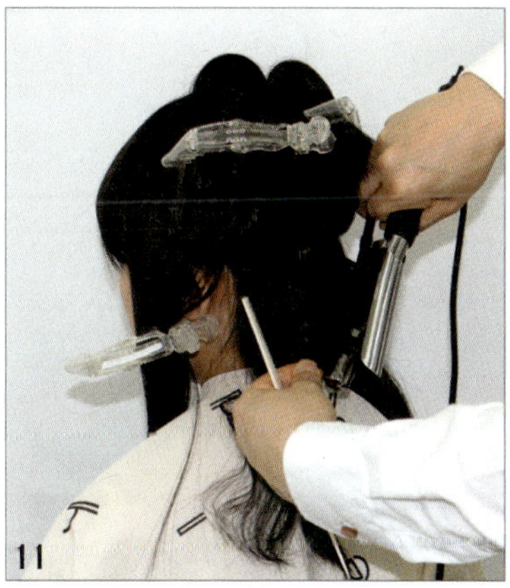

1~13 E.P~E.P까지 섹션을 나누고 모발을 수직으로 나눈 다음 아이론으로 스파이럴식 와인딩을 하여 모발을 가볍게 펴준다.

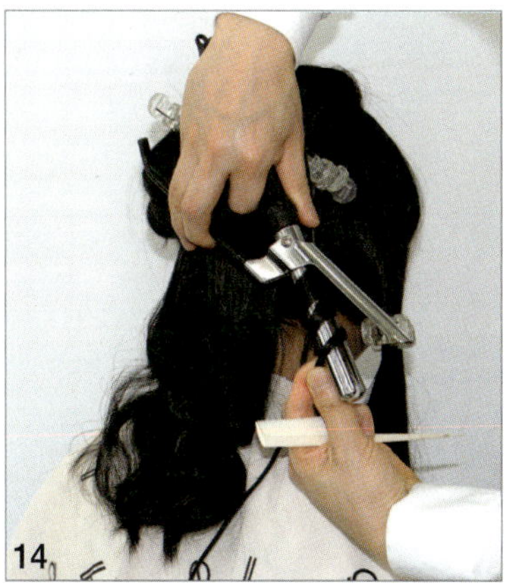

14~15 센터를 중심으로 리버스 스파이럴식 와인딩을 한다.

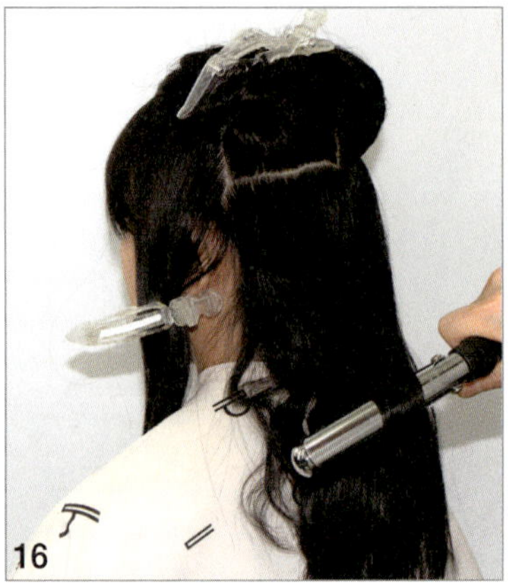

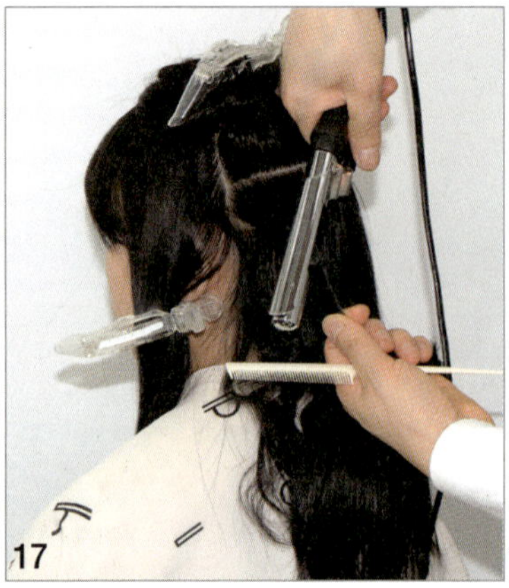

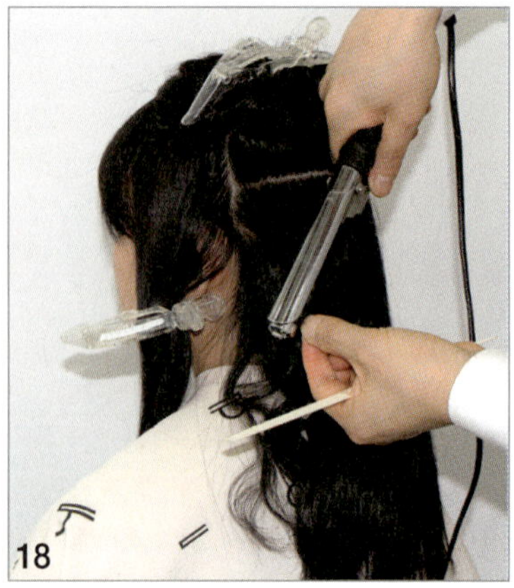

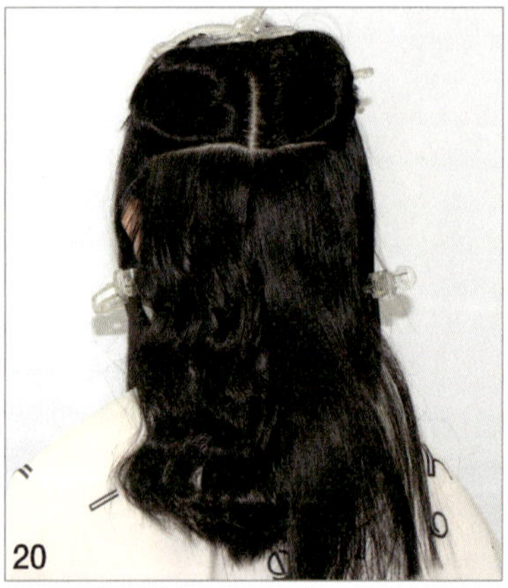

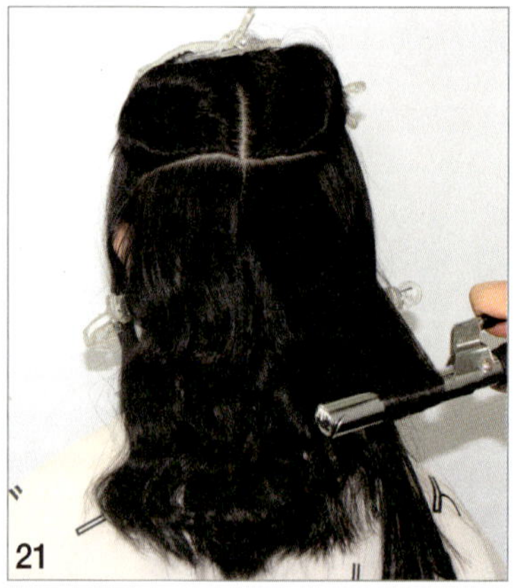

16~20 리버스 방향으로 열을 충분히 주며 웨이브를 만든다.

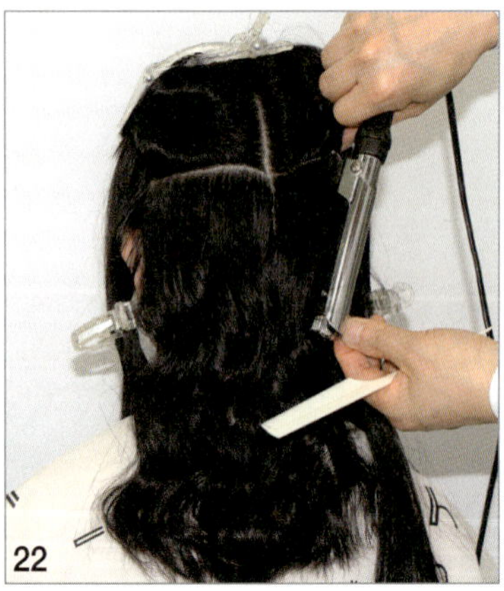

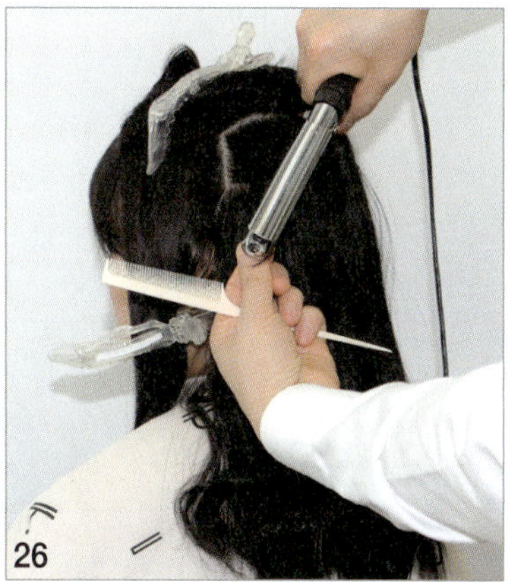

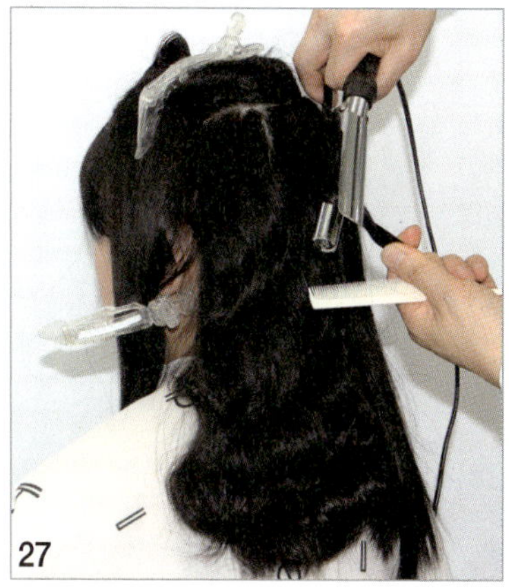

21~25 동일한 방법으로 시술한다.

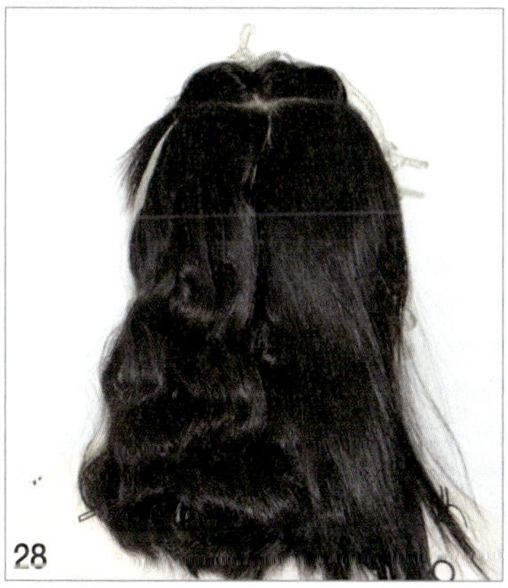

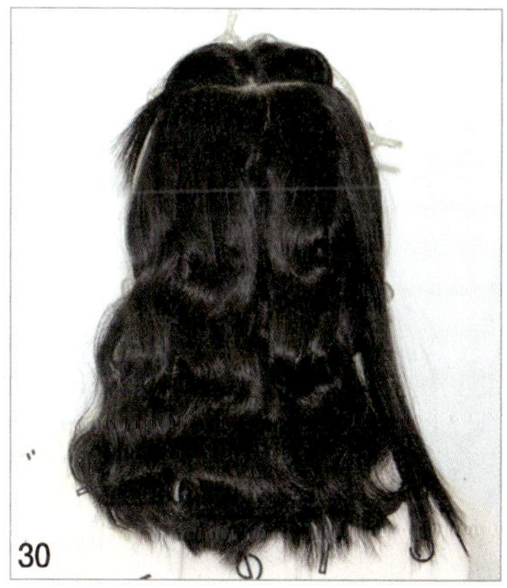

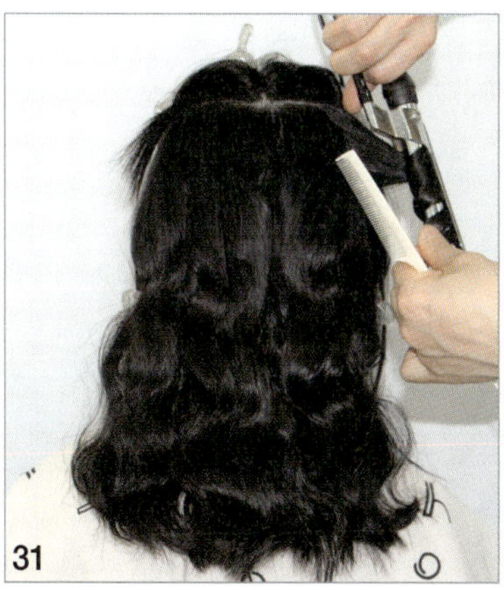

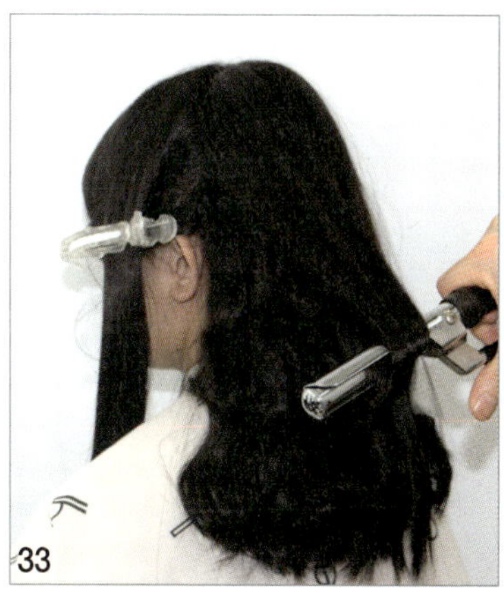

26~32 두피 가까이 시술하여 볼륨감 있게 표현한다.

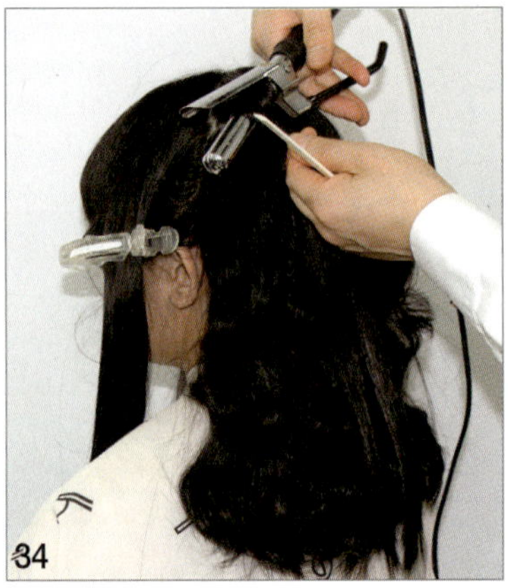
34

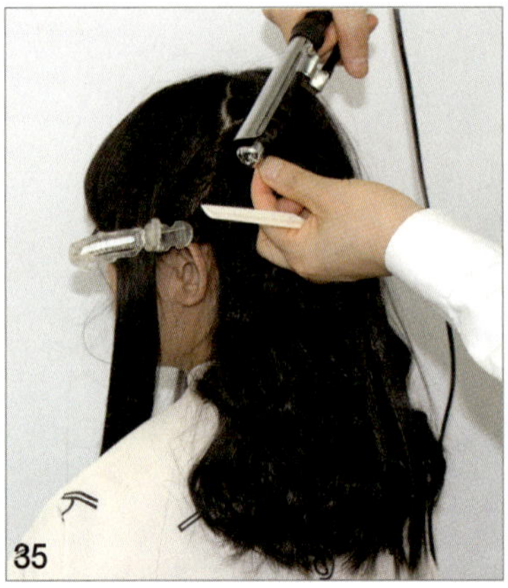
35

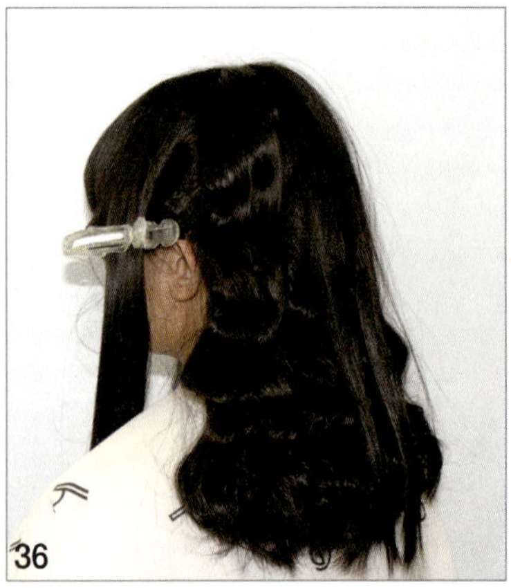
36

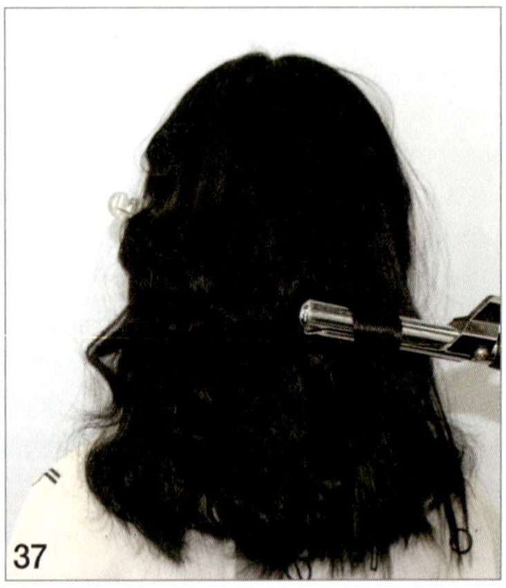
37

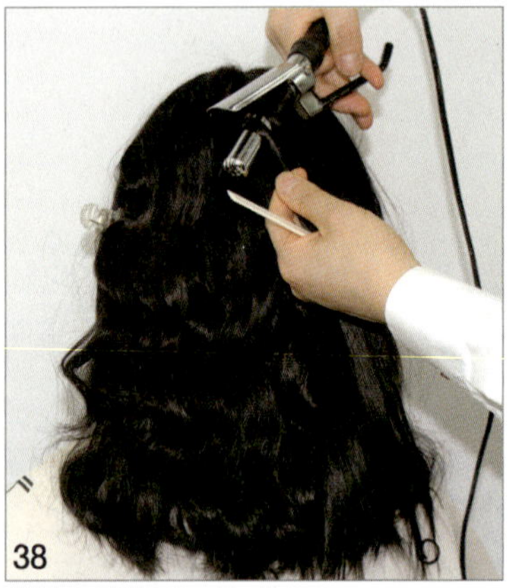
38

39

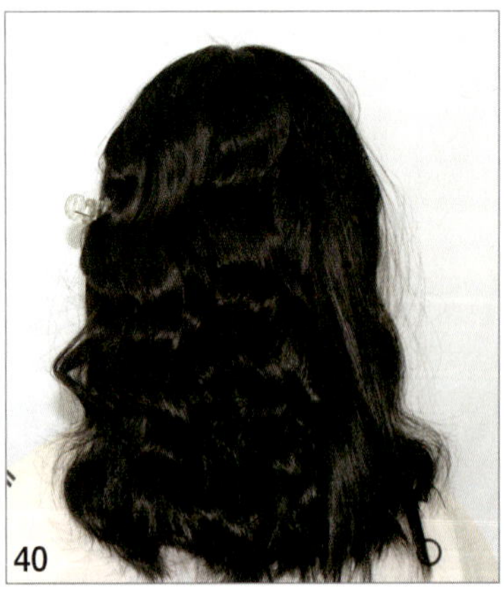
40

41

42

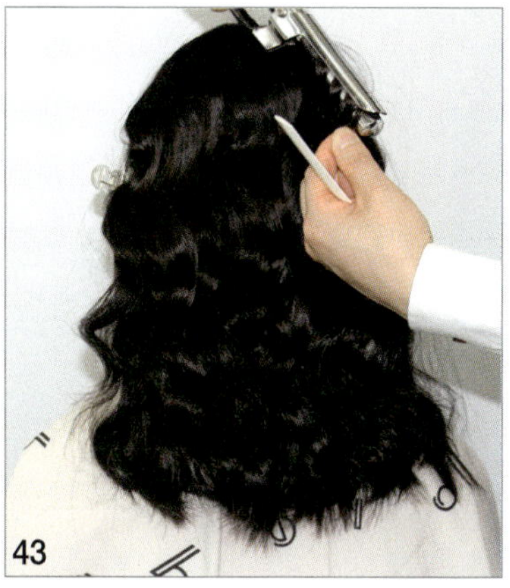

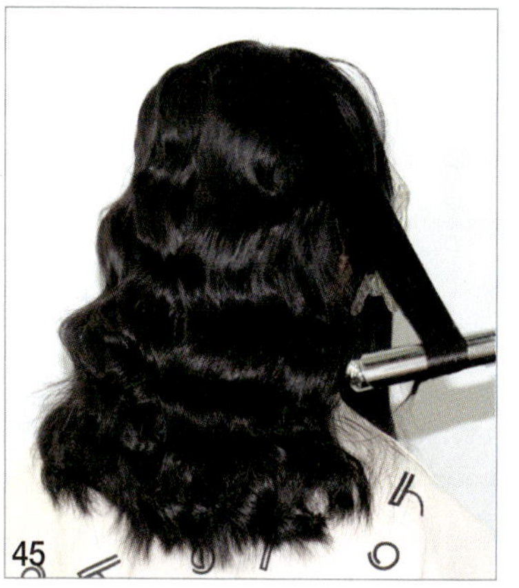

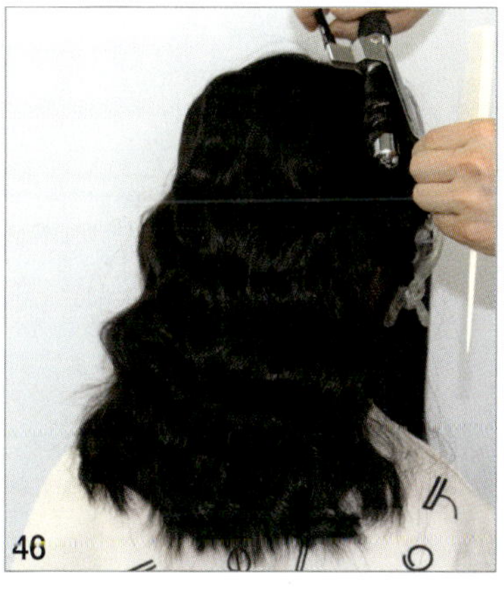

33~47 센터를 중심으로 리버스 방향으로 좌우 균일하게 웨이브를 만들어 가볍게 펴준다.

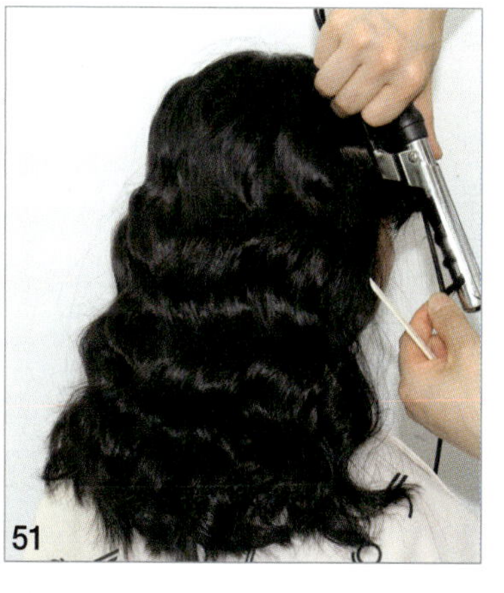

52

53

54

55

56

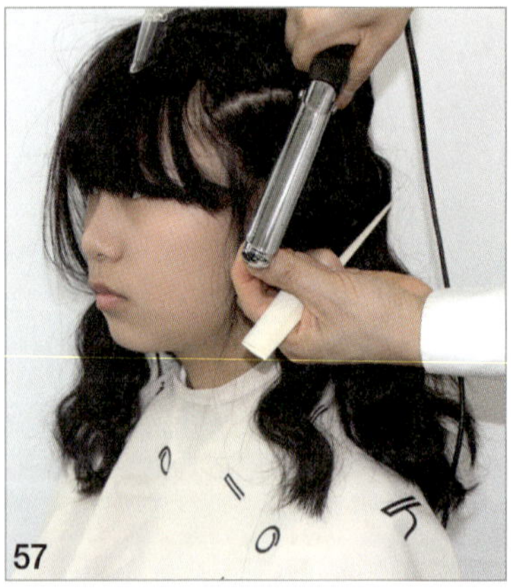
57

48~56 우측 사이드 부분도 리버스 방향으로 시술한다.

58

59

60

61

62

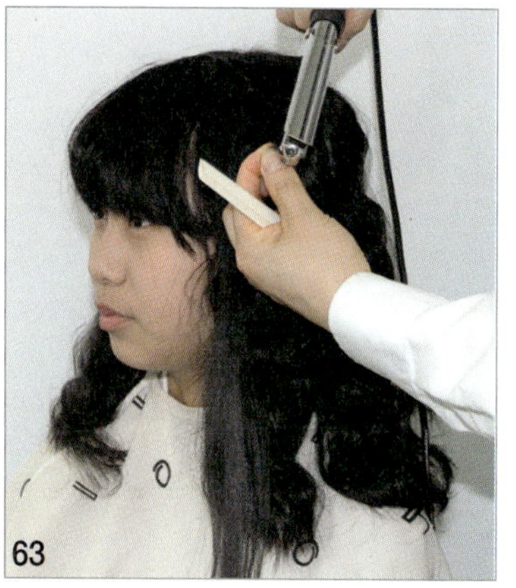
63

57~64 좌측 사이드 부분도 동일하게 시술한다.

64

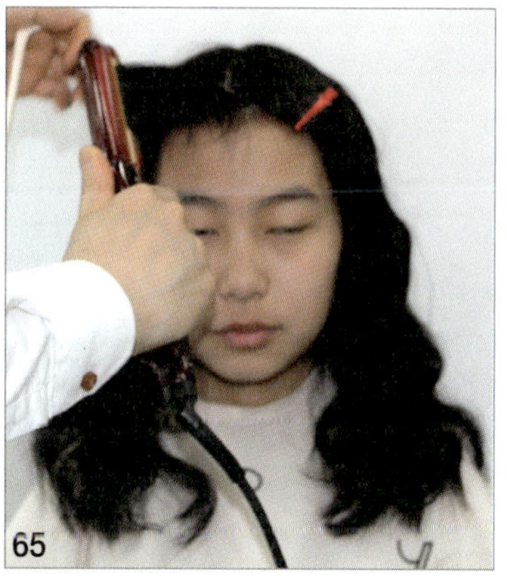
65

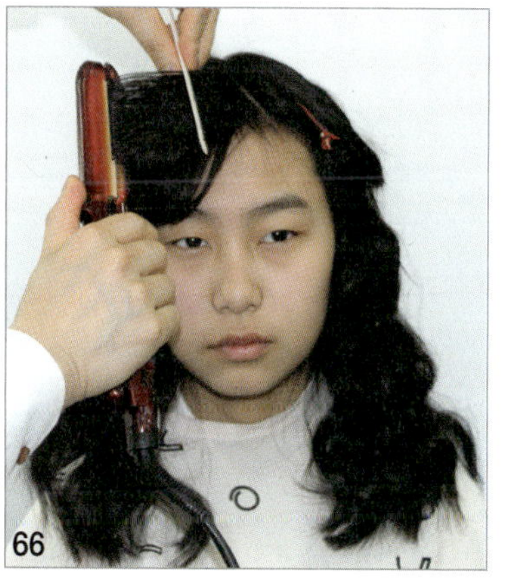
66

65~66 앞머리는 성숙한 이미지로 사선 스타일을 연출한다.

Finish view

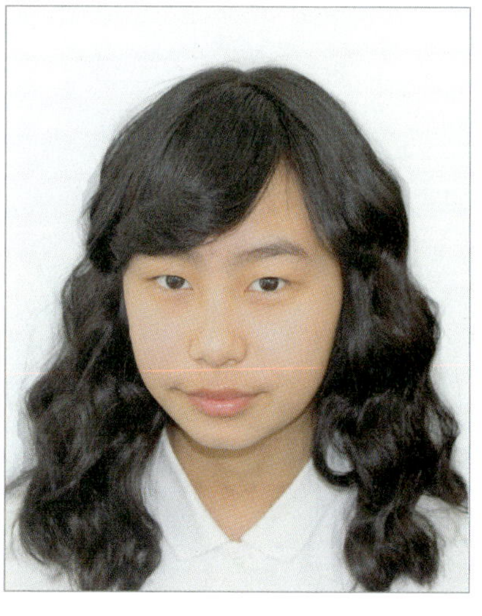

블로 드라이를 이용한 S웨이브 롱헤어 스타일

블로 드라이와 롤을 이용한 웨이브이며 세련된 이미지의 헤어스타일이다.

Long Style

Top
볼륨 웨이브

Front
좌우 웨이브

Nape
얼굴 방향(포워드)

드라이를 이용한 S컬의 세련된 스타일

롤을 이용하여 릿지가 선명하게 S컬을 연출하여 세련된 느낌의 헤어스타일이다.

섹션 도해도

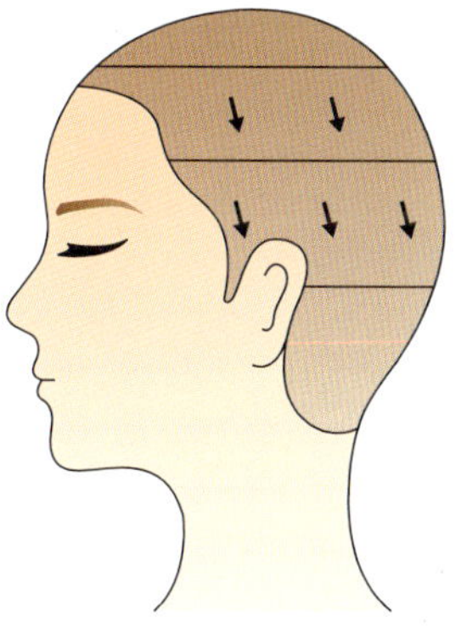

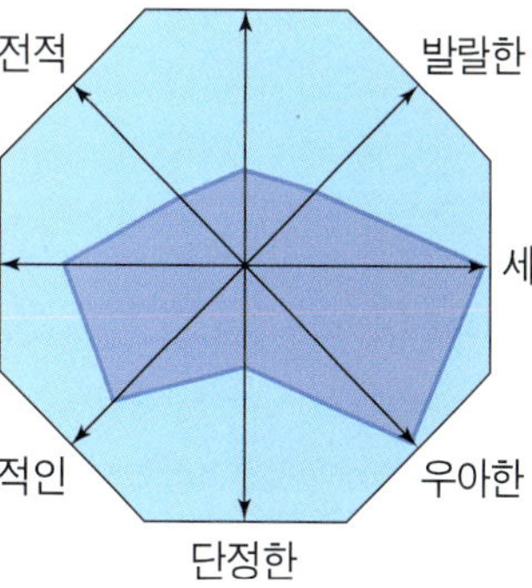

Preview

수평 섹션으로 모발을 브러시에 감고 1회전 할 때마다 모발에 드라이 열을 주면서 롤을 반 회전하고 풀러 C컬을 만들면서 좌우로 롤을 움직여 웨이브의 릿지를 만들어 준다.

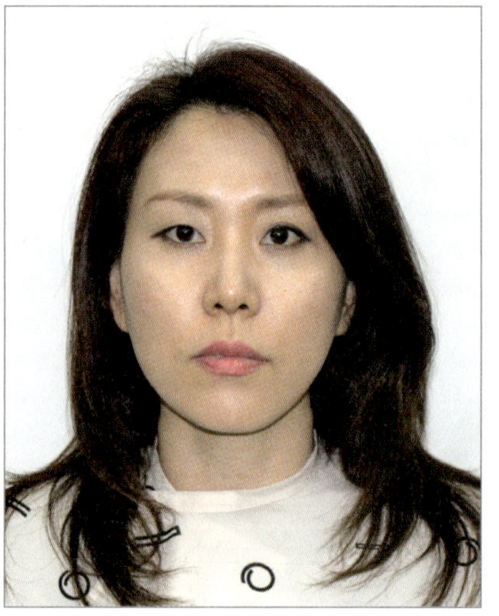

Before

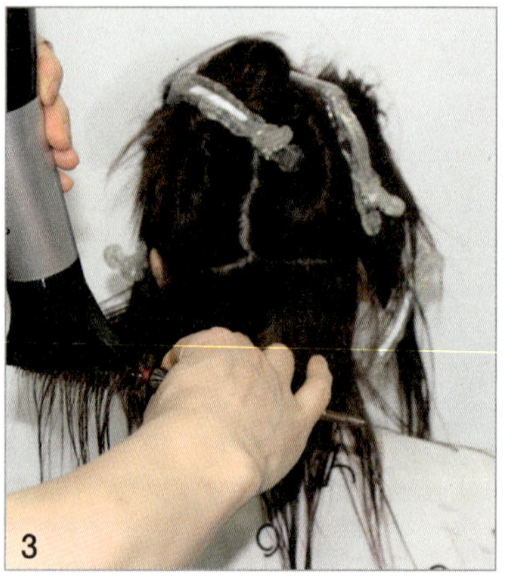

1~2 브로킹을 나눈다.

3~8 센터를 중심으로 좌측은 좌측 방향, 우측은 우측 방향 웨이브를 만든다. 모발 끝부분부터 1회전 할 때마다 열을 충분히 준다.

9~10 왼쪽 방향으로 컬을 풀어 릿지를 만든 다음 다시 한 섹션에 열을 주고 오른쪽으로 릿지를 만든다.

11~13 오른쪽도 롤에 모발을 감고 열을 앞·뒤로 충분히 준다.

14~15 열을 충분히 주고 난 후 웨이브 릿지를 오른쪽으로 밀어 컬 하단을 만든다. 한 섹션에 열을 주고 반대 방향으로 릿지를 만든다.

16~23 같은 방법으로 동일하게 시술한다.

25

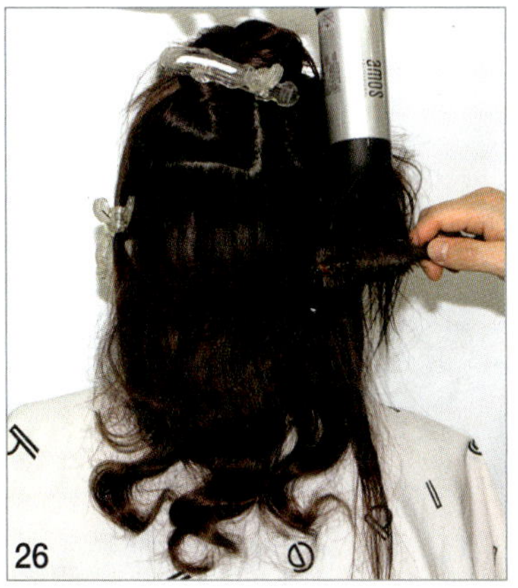

26

27

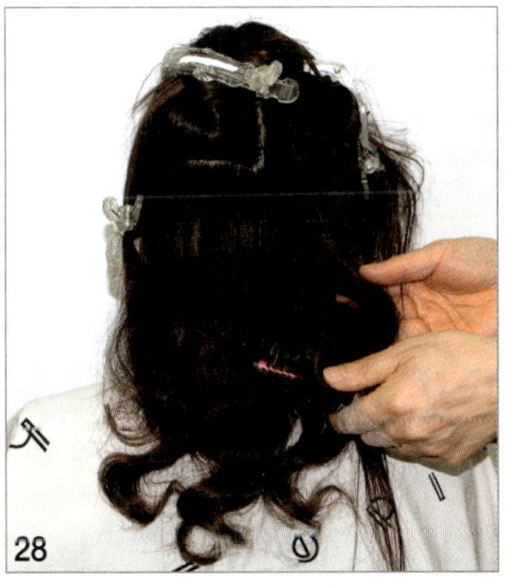

28

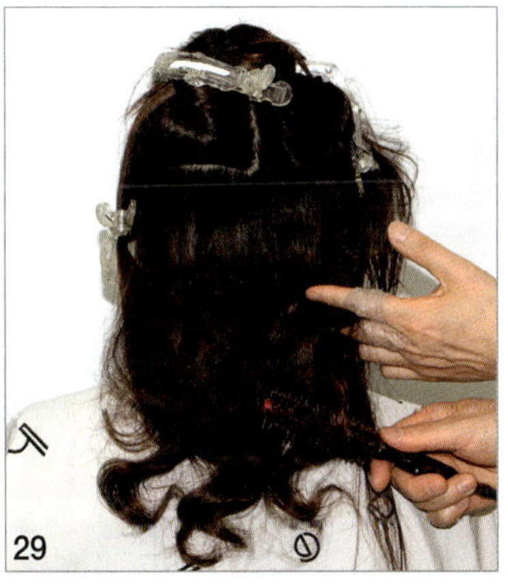

29

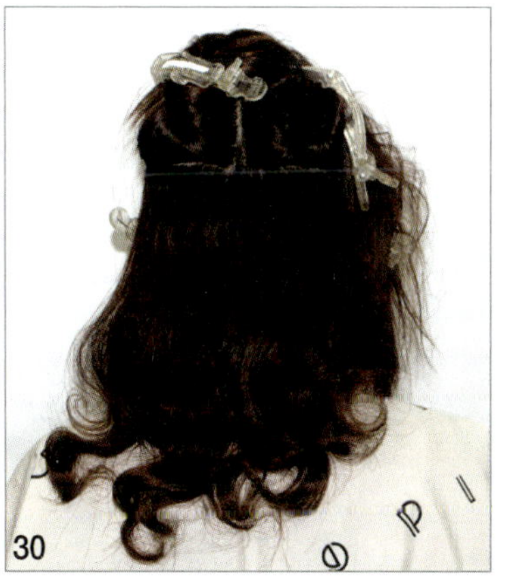

30

24~30 오른쪽은 웨이브 릿지를 오른쪽으로 먼저 시작하여 연출한다.

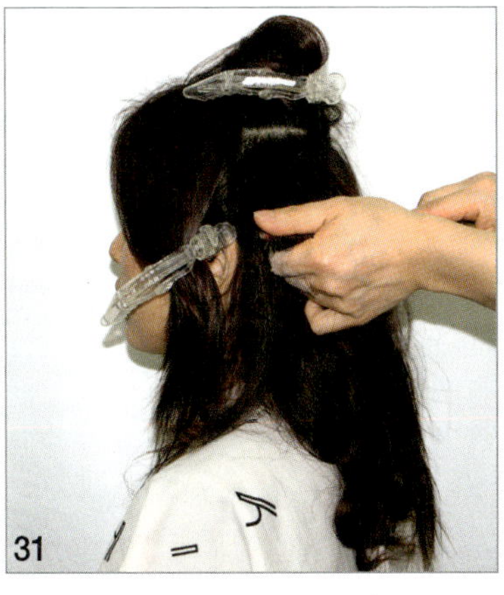

31

32

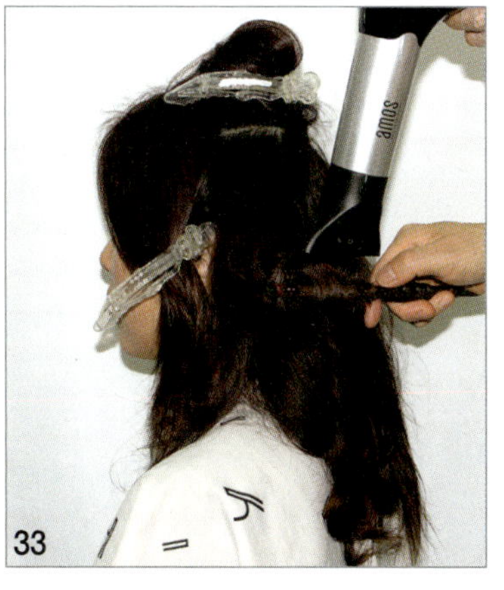

33

31~36 왼쪽단도 동일하게 왼쪽으로 웨이브 릿지를 만든다.

37~39 오른쪽 단도 동일하게 시술한다.

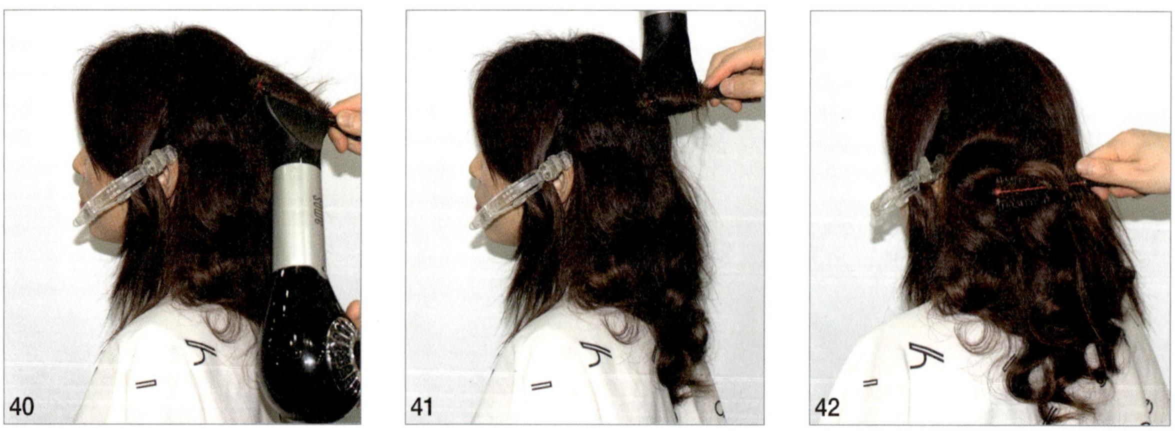

43

44

45

46

47

48

49

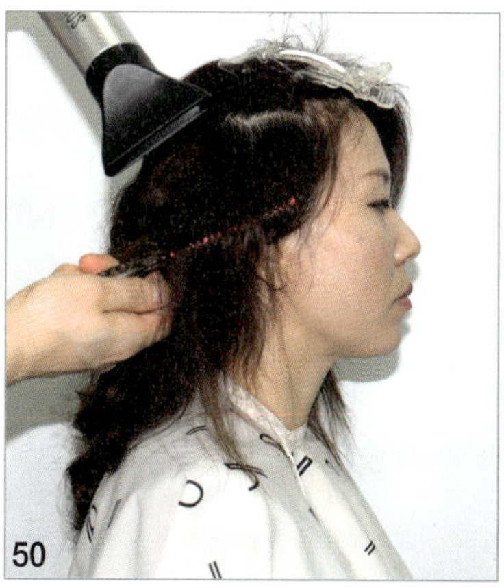
50

51

40~49 열을 충분히 주고 릿지를 만든다.

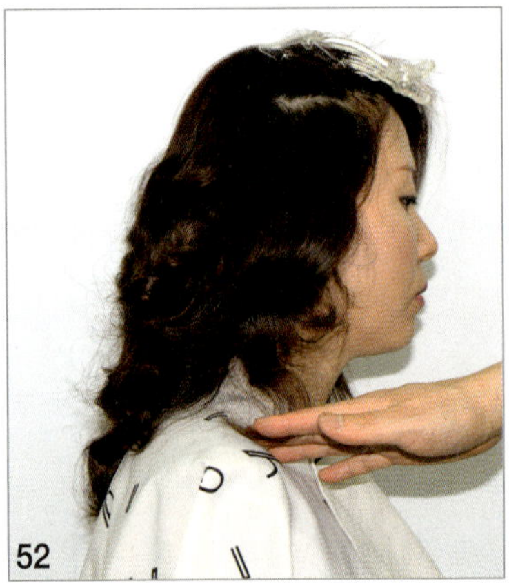
52

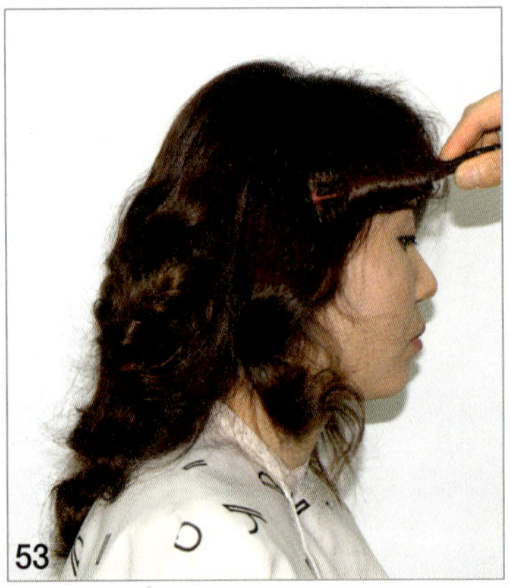
53

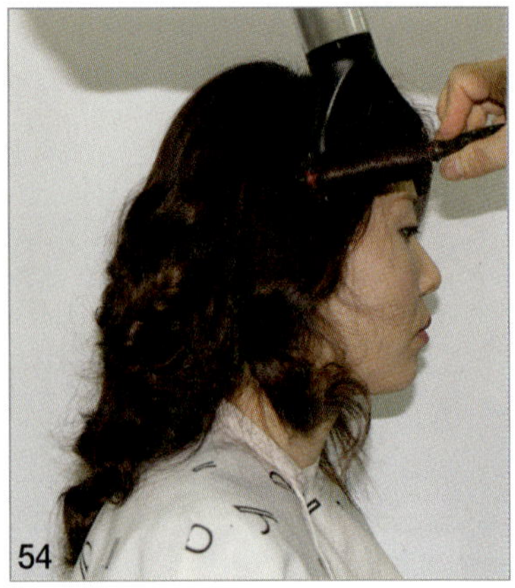
54

55

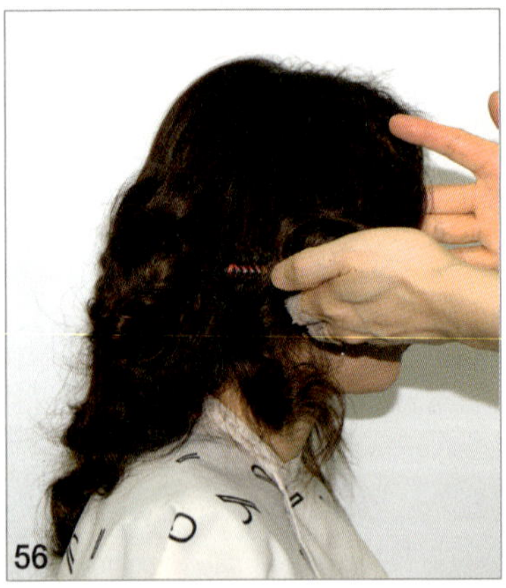
56

57

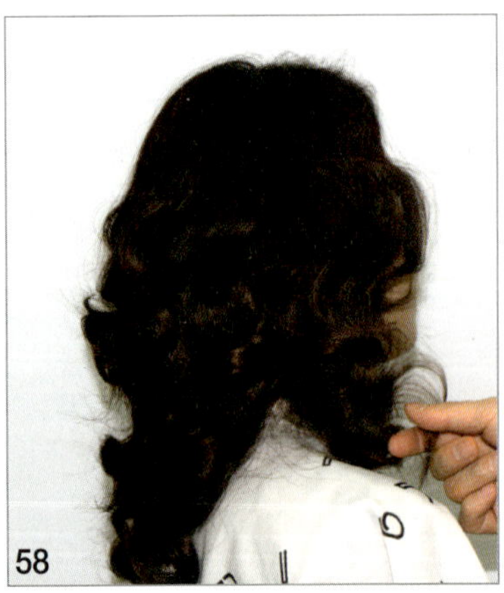
58

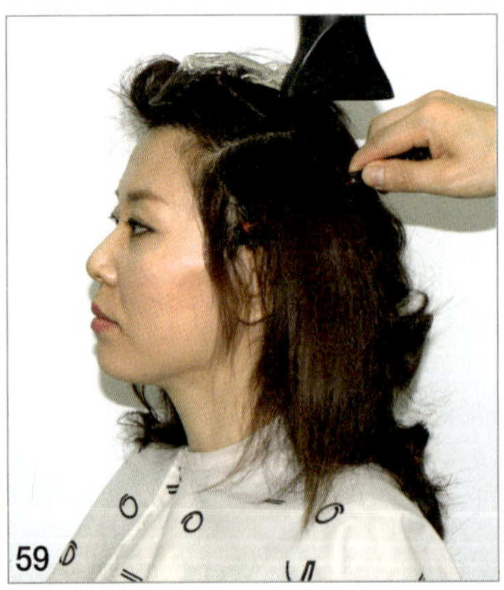
59

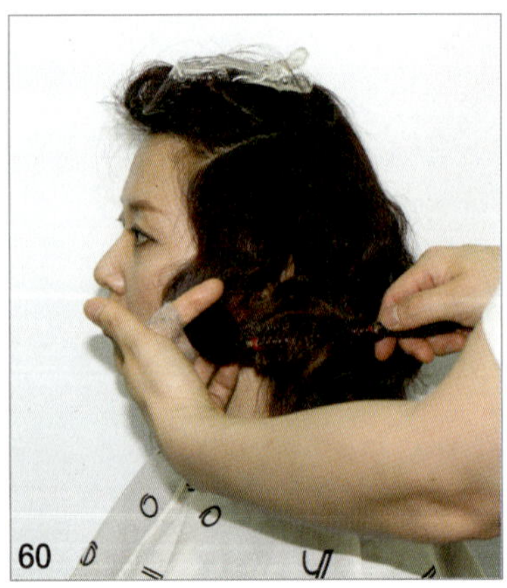
60

50~58 오른쪽 사이드도 얼굴 방향으로 릿지를 만든다.

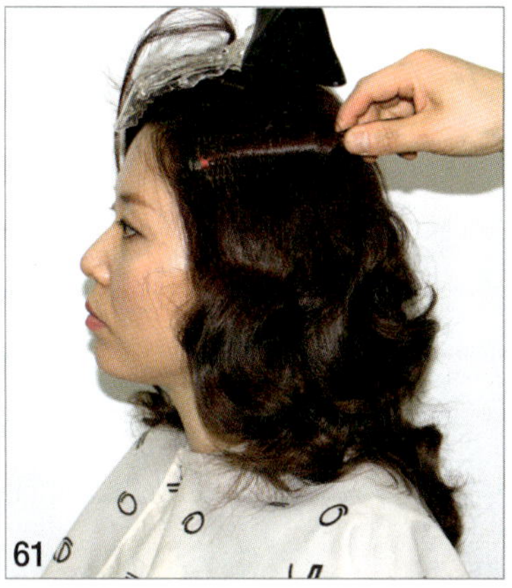
61

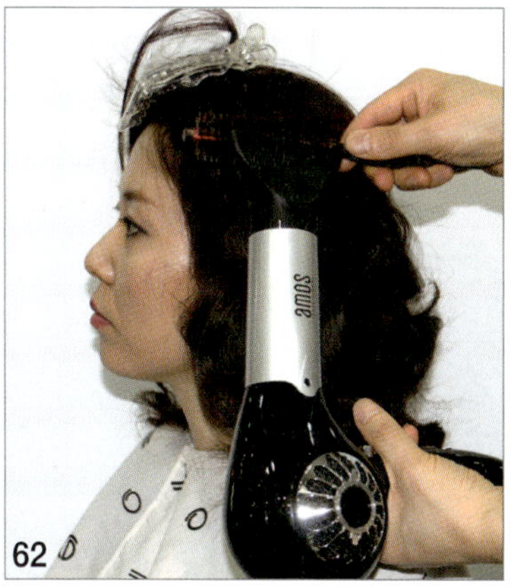
62

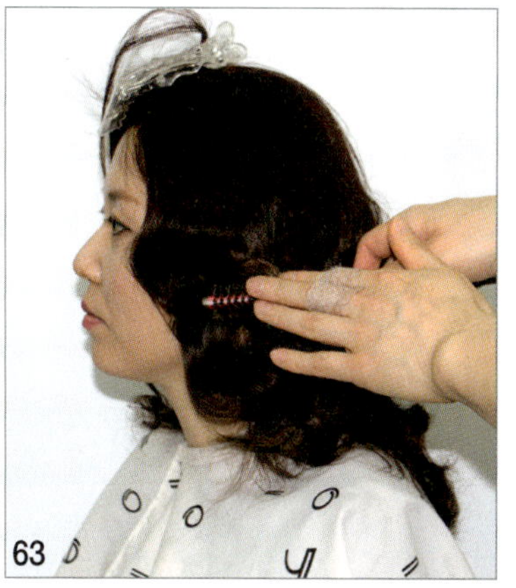
63

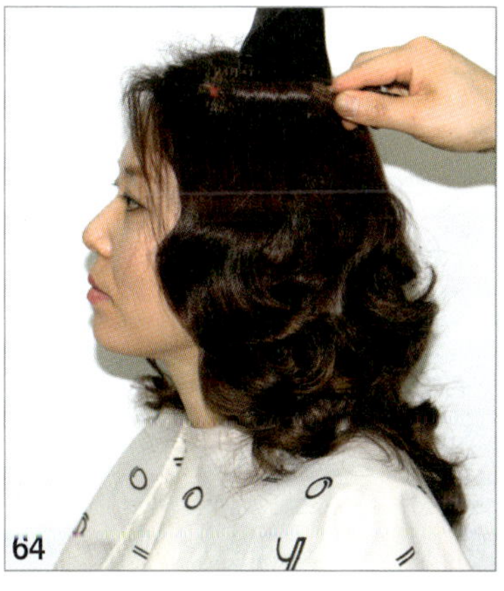
64

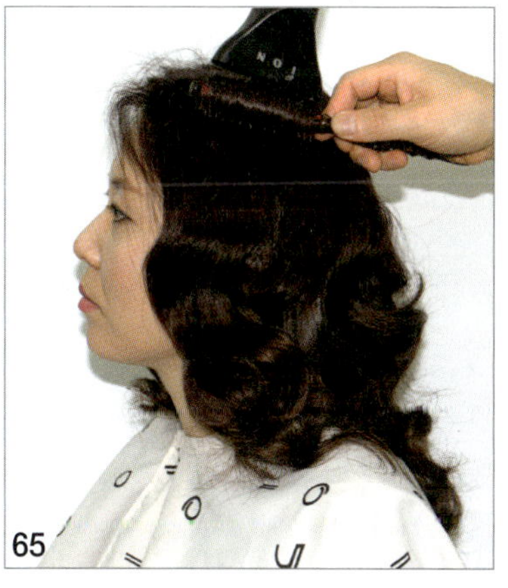
65

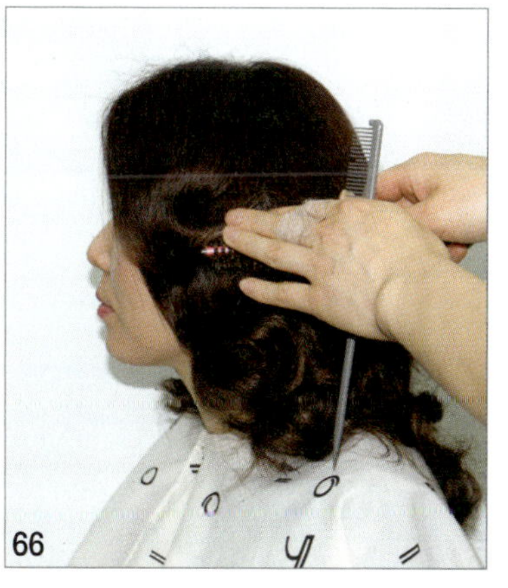
66

59~66 왼쪽 사이드도 오른쪽과 균형을 맞춰 웨이브를 만든다.

Finish view

블로 드라이를 이용한 주부 웨이브 스타일

드라이와 롤을 이용한 세련된 이미지 연출법이다.

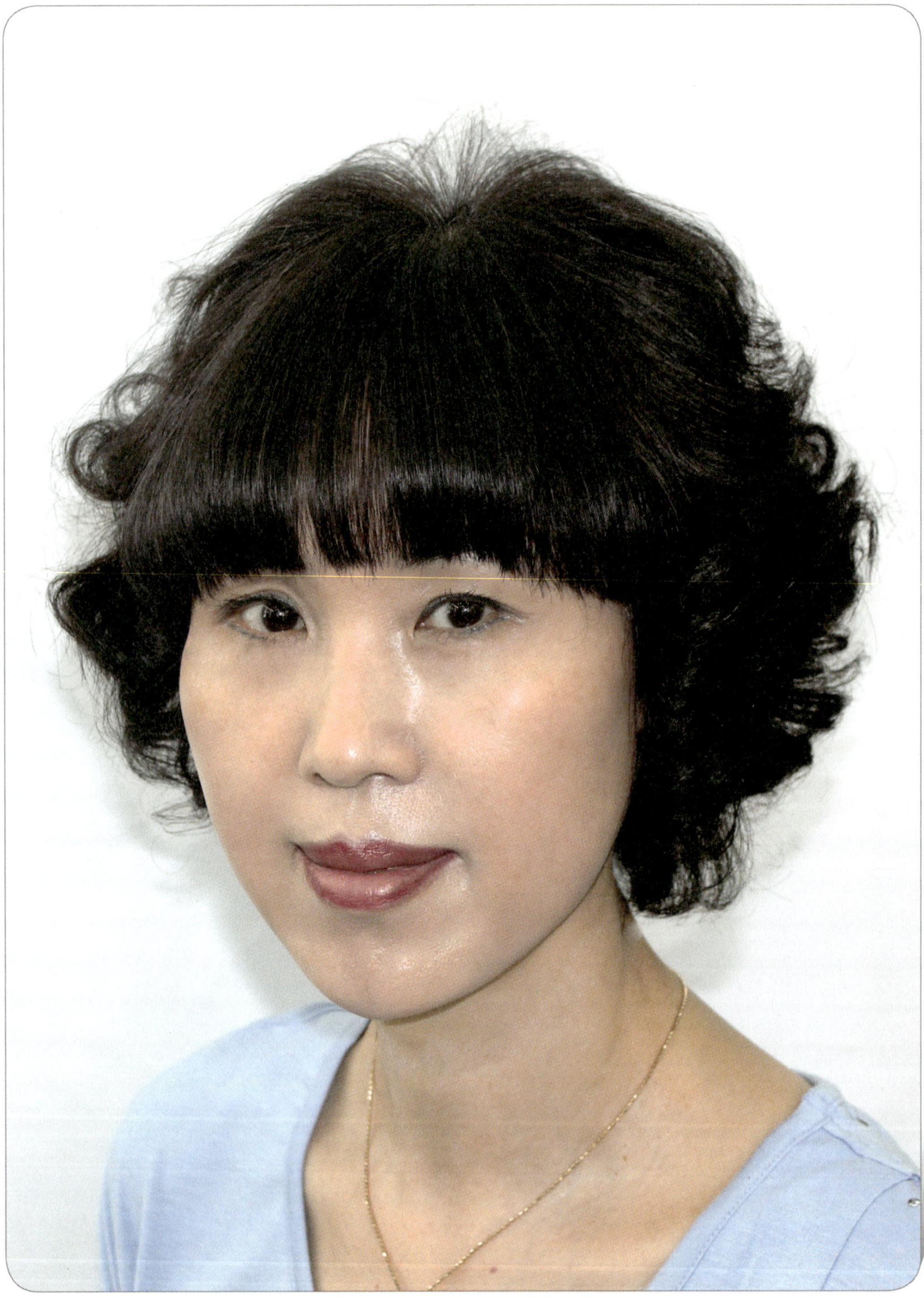

Short Style

드라이를 이용한 세련된 웨이브 스타일

롤을 이용한 세련된 웨이브 헤어스타일이다.

섹션 도해도

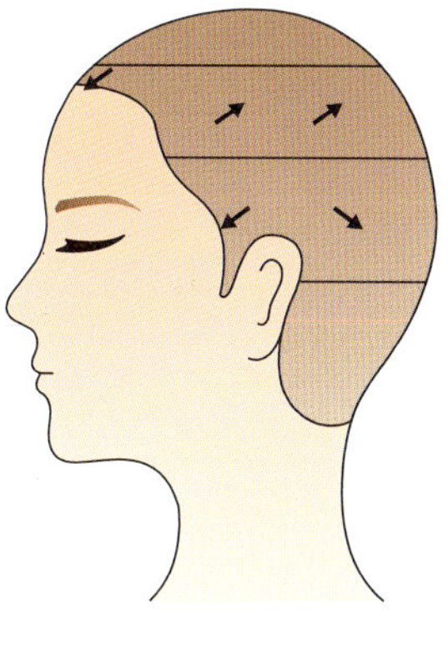

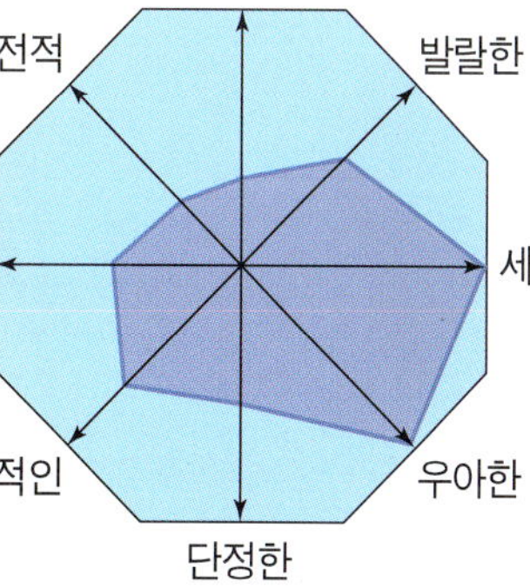

Preview

네이프 부분은 안 말음하고 백 포인트는 사선으로 웨이브를 연출하며 톱으로 올라갈수록 아웃 컬을 만든다. 센터를 중심으로 포워드 방향으로 웨이브를 만들어 연출한다.

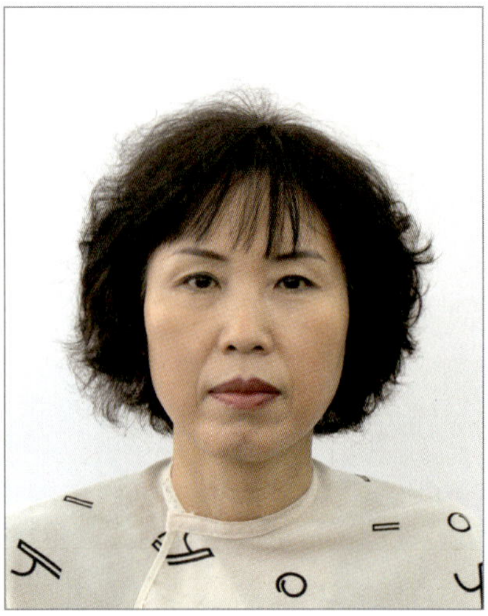

Before

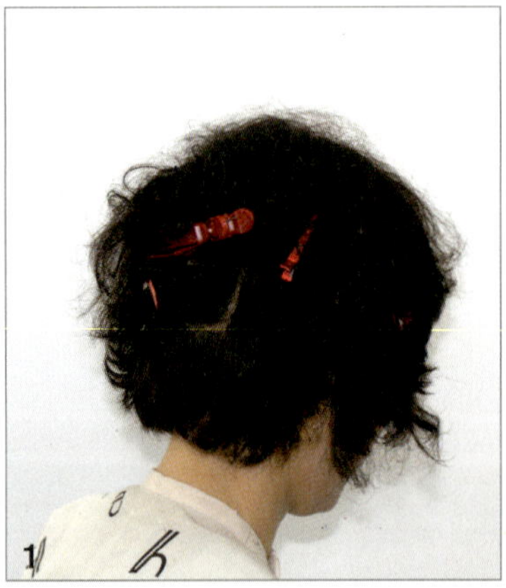

1

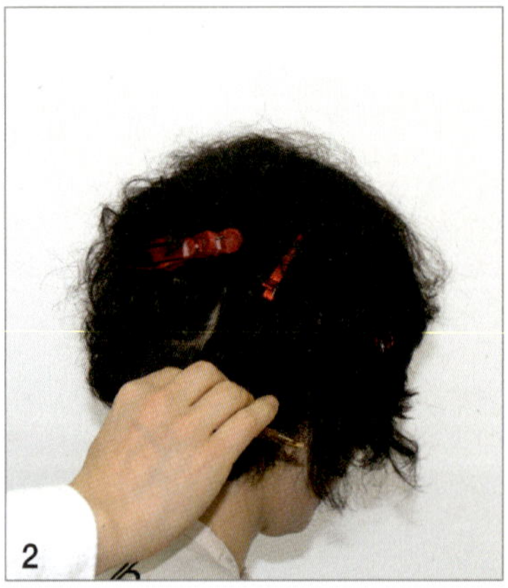

2

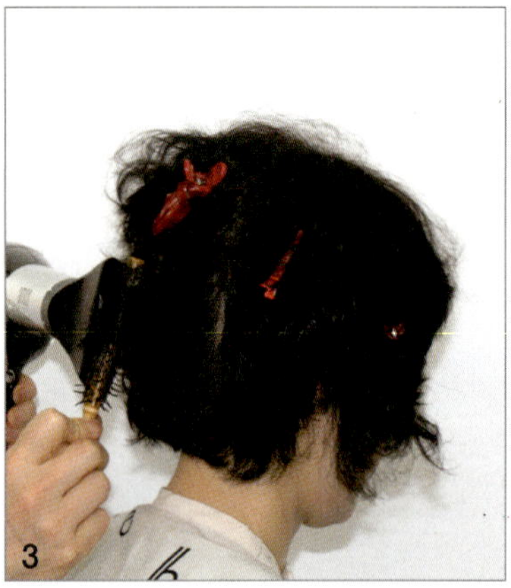

3

1~2 블로킹을 나누고 아랫단부터 열과 롤을 이용하여 안으로 말아준다.

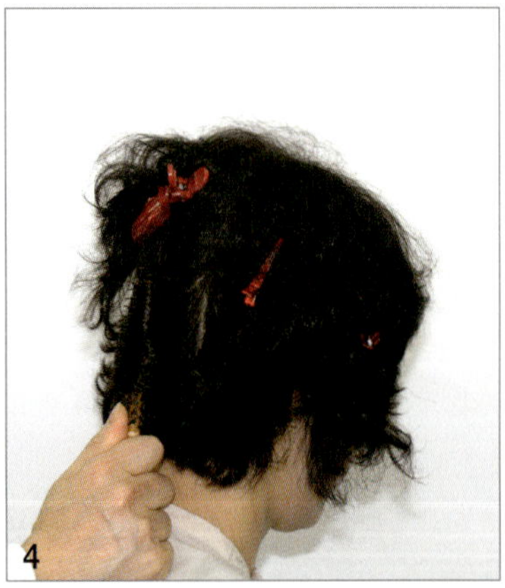

4

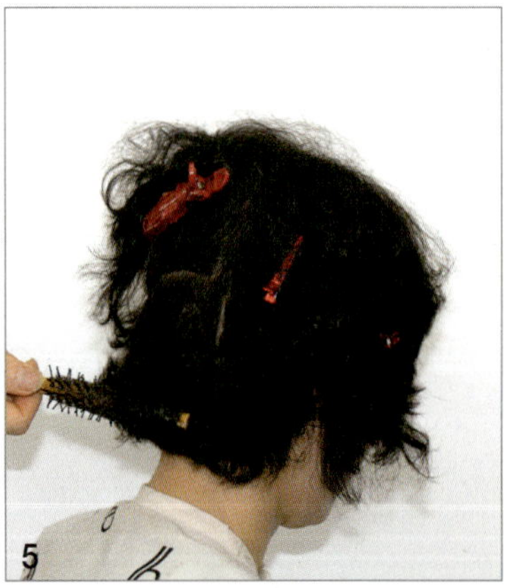

5

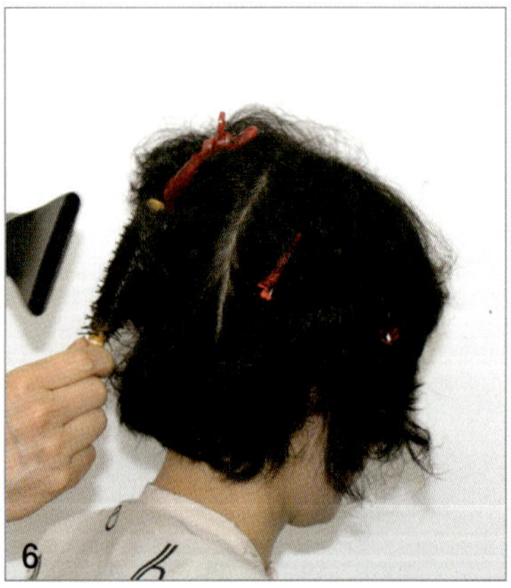

6

3~5 롤을 수직에 가깝게 잡고 오른쪽으로 롤을 움직여 컬을 만든다.

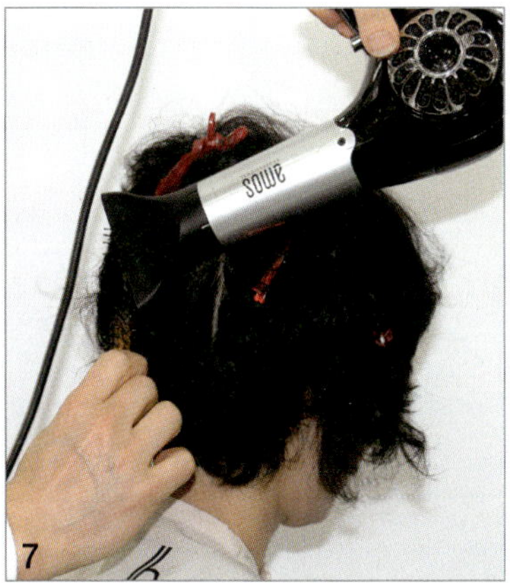

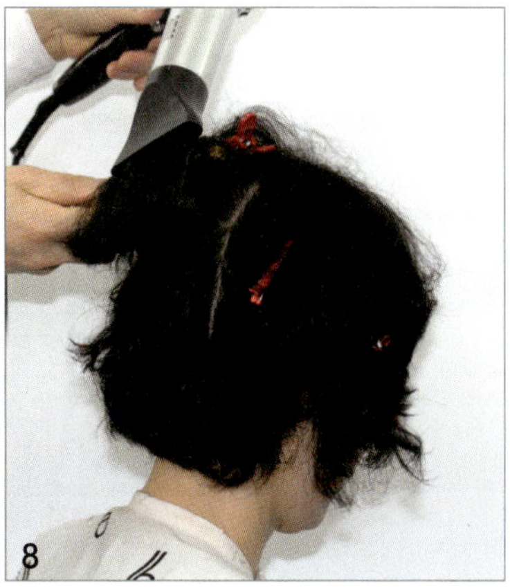

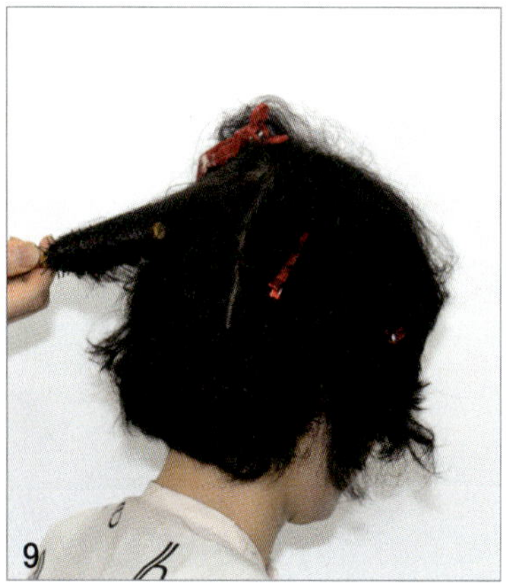

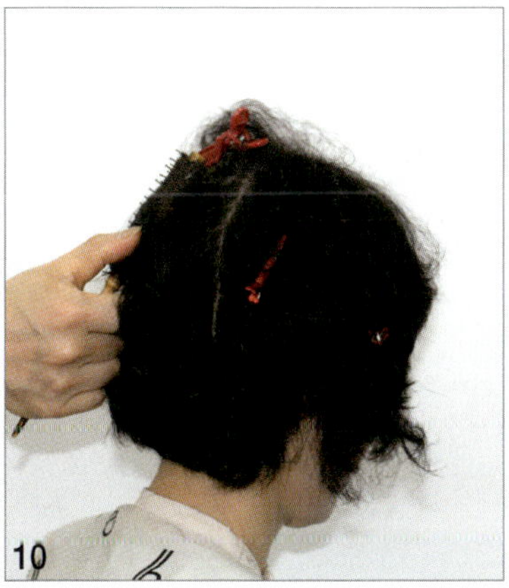

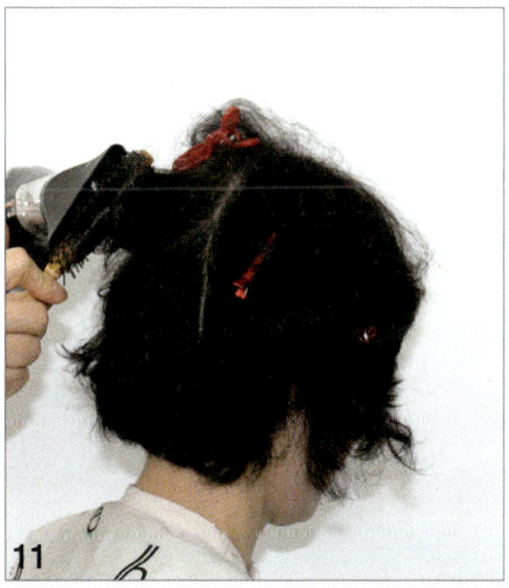

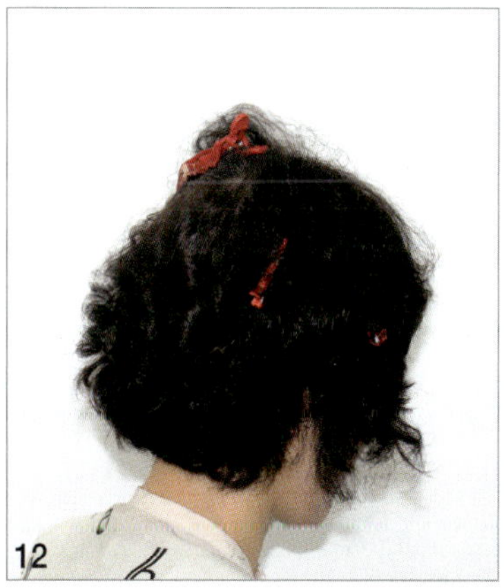

6~12 사선으로 모발을 롤에 감고 앞·뒤로 열을 주어 컬을 만든다.

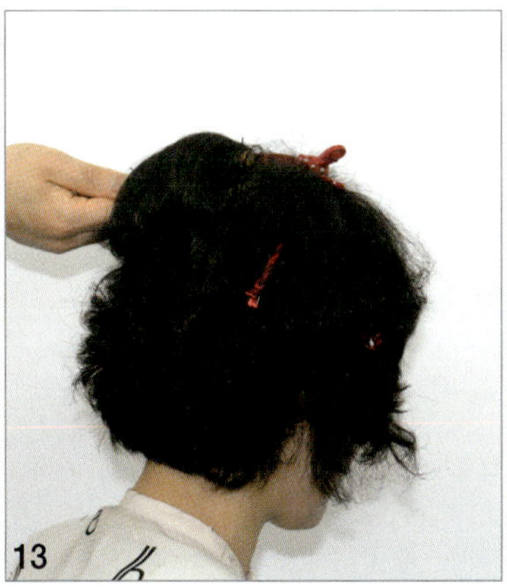

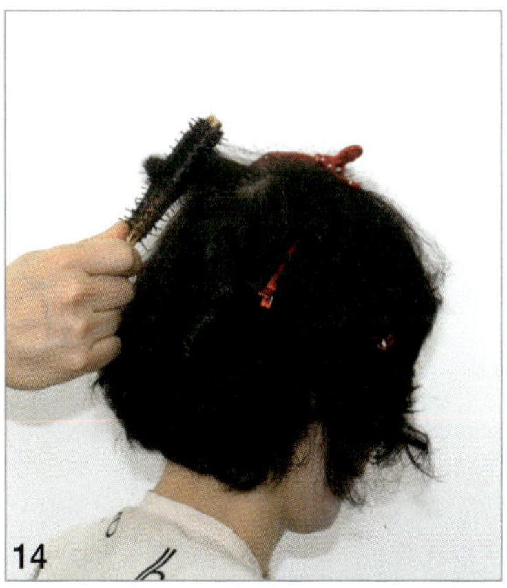

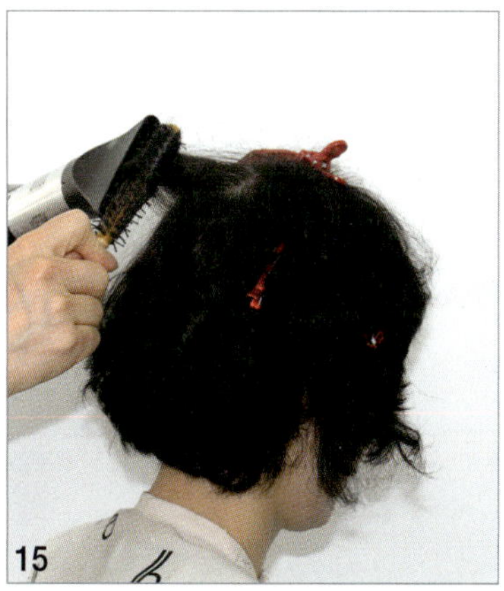

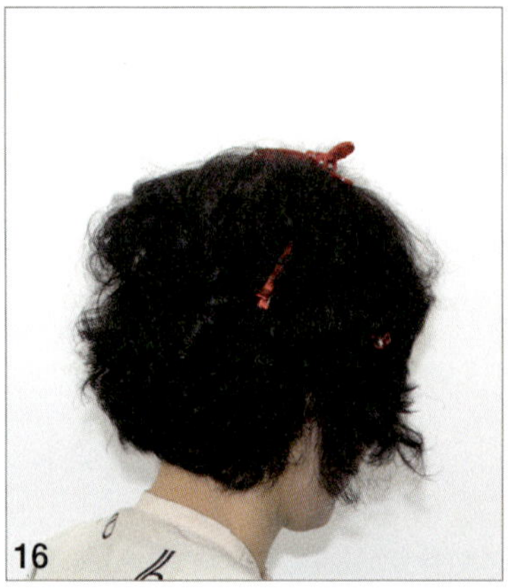
16
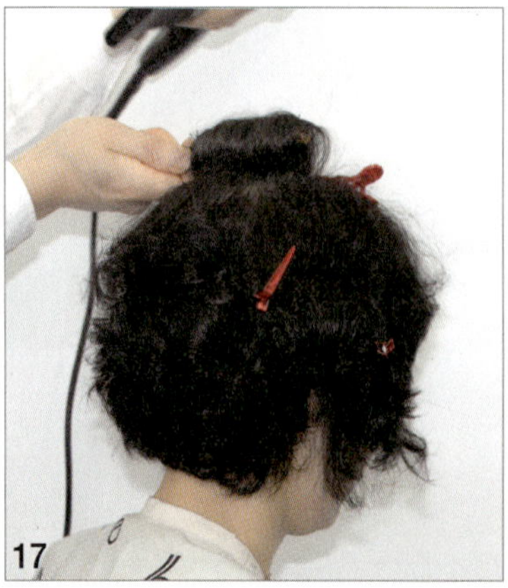
17
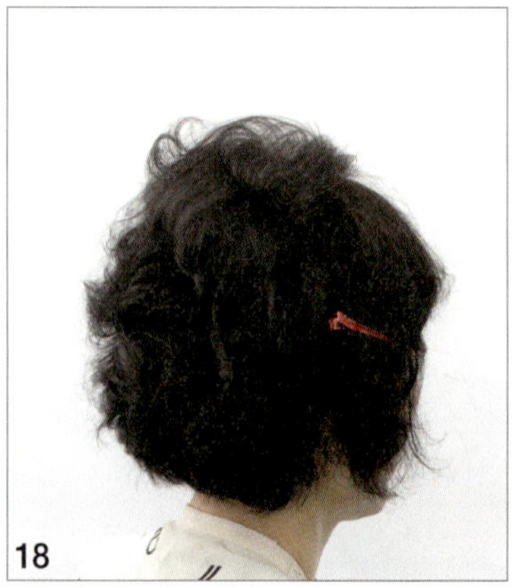
18

13~16 컬을 탄력 있게 만든다.

17~18 톱 볼륨을 살리면서 컬을 만든다.

19
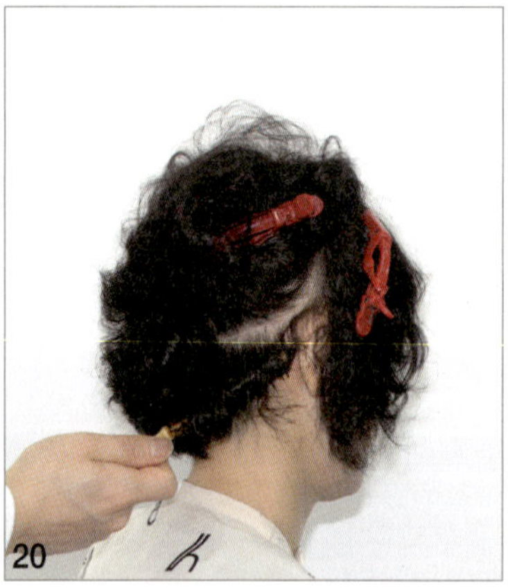
20
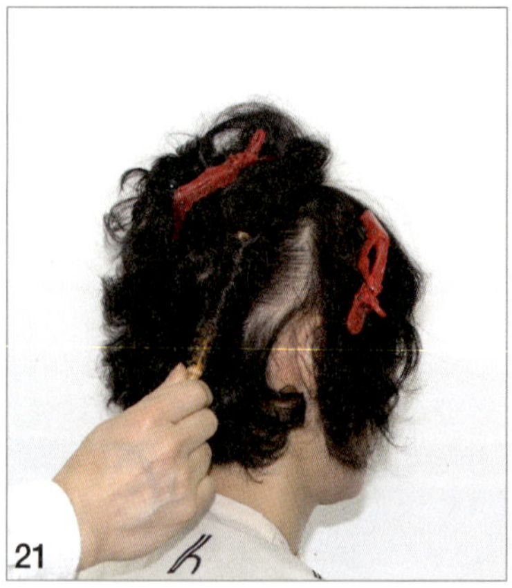
21

19~20 후두부 사이드는 후대각 섹션으로 롤을 수직에 가깝게 잡고 열을 준 다음 얼굴 포워드 방향으로 컬을 만든다.

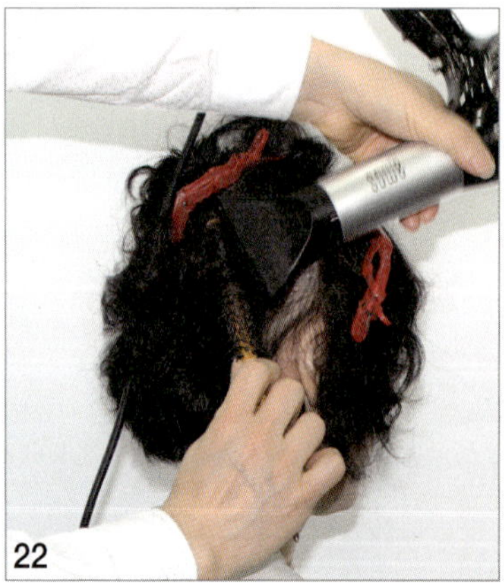
22
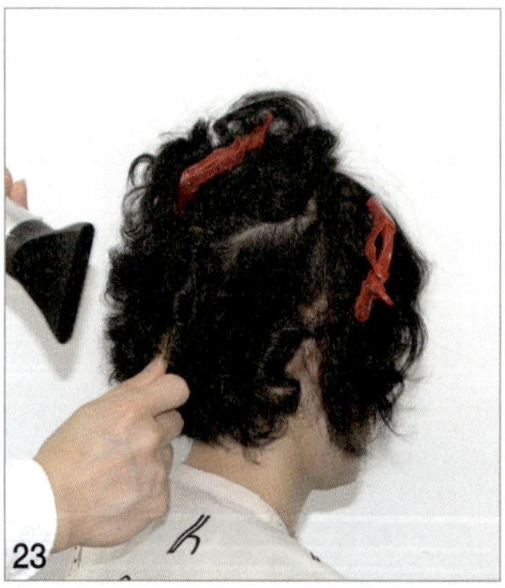
23
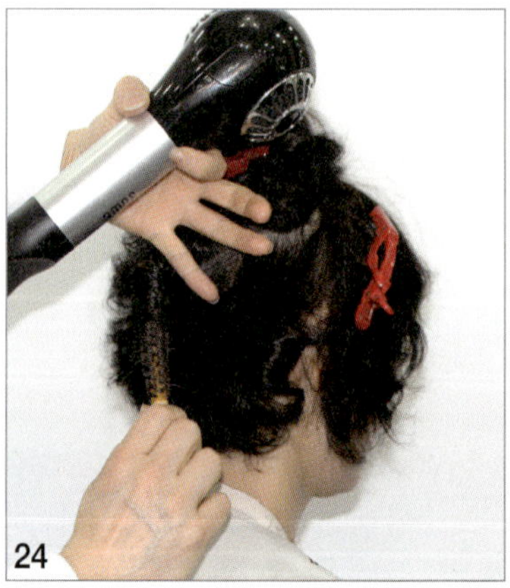
24

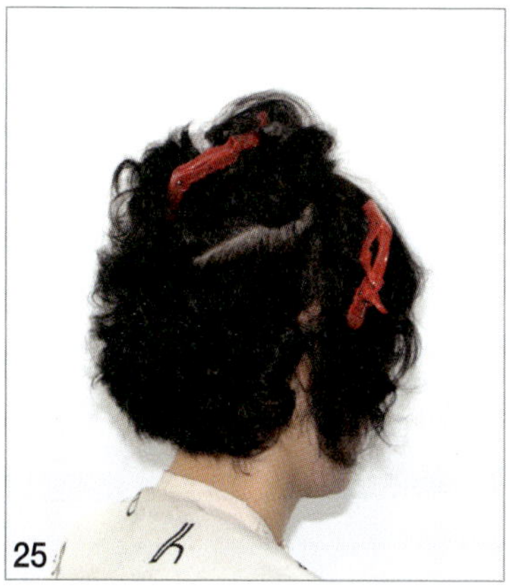
25

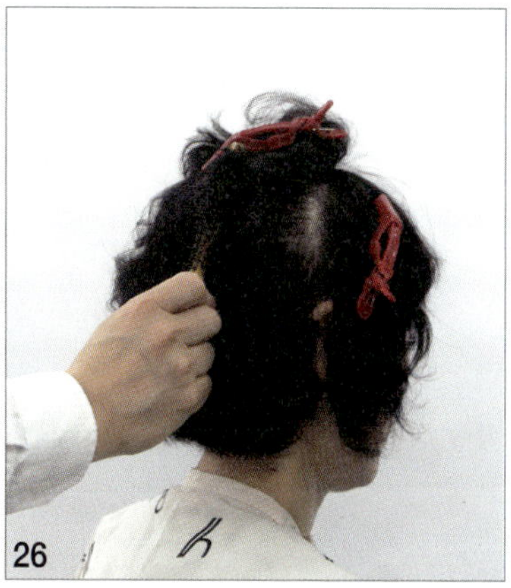
26

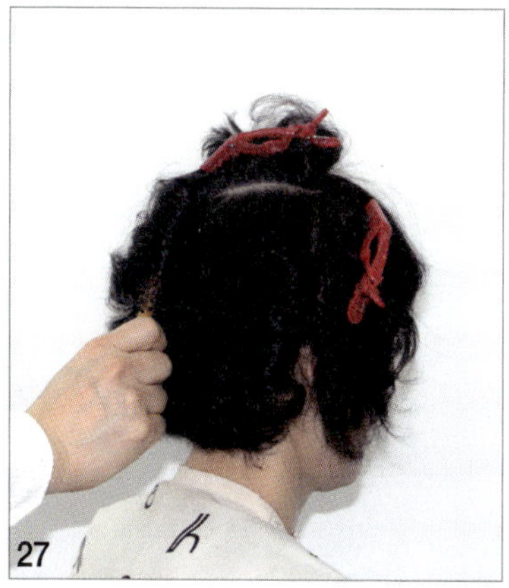
27

21~25 후대각 섹션으로 포워드 방향으로 컬을 만든다.

28

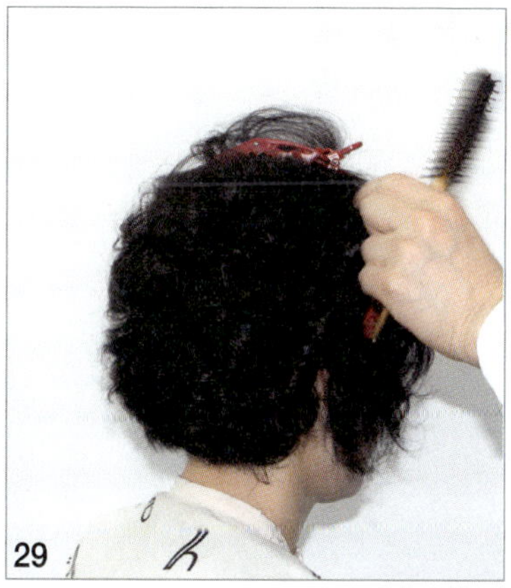
29

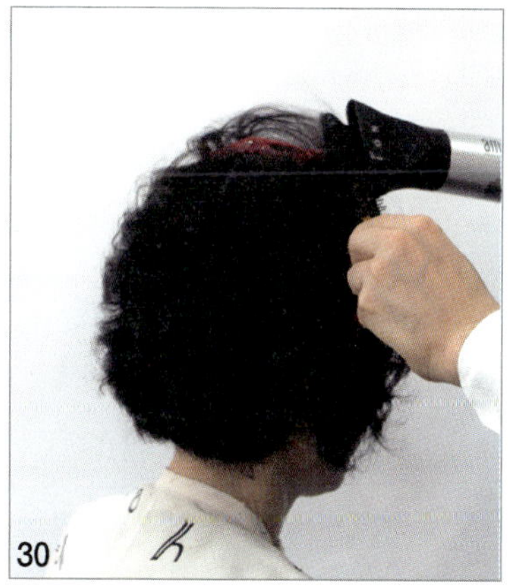
30

26~28 후대각으로 동일하게 시술한다.

29~30 전대각 섹션으로 리버스 방향으로 컬을 만든다.

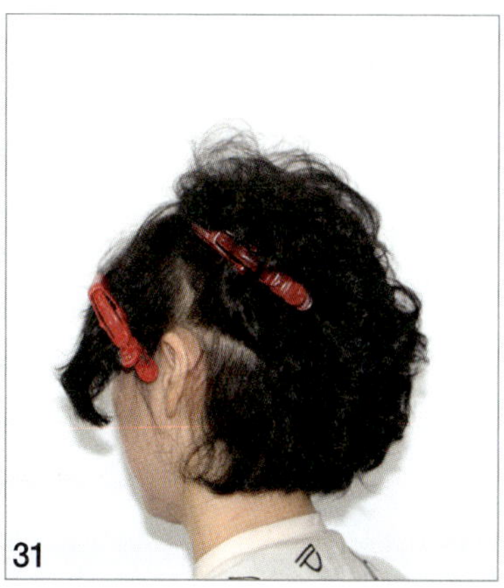
31

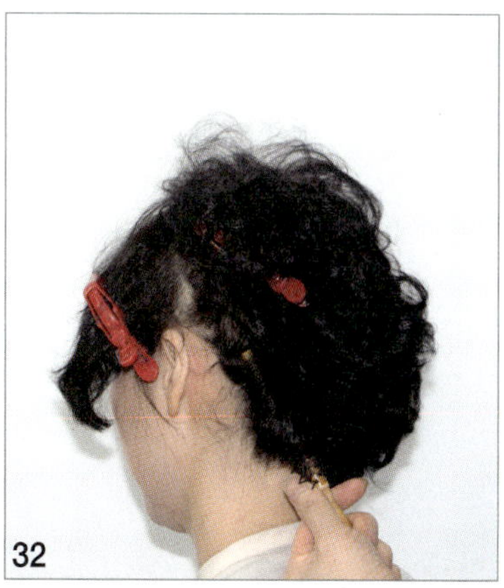
32

33

31~33 왼쪽 후대각으로 포워드 방향으로 컬을 만든다.

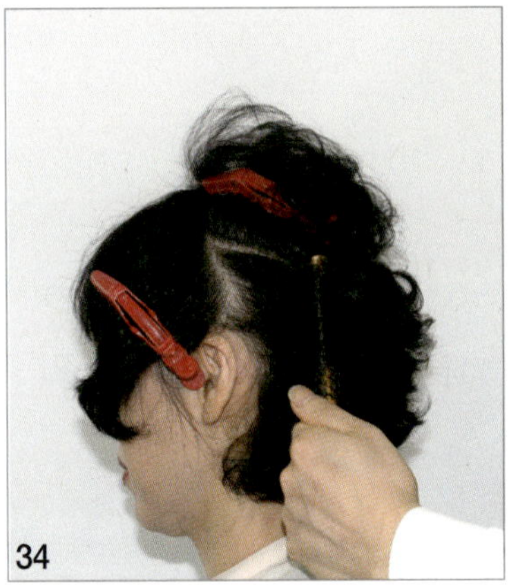
34

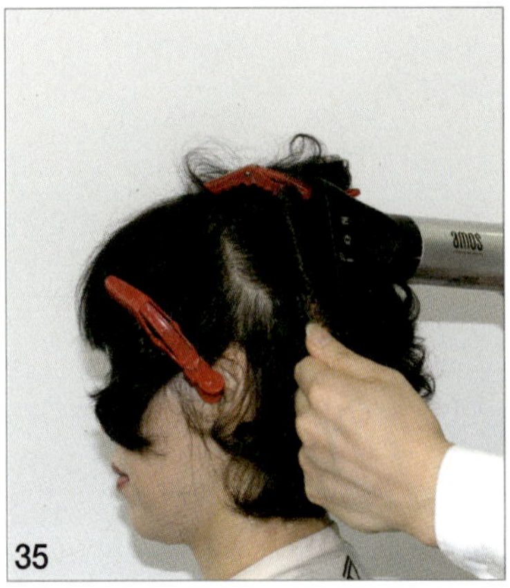
35

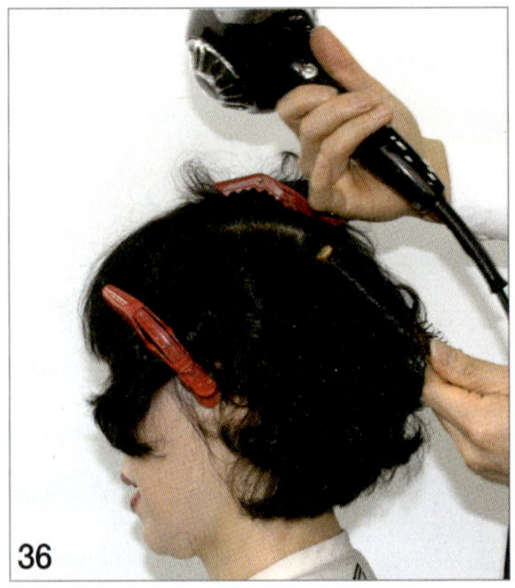
36

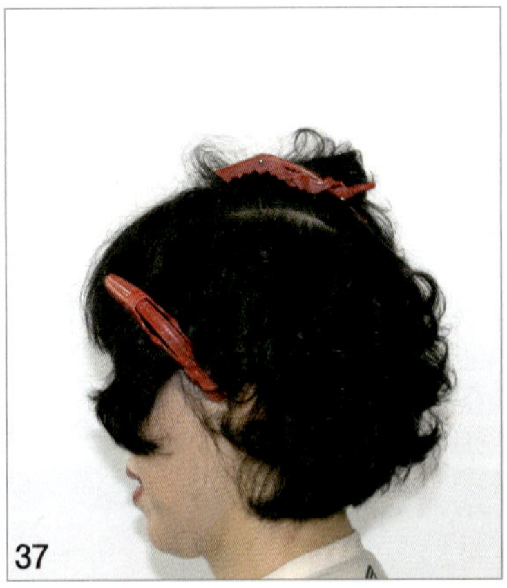
37

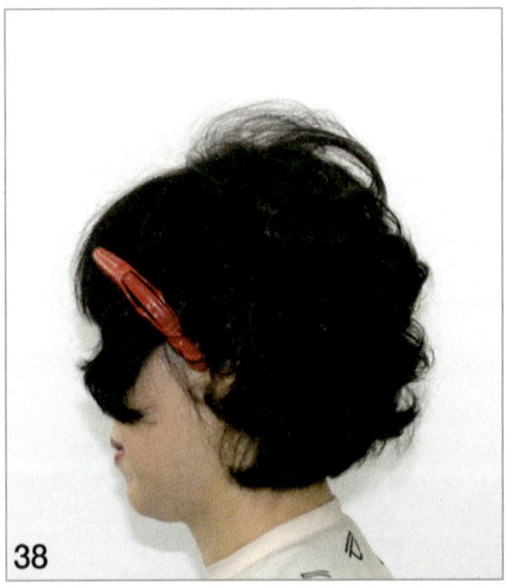
38

39

34~37 포워드 방향으로 동일하게 시술한다.

38 리버스 방향으로 웨이브를 연출한다.

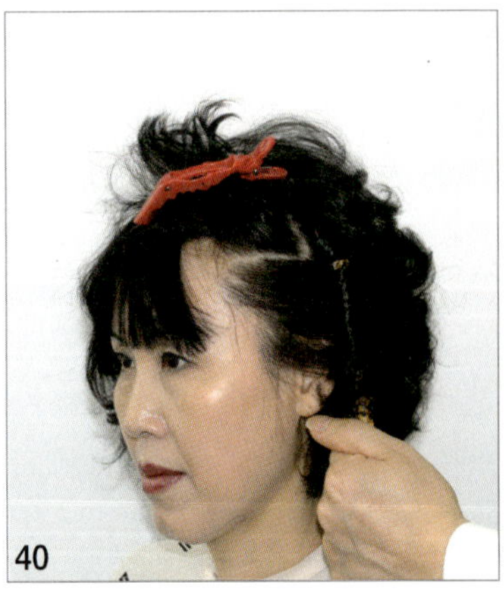
40

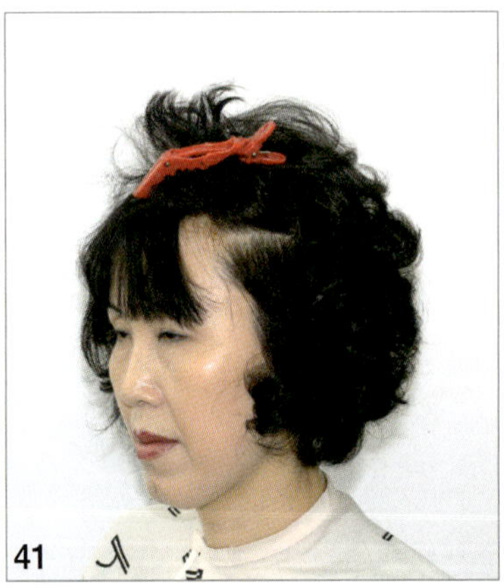
41

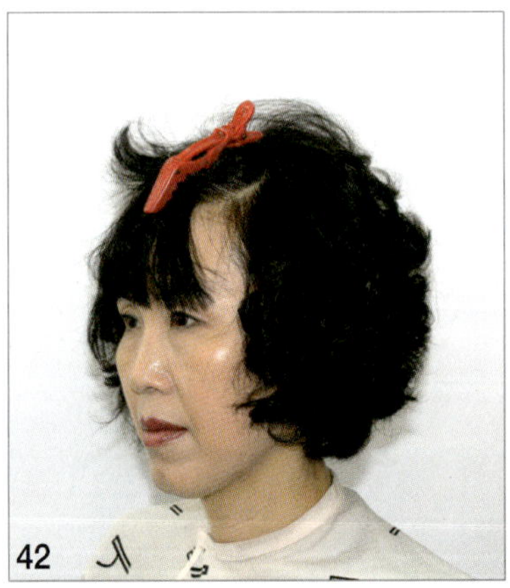
42

39~42 포워드 방향으로 웨이브를 연출한다.

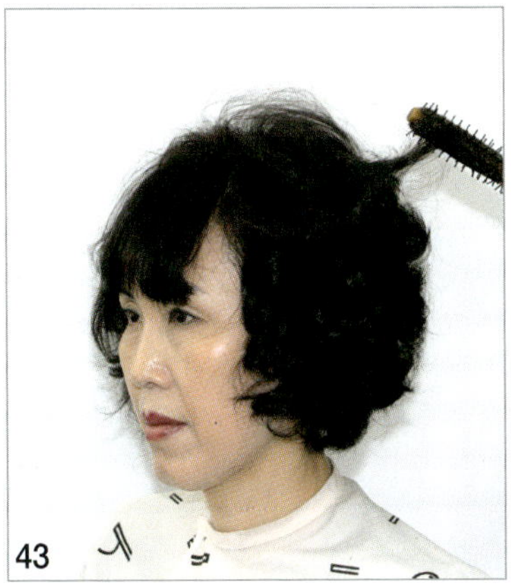

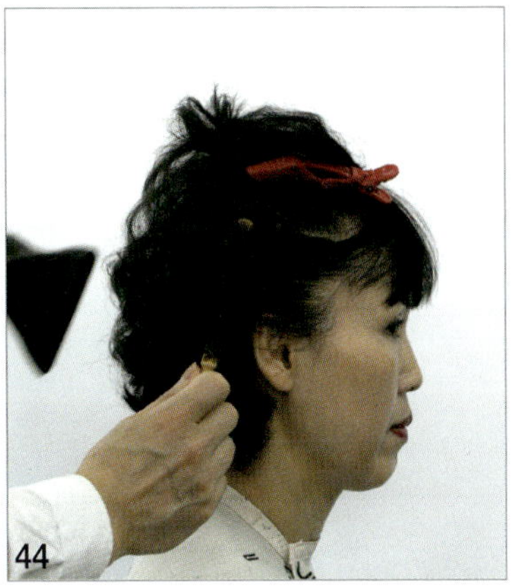

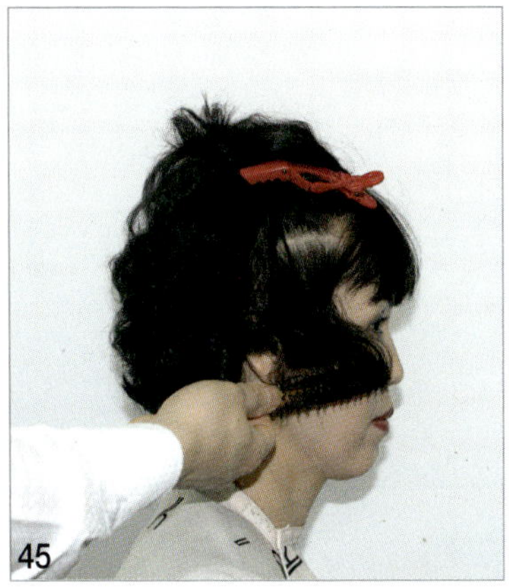

43 리버스 방향으로 웨이브를 연출한다.

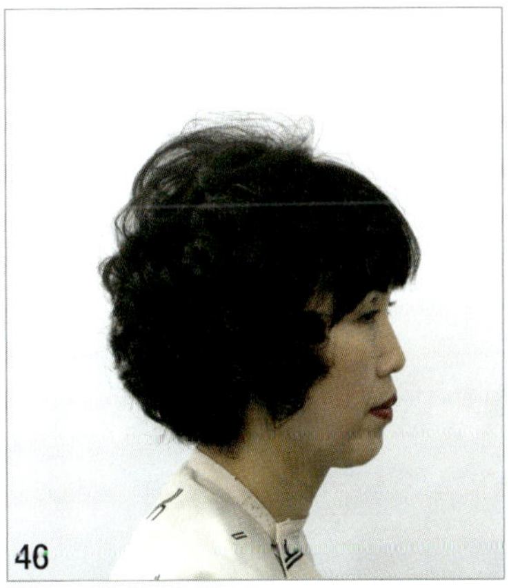

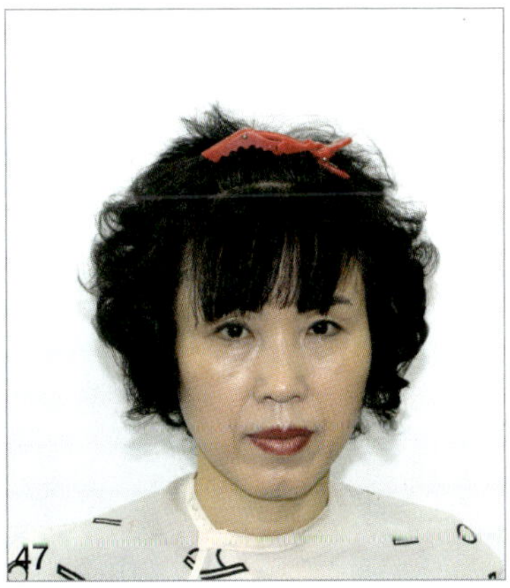

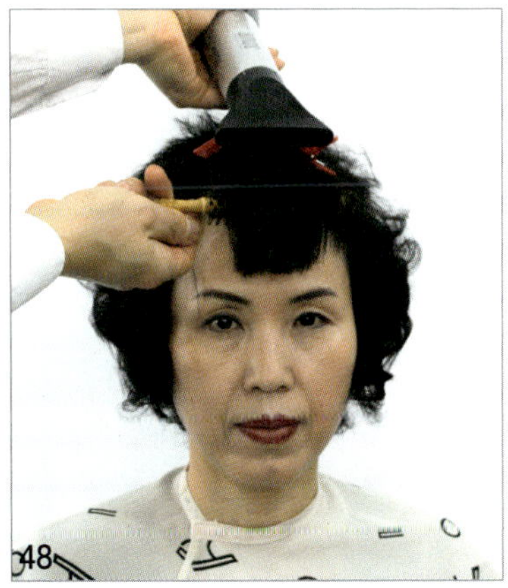

44~46 포워드 방향으로 동일 시술한다. **47~48** 앞머리는 안으로 말아 볼륨감을 살린다.

Finish view

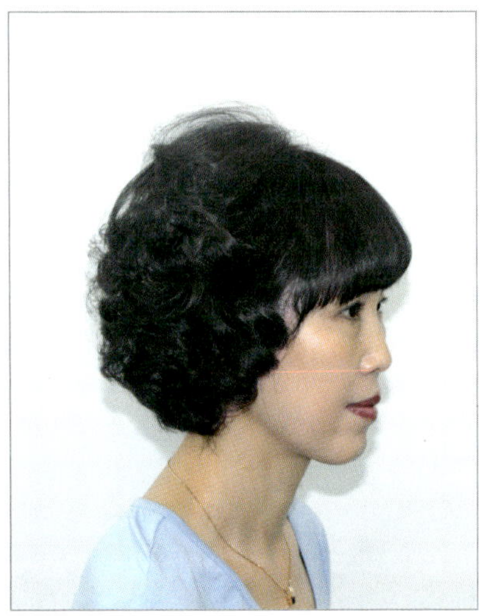

응용 커브 웨이브 미디엄 스타일

단발헤어로 활동적이면서 지적인 이미지를 느낄 수 있는 헤어스타일이다.

Medium Style

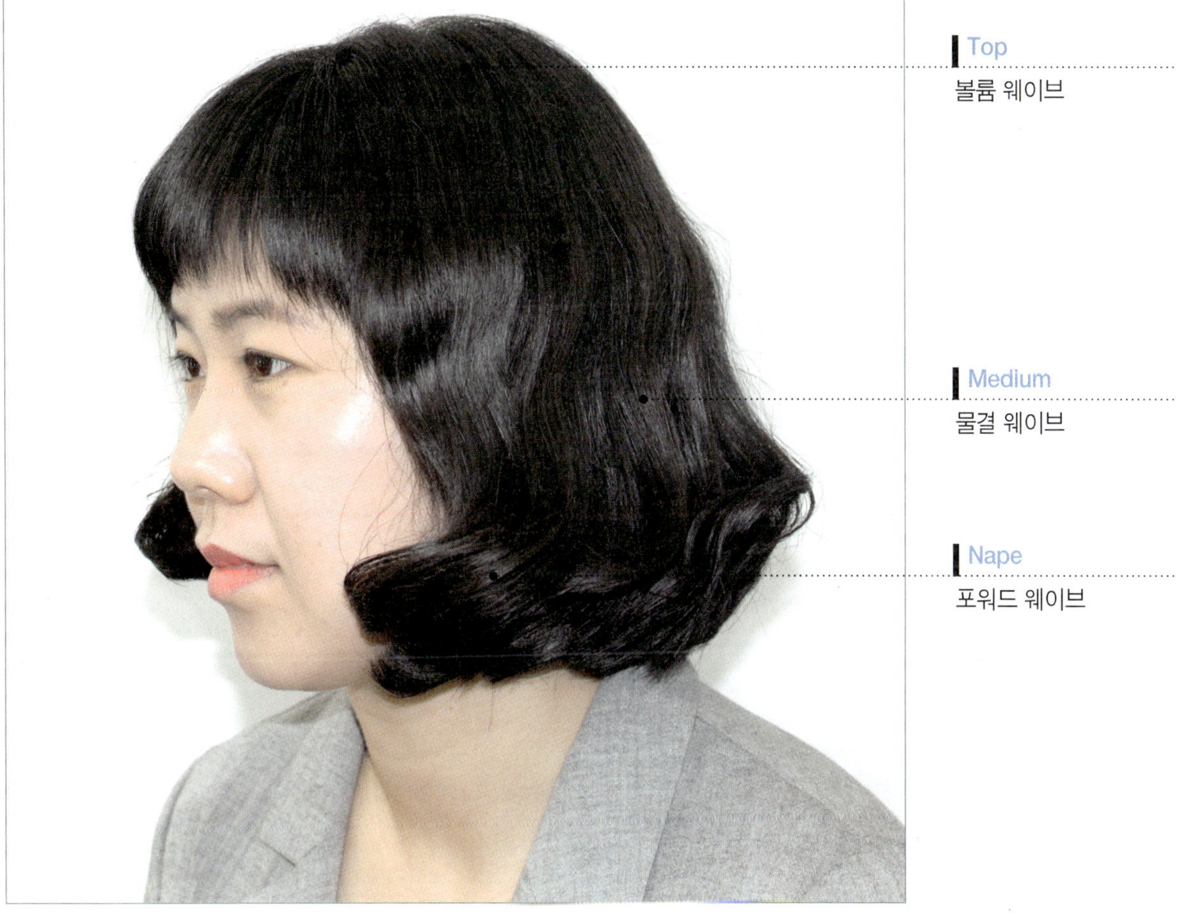

원형 아이론을 이용한 활동적인 웨이브 스타일

활동적이면서 지적인 헤어스타일이다. 중간 부분은 물결 느낌으로, 모발 끝부분은 포워드 방향으로 연출하여 더욱더 활동적인 헤어스타일이다.

섹션 도해도

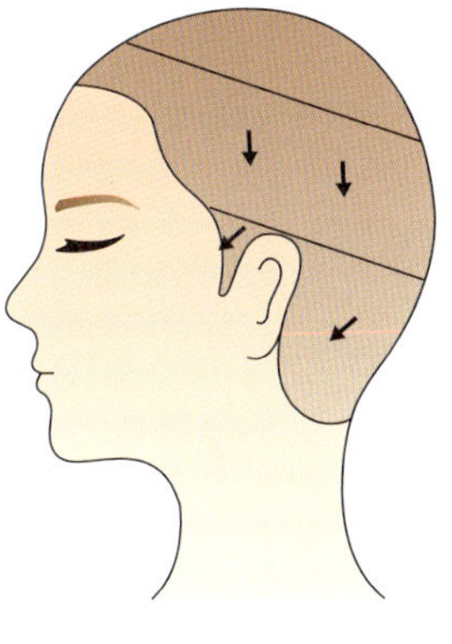

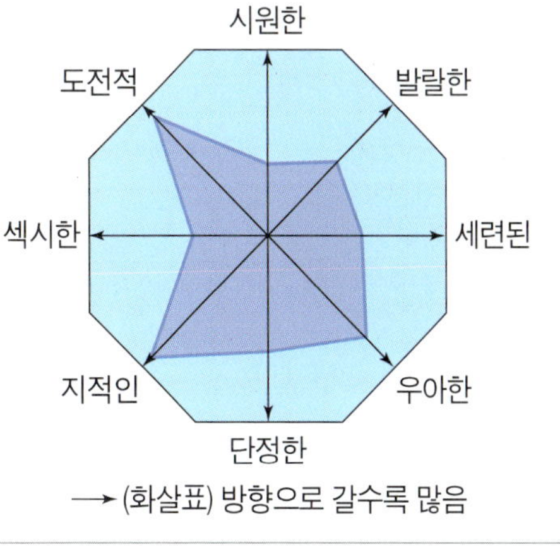

Preview

모발 중간부터는 물결 느낌으로 볼록, 오목하게 연출하였고 모발 끝으로 갈수록 얼굴 방향으로 감싸듯이 아이론으로 웨이브를 연출한다.

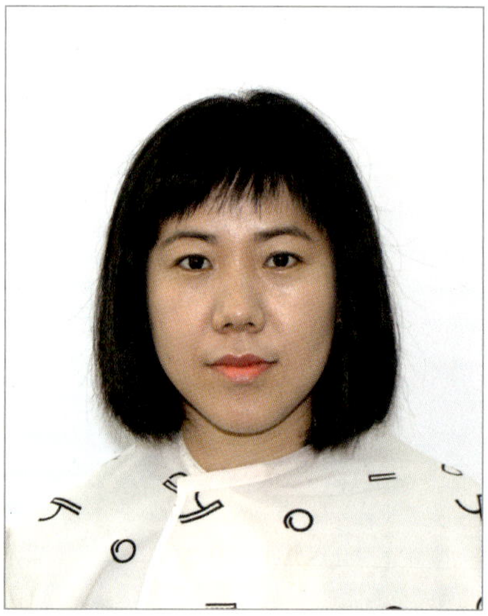

Before

1

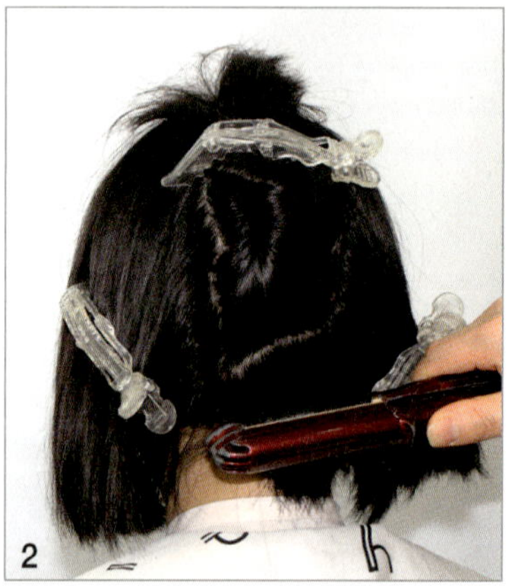

2

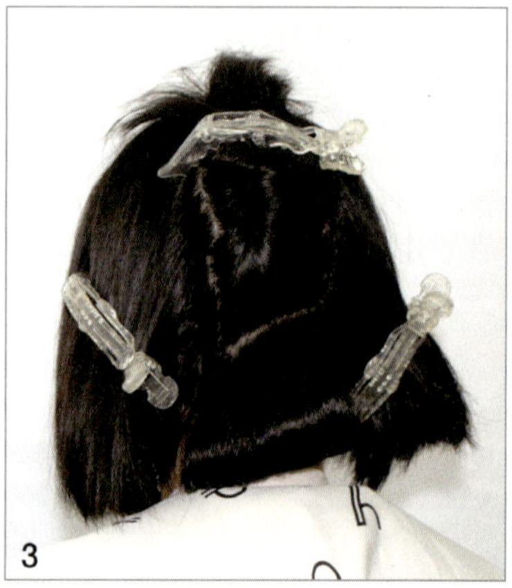

3

1~3 센터 중심부터 시술한다. 수평 섹션으로 안 말음한다.

4

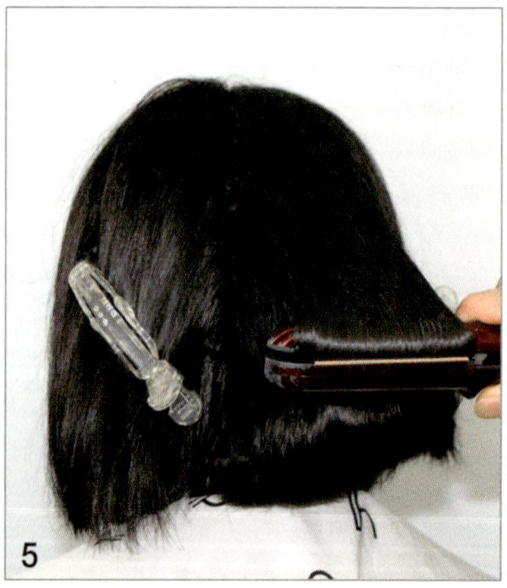

5

6

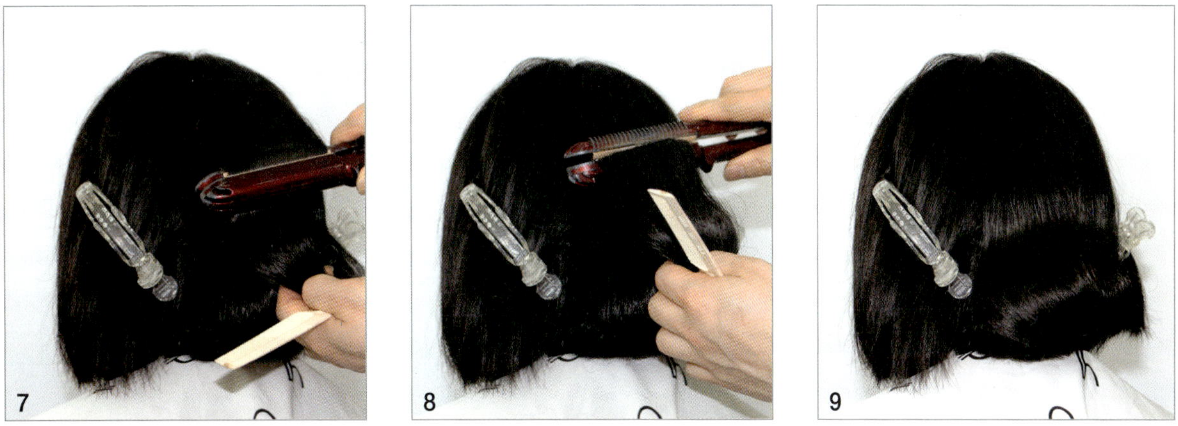

4~9 먼저 모발 끝부분은 C컬을 만들고 아이론으로 반대 방향으로 오목하게 만든 후 다시 볼록하게 하여 상단은 물결 느낌처럼, 모발 끝은 C컬을 만든다.

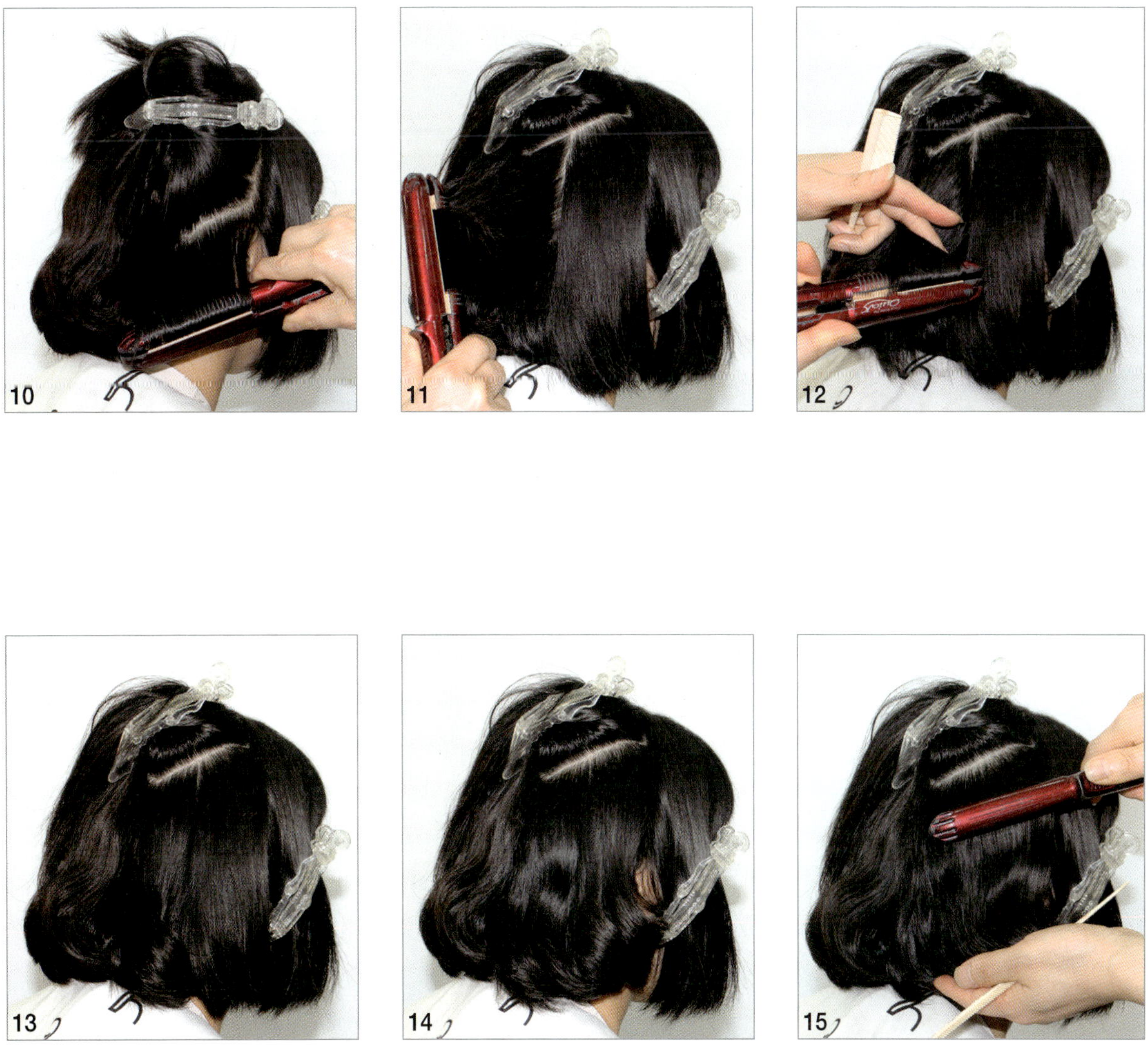

10~15 후대각 섹션으로 포워드 방향으로 컬을 만들고 두피 가까이는 볼록 오목하게 물결 느낌으로 표현하며 모발 끝 쪽은 얼굴 방향으로 웨이브를 응용하여 연출한다.

16~18 후대각 섹션으로 동일하게 진행한다.

19~21 후두부 좌측 부분도 후대각 섹션으로 포워드 방향으로 컬을 만든다.

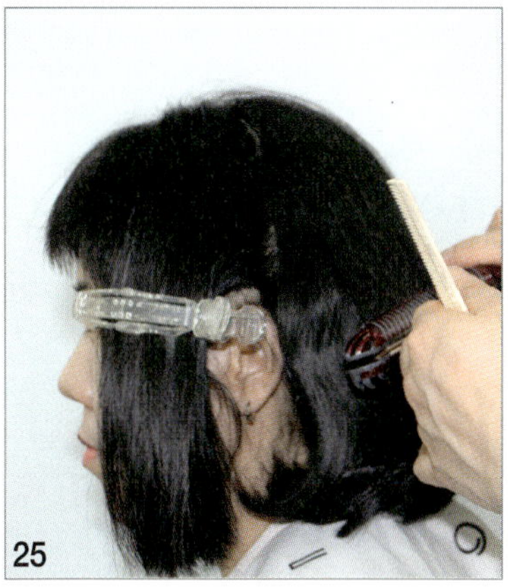

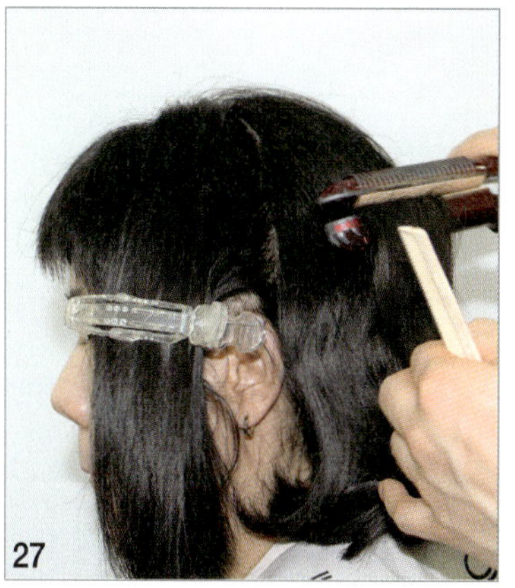

22~27 후대각 섹션으로 포워드 방향으로 모발 끝부분을 만들고 모근 가까이는 볼록, 오목하게 연출하여 동일하게 시술한다.

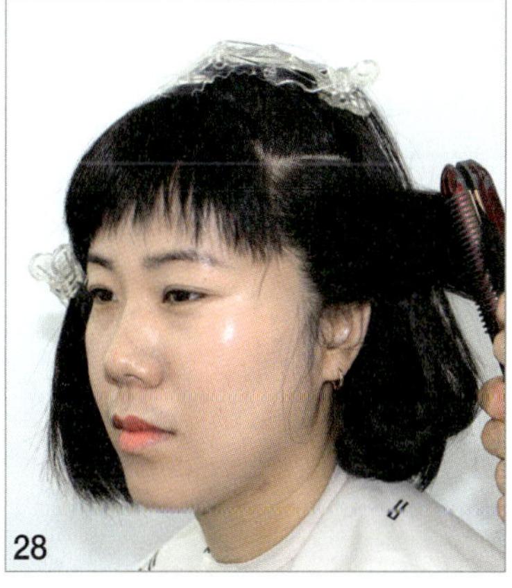

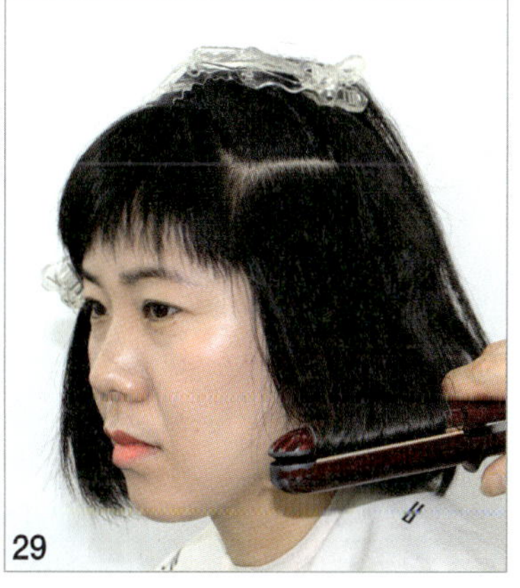

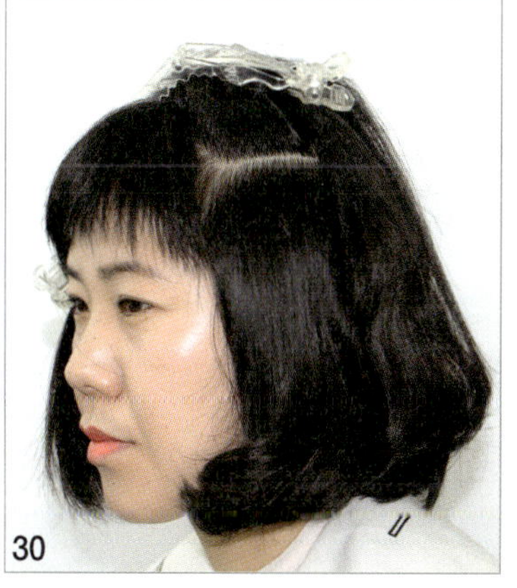

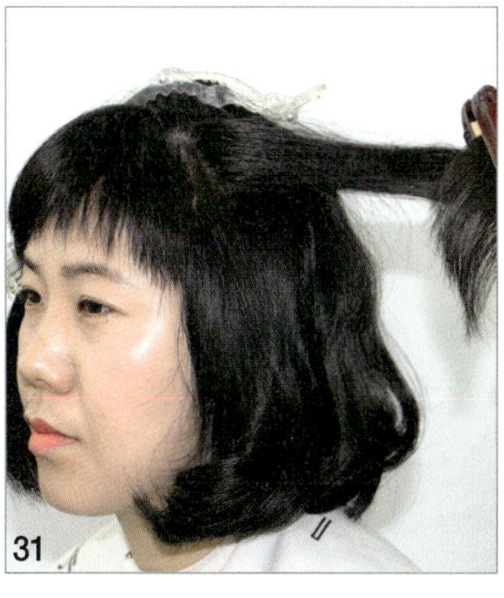

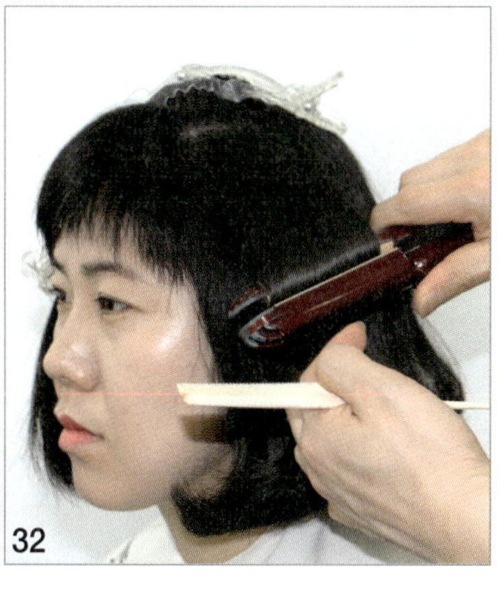

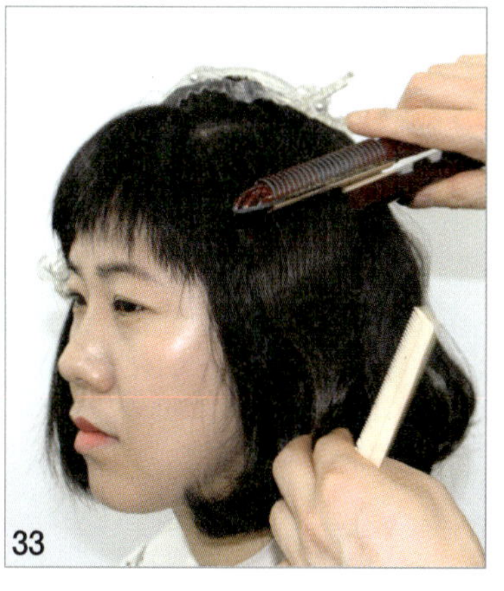

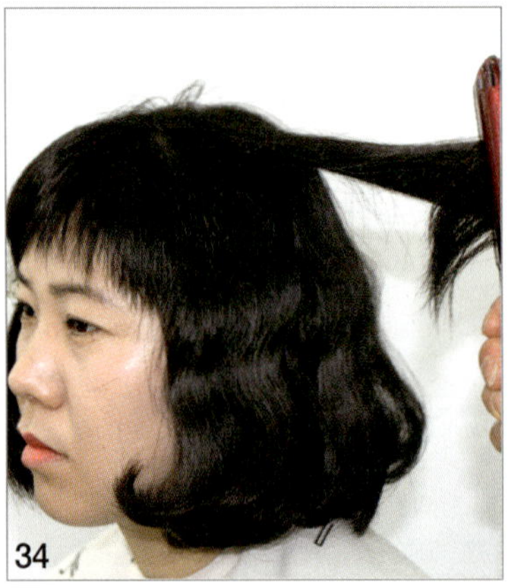
34

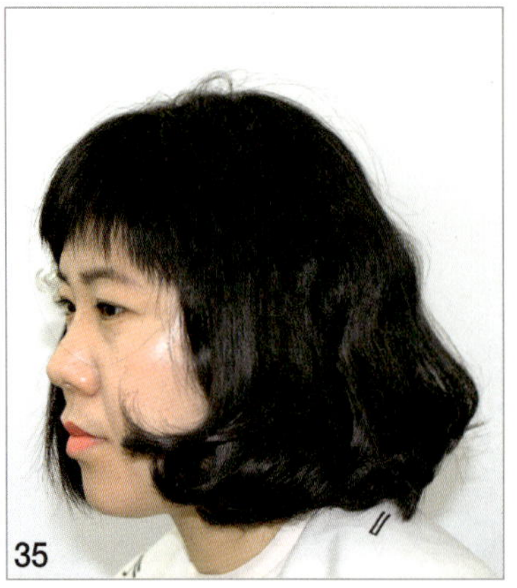
35

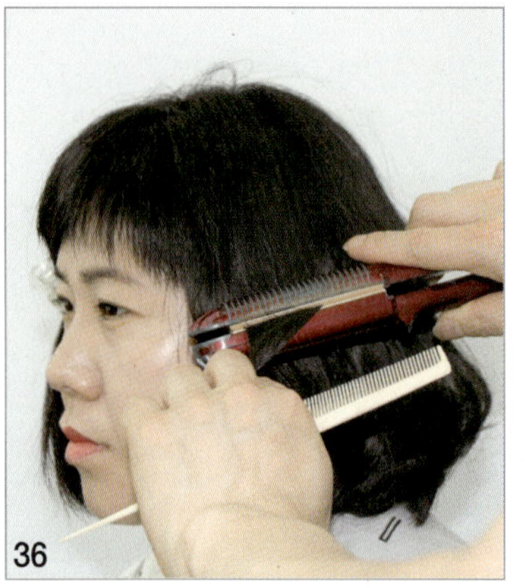
36

37

38

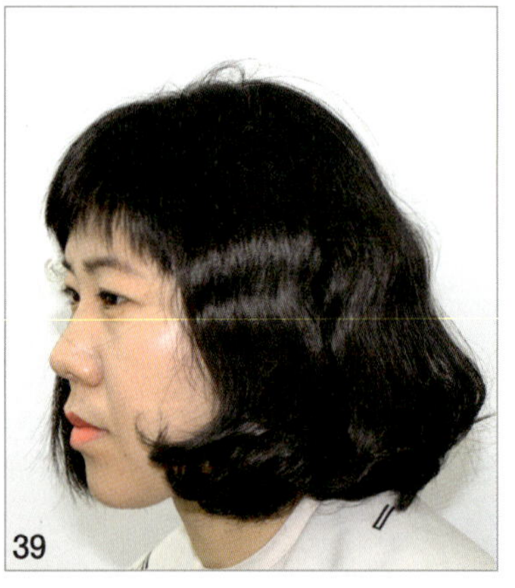
39

28~39 왼쪽 사이드 후대각 섹션으로 포워드 방향으로 얼굴을 감싸듯이 연출하여 상단 부분은 물결 느낌으로, 하단은 얼굴 방향으로 컬을 연출한다.

40

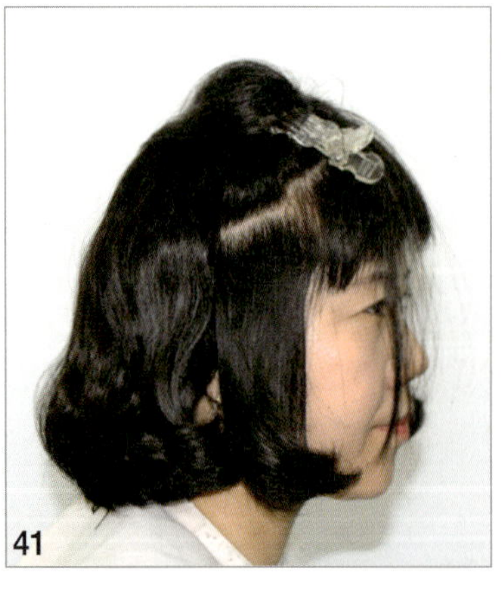
41

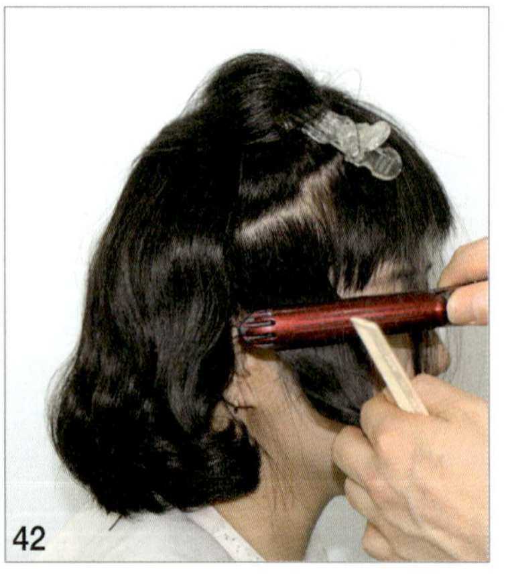
42

43

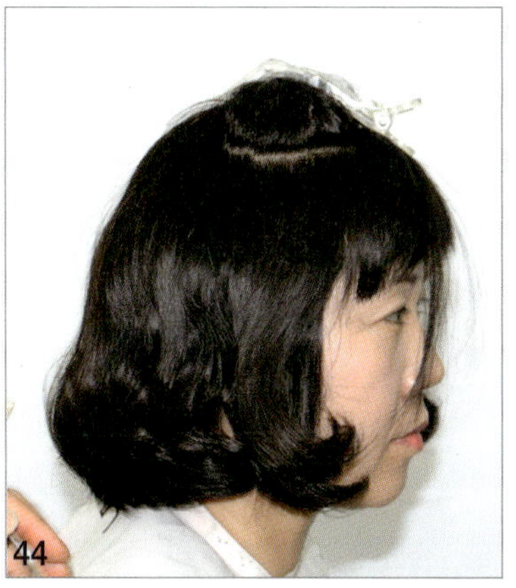
44

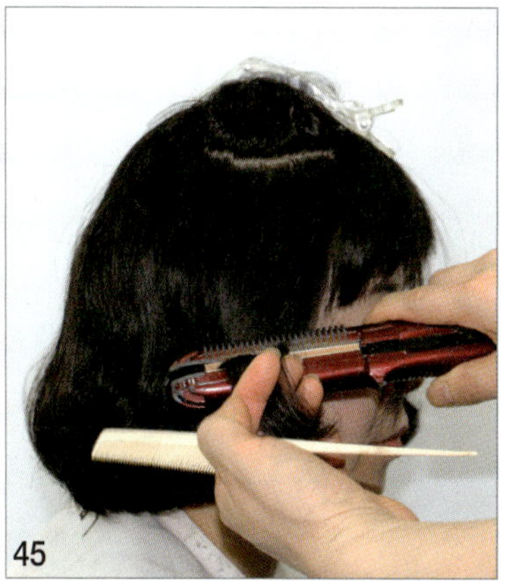
45

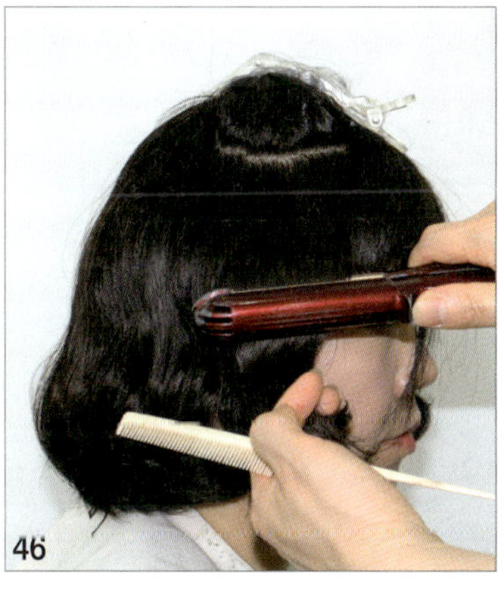
46

47

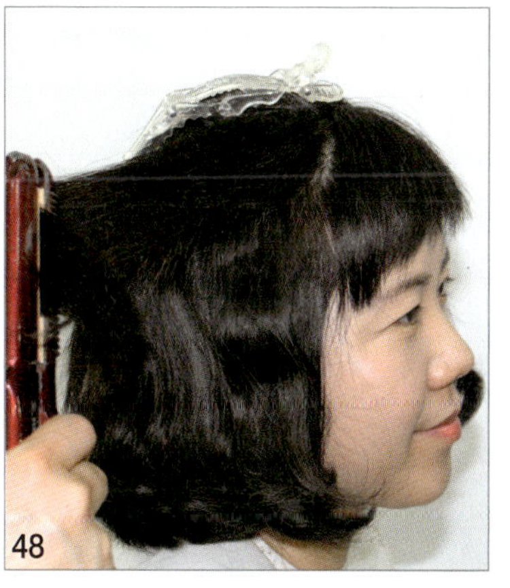
48

49

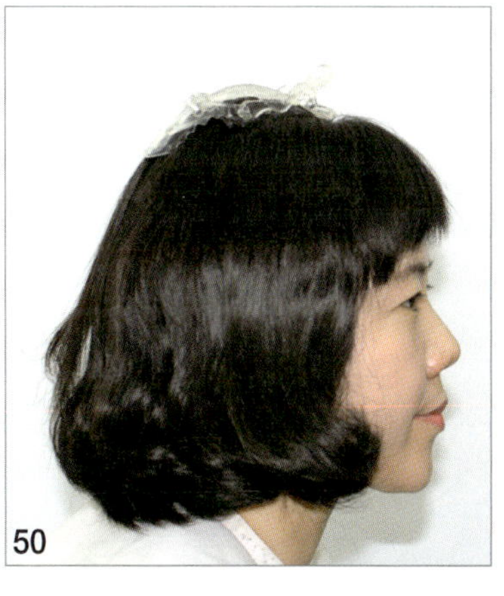
50

51

52

53

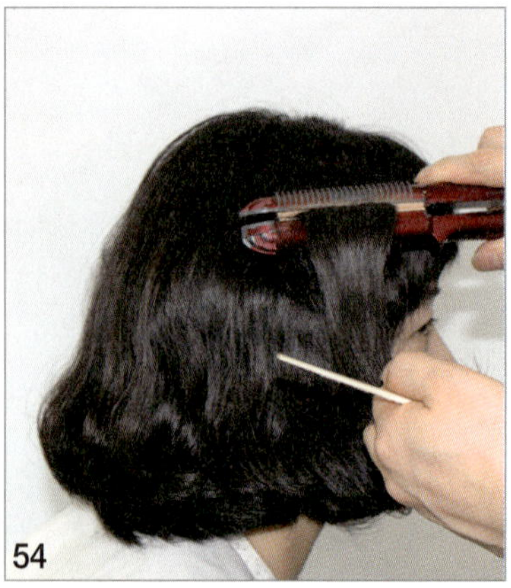
54

40~54 오른쪽 사이드도 왼쪽처럼 동일하게 시술한다.

55

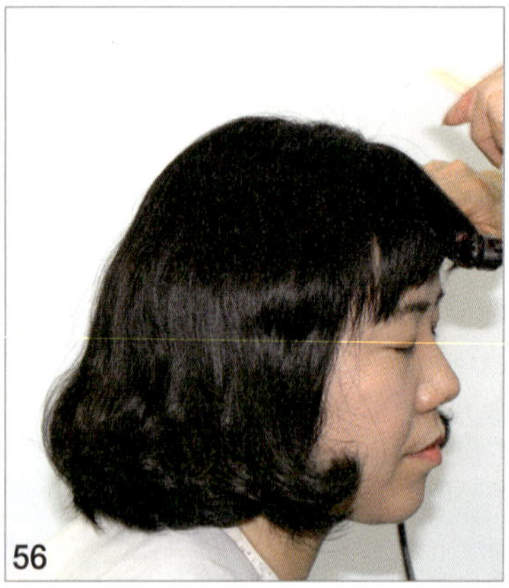
56

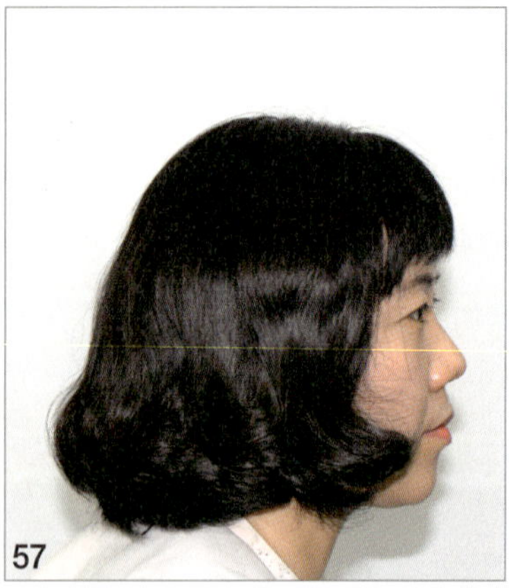
57

55~57 앞머리는 볼륨감을 살리면서 내린다.

Finish view

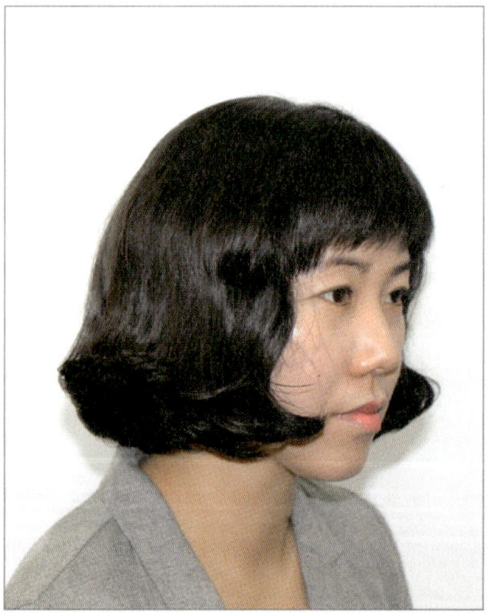

리버스 세팅 웨이브 스타일

발랄하면서 여성스러운 헤어스타일이다.

Long Style

Top
볼륨 웨이브

Front
리버스 방향

Nape
자연스럽게

원형 아이론을 이용한 세팅 컬의 발랄한 스타일

원형 아이론으로 자연스럽고 발랄하며 경쾌한 느낌을 주는 헤어스타일이다.

섹션 도해도

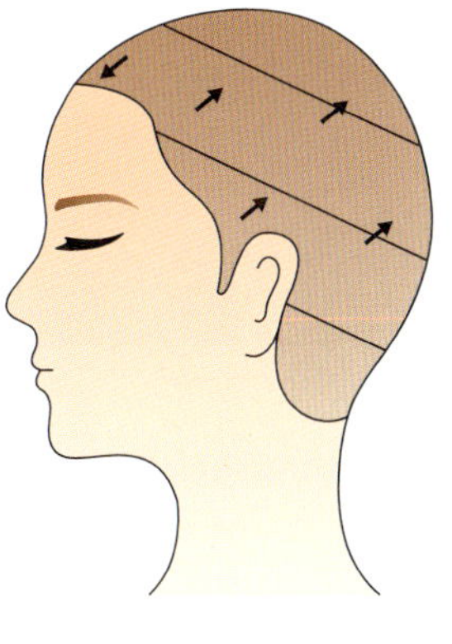

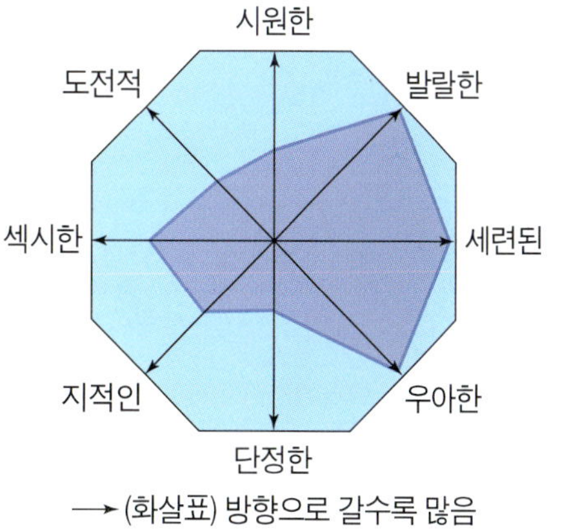

→(화살표) 방향으로 갈수록 많음

Preview

후대각 섹션으로 리버스 방향으로 모발에 열을 주고 충분히 시간을 주면서 자연스럽게 웨이브를 연출한다.

Before

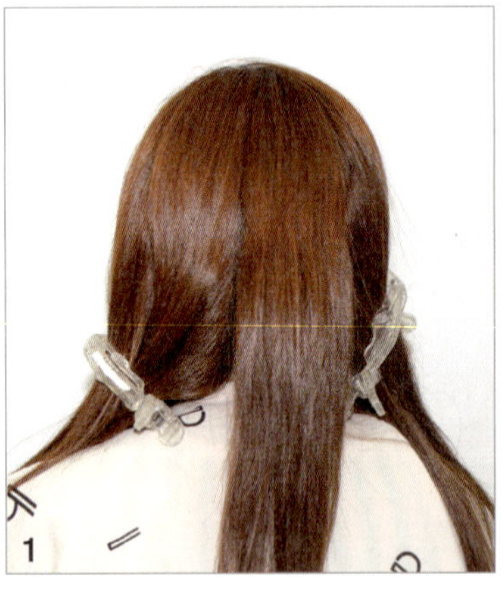

1

2

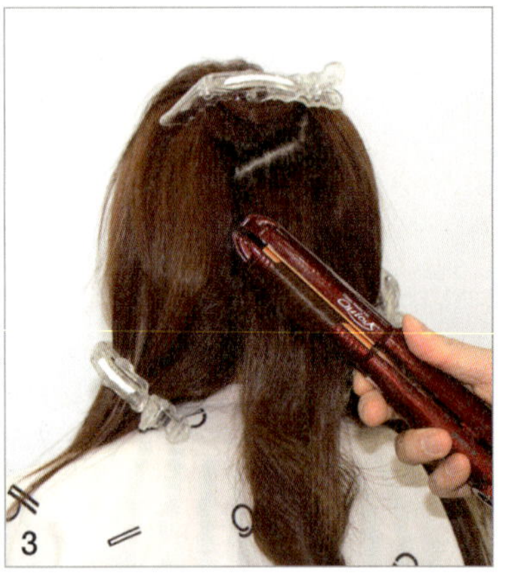

3

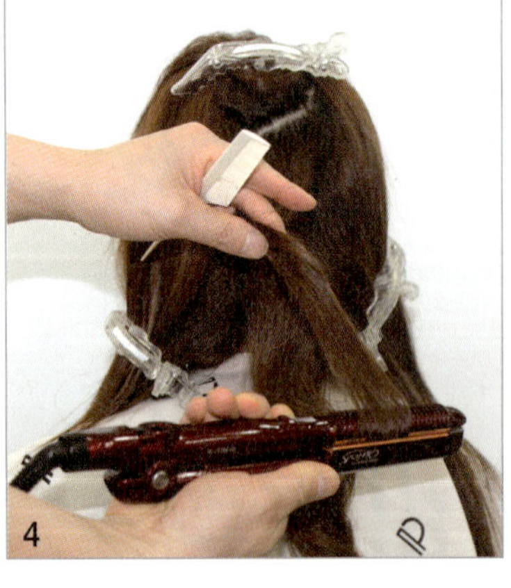

4

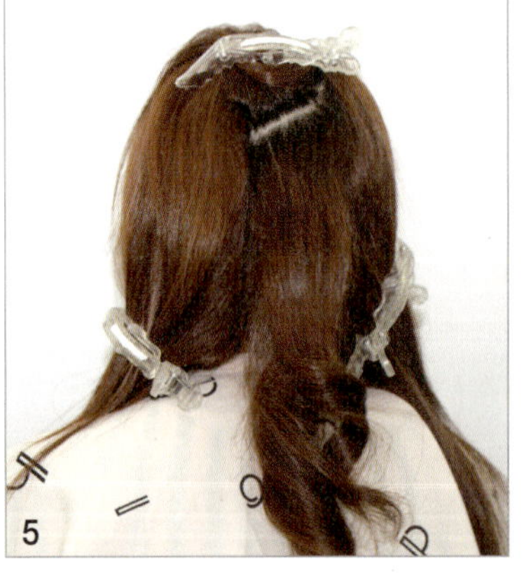

5

6

1~5 시술하기 편하기 위해 브로킹을 나누고 약간 사선으로 섹션을 잡아 원형 아이론으로 웨이브를 만들고자 하는 부분부터 아이론을 감아서 천천히 열을 주며 웨이브를 균일하게 만든다.

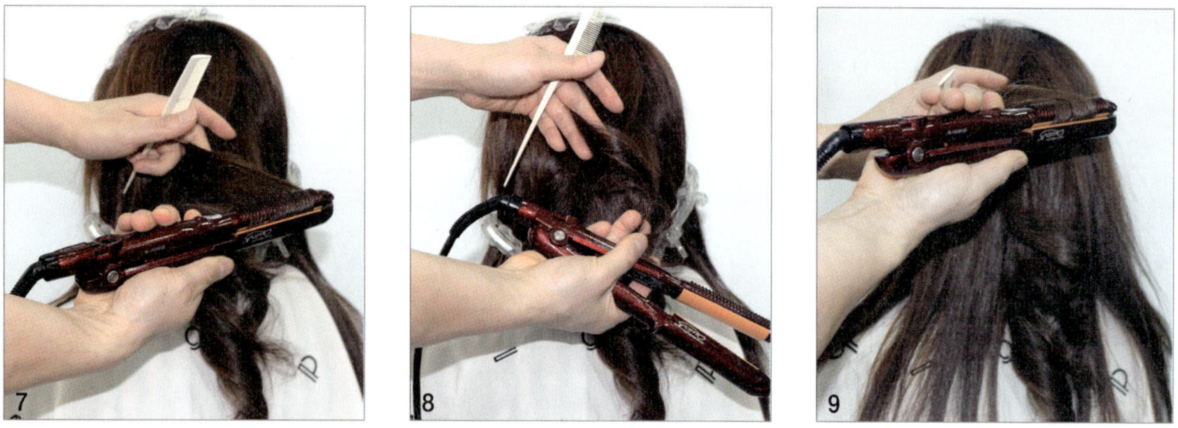

6~9 톱 부분까지 동일하게 웨이브의 위치를 파악하여 시술한다.

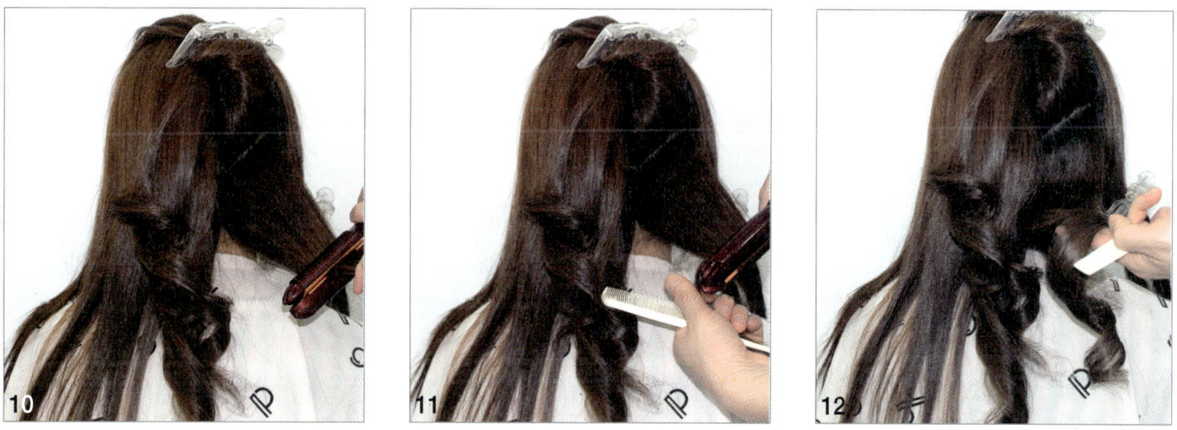

10~12 후대각 섹션을 나누고 리버스 방향으로 손목에 힘을 뺀 후 연출하고자 하는 부분부터 웨이브를 만든다.

13~15 후두부 오른쪽은 동일하게 시술한다.

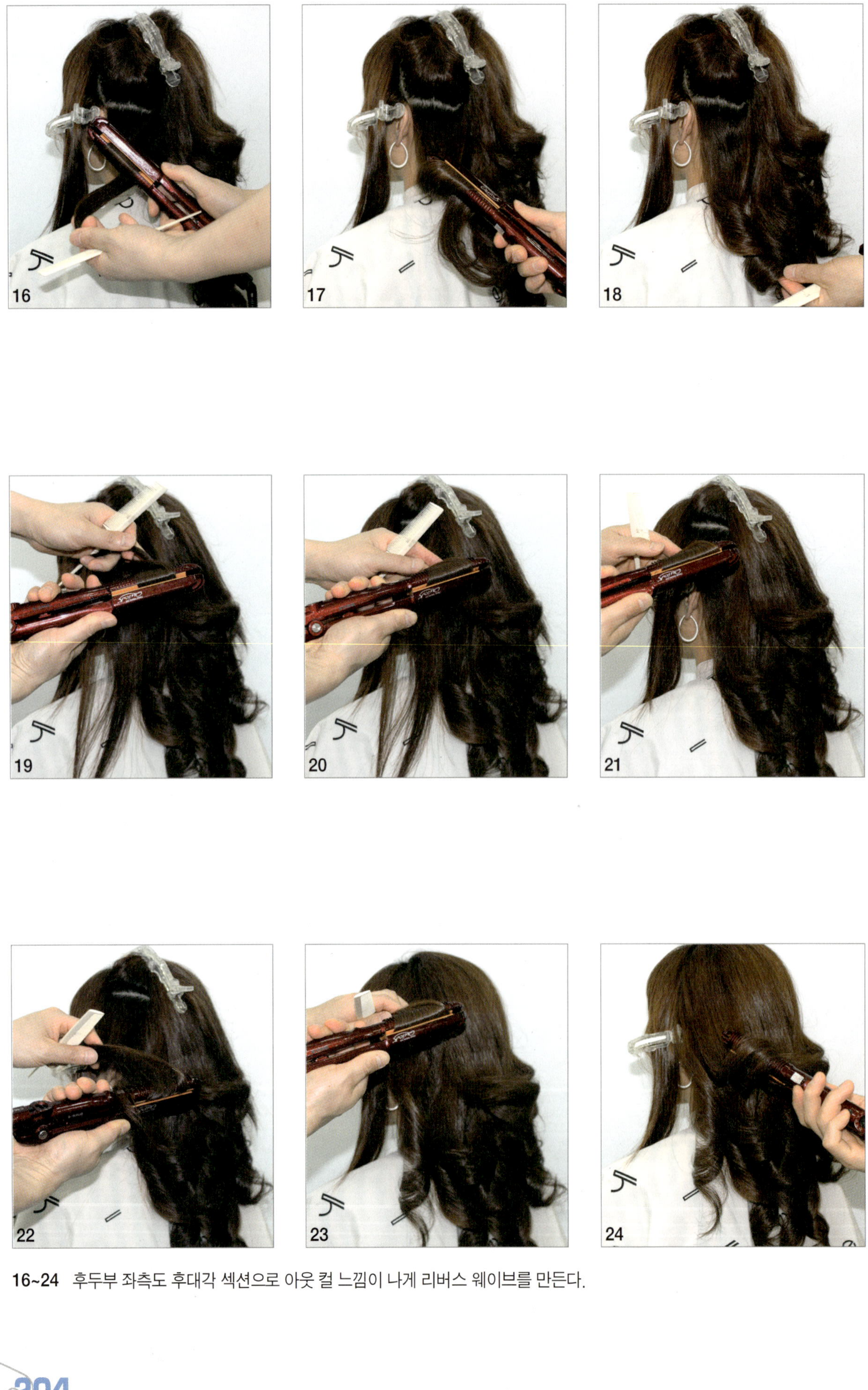

16~24 후두부 좌측도 후대각 섹션으로 아웃 컬 느낌이 나게 리버스 웨이브를 만든다.

25~27 왼쪽 사이드도 후대각 섹션으로 리버스 웨이브를 연출한다.

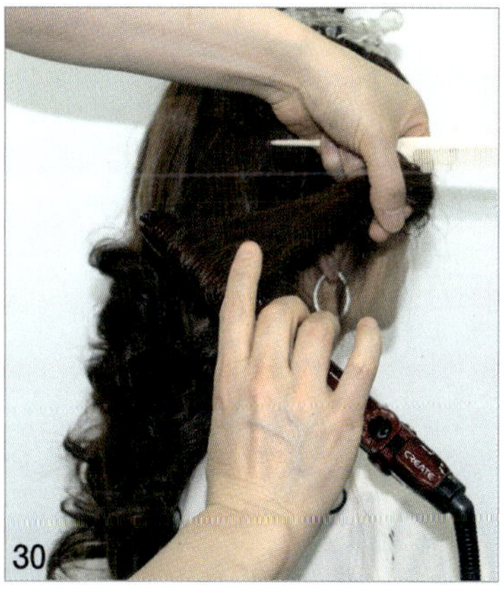

28~34 오른쪽 사이드도 동일하게 시술한다.

35~39 더욱더 세련된 앞머리 스타일로 연출한다.

Finish view

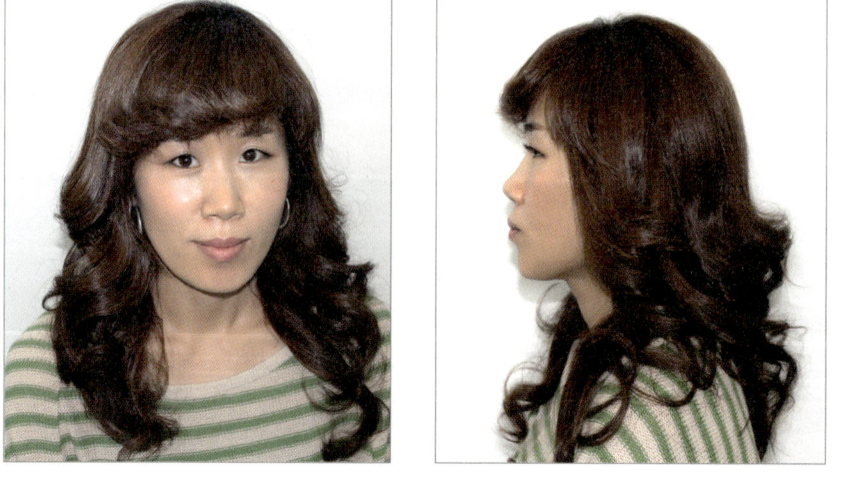

핑거 웨이브 미디엄 스타일

우아하면서 고풍스러운 헤어스타일이다.

Medium Style

Front
핑거 웨이브

Nape
세팅 웨이브

핑거 웨이브로 우아하고 고풍스러운 스타일

핑거 웨이브로 색다른 느낌의 신비로운 이미지 헤어스타일이다.

섹션 도해도

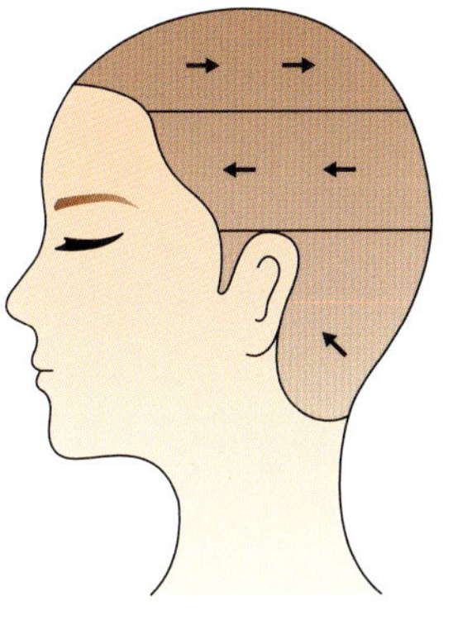

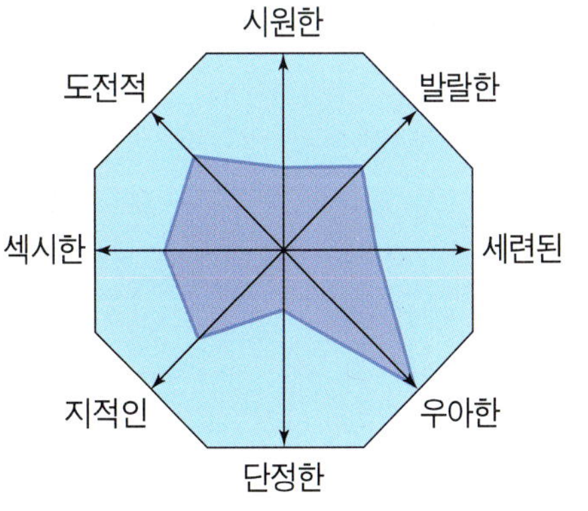

Preview

헤어 젤과 무스를 이용하여 가르마 방향으로 핑거 웨이브를 연출하여 세팅 컬을 백홈을 넣고 마무리한다.

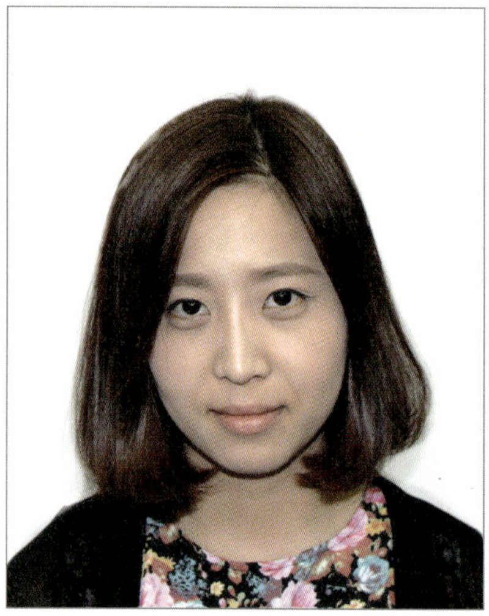

Before

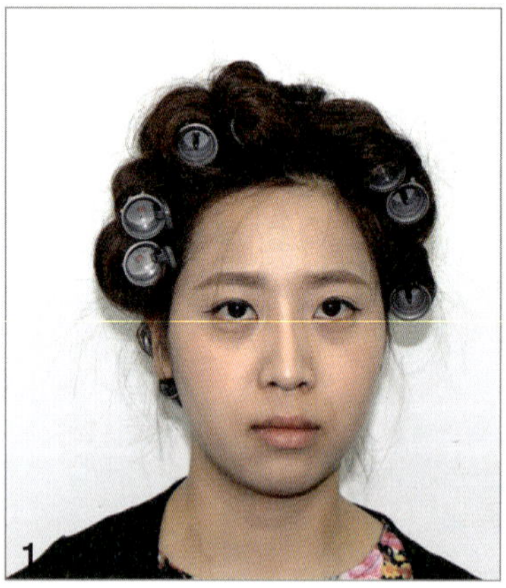

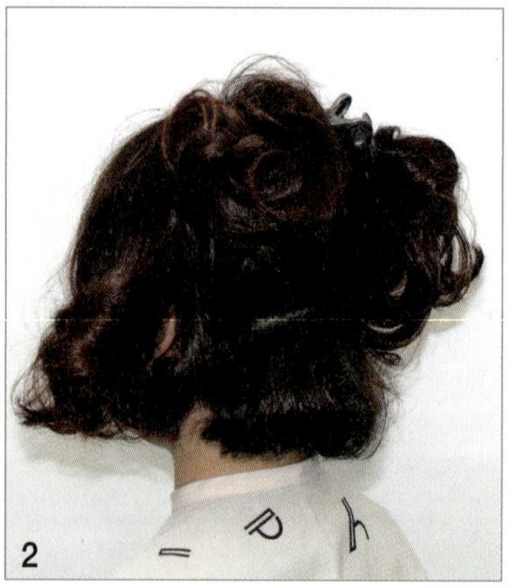

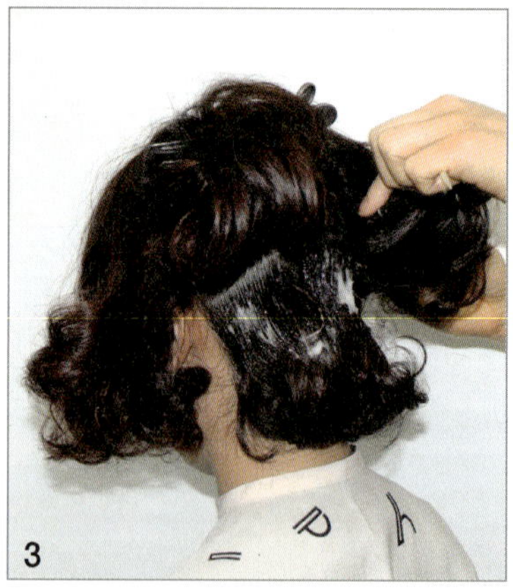

1~3 전기 세팅기를 이용하여 웨이브를 만든다. 무스와 헤어 젤을 혼합하여 스타일링 제품을 만들고 혼합한 스타일링 제품을 두피 가까이 도포한다.

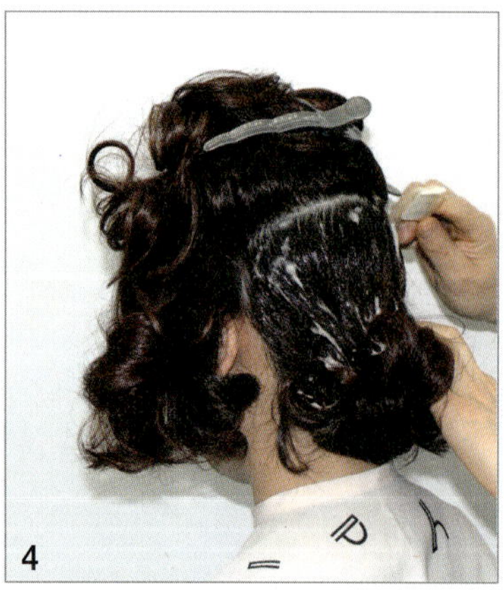

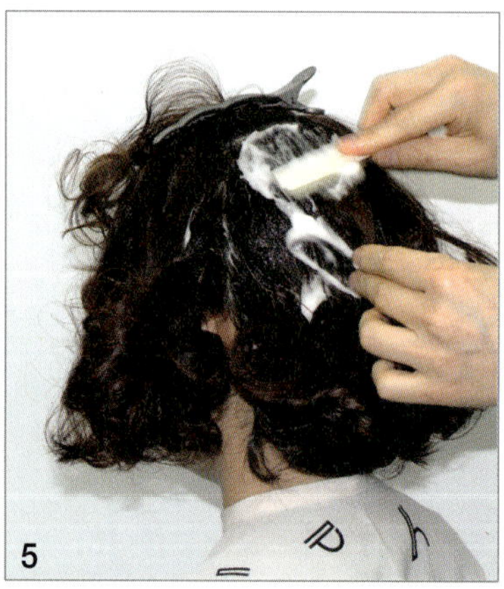

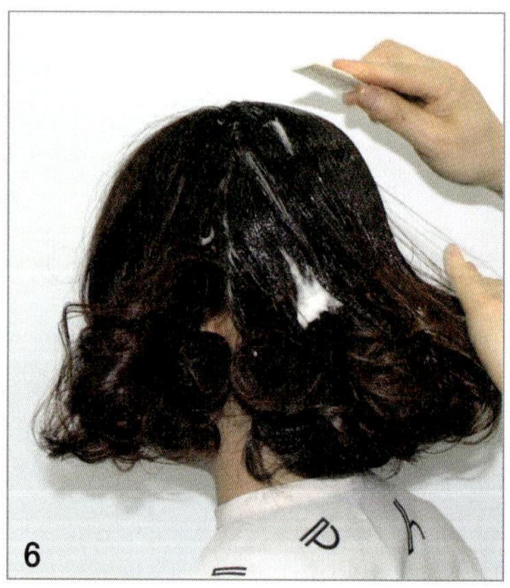

4~6 혼합된 스타일링 제품을 하단부터 상단까지 꼼꼼이 바른다.

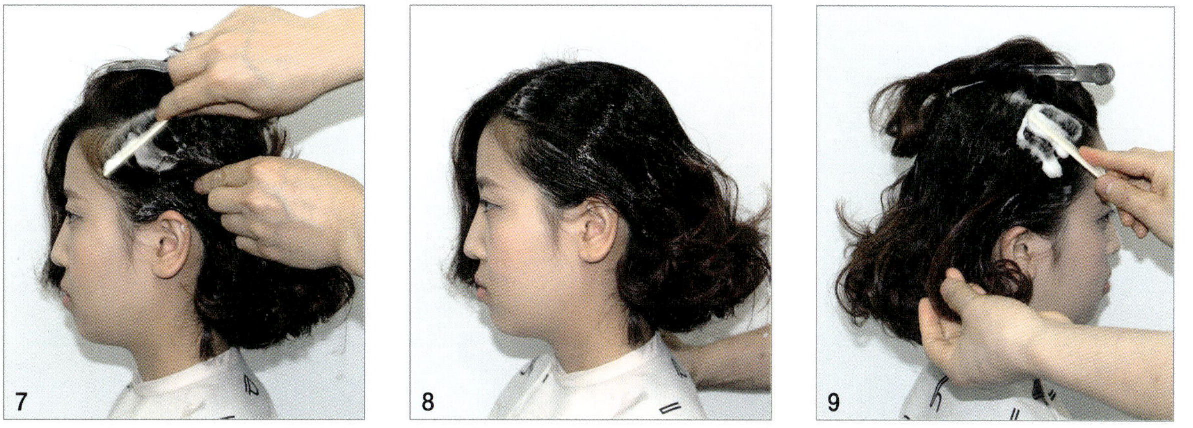

7~9 왼쪽, 오른쪽 사이드도 충분히 도포한다.

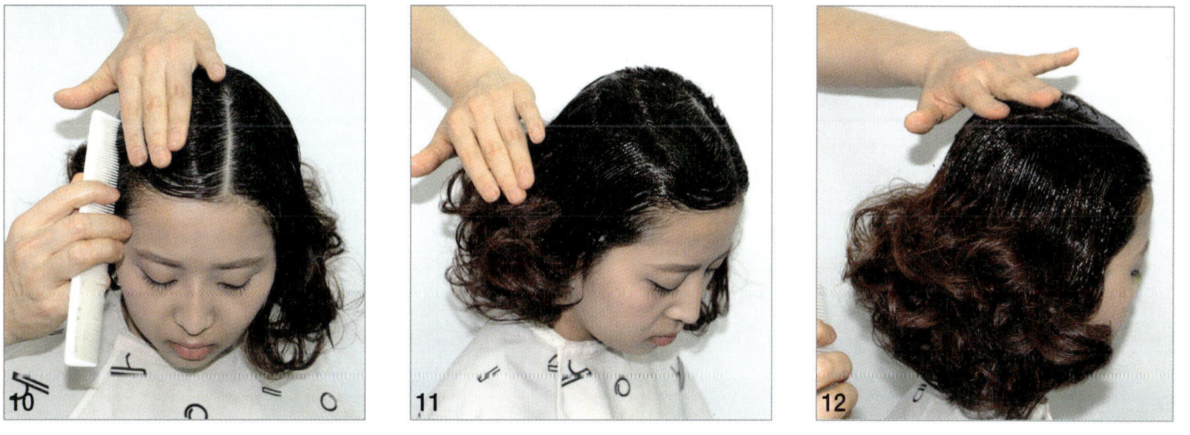

10~11 좌측 가르마를 나누고 스타일링 빗으로 두피부터 C컬을 만들면서 릿지를 선명하게 연출하며 진행한다.

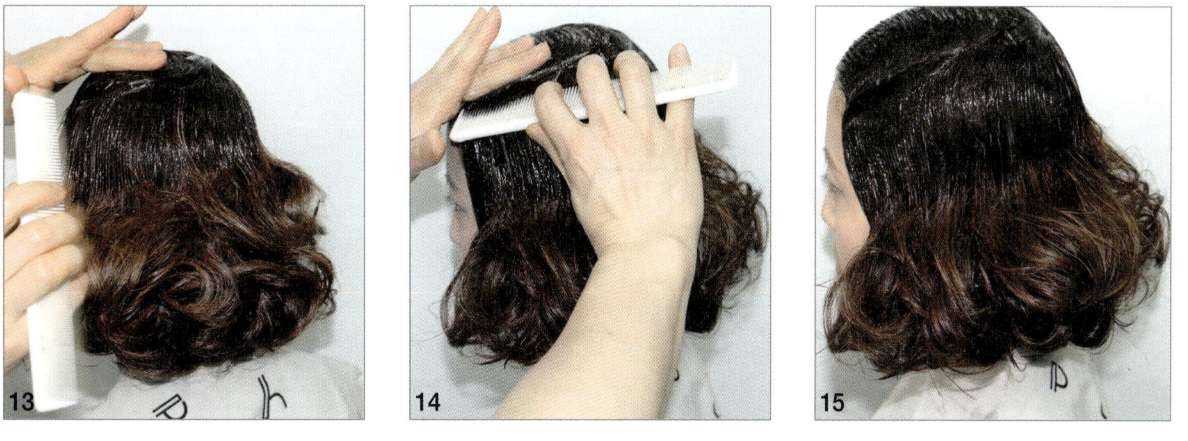

12~13 C컬을 살리면서 릿지를 만들고 웨이브 흐름 방향으로 진행한다.

14~15 오른쪽에서 좌측까지 핑거 릿지를 만든다.

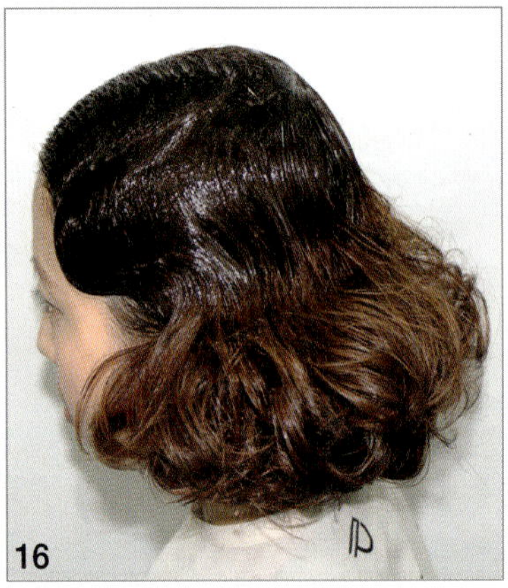
16

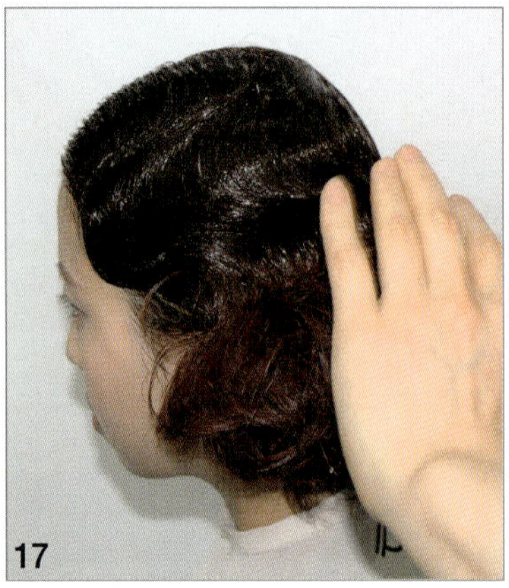
17

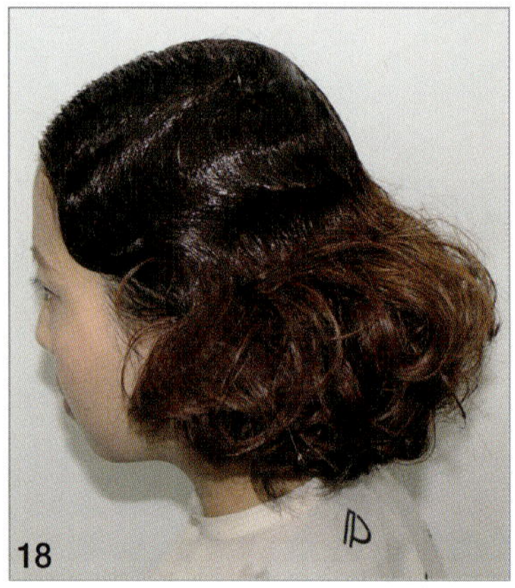
18

16~17 45° 빗질을 하여 정확한 C컬을 만들면서 릿지를 만든다.

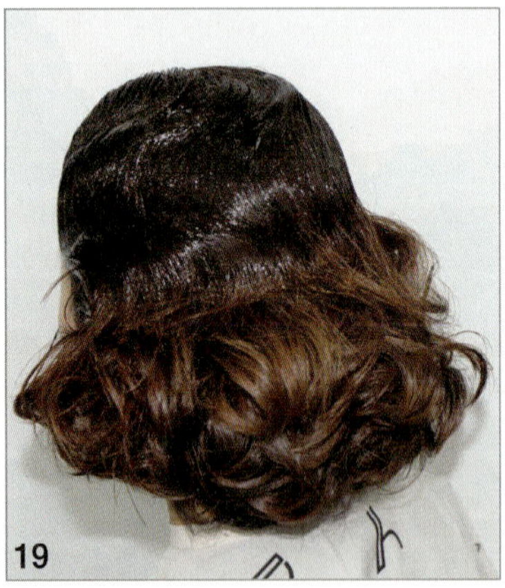
19

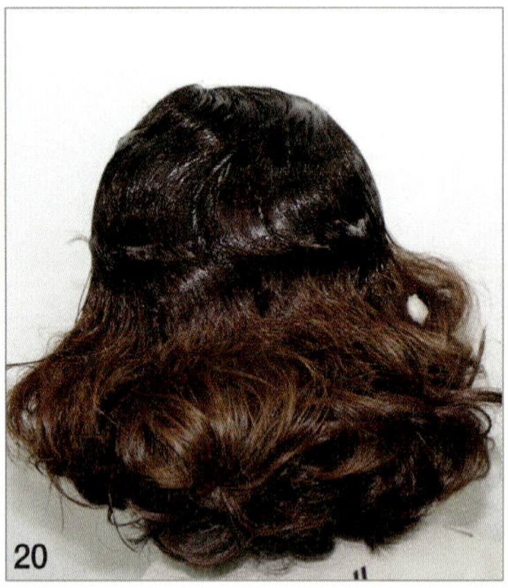
20

21

18~20 왼쪽에서 릿지를 S형태로 살리면서 오른쪽으로 진행한다.

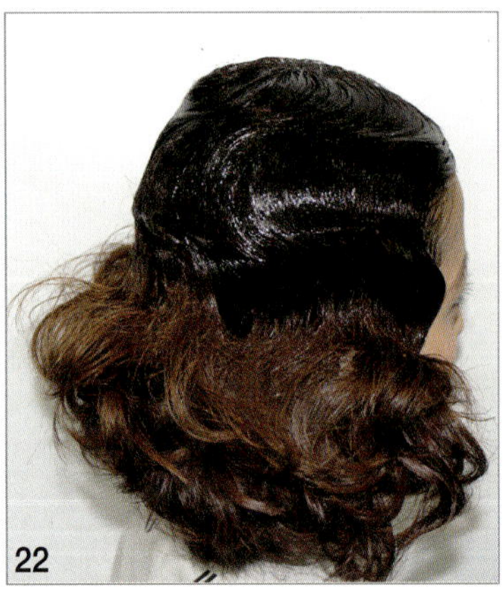
22

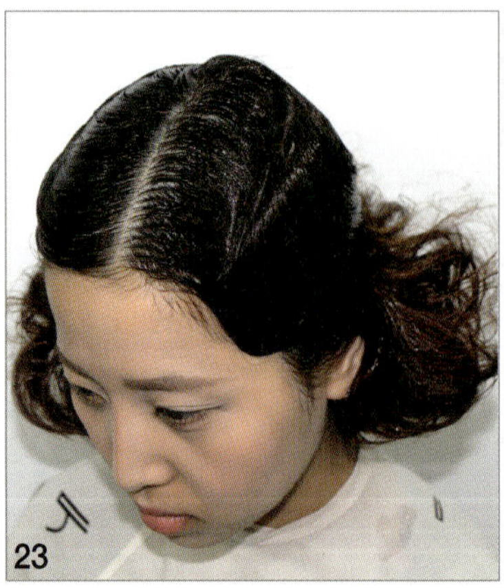
23

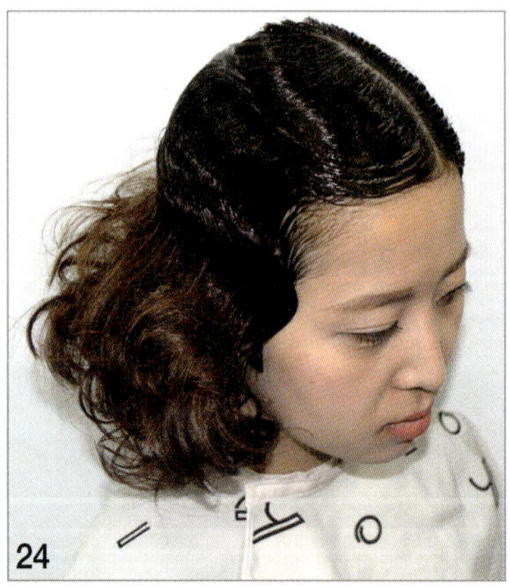
24

21~24 좌측까지 핑거 웨이브를 완성한다.

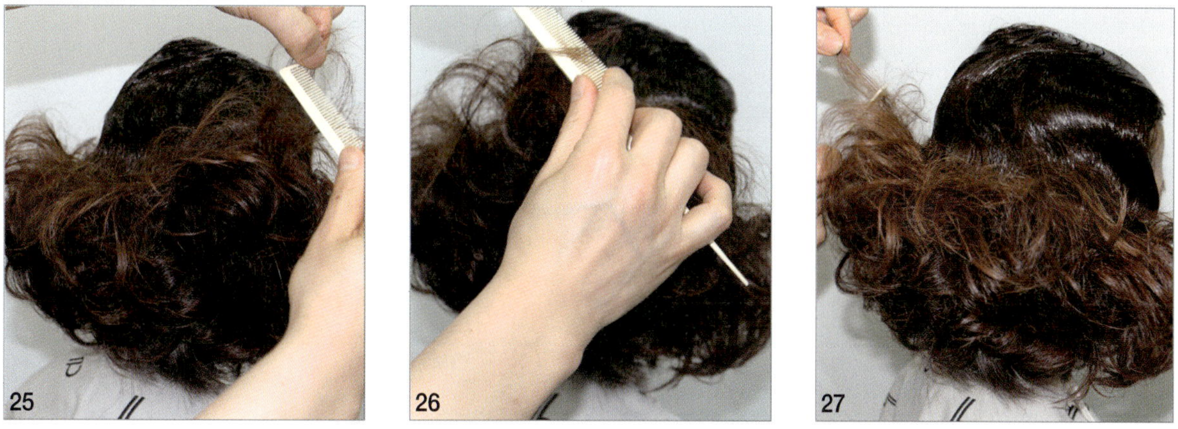

25~27 세팅 컬을 만든 부분을 백콤을 하여 웨이브가 풍성하게 연출한다.

28~30 핑거 웨이브가 완성된 모습이다.

Finish view

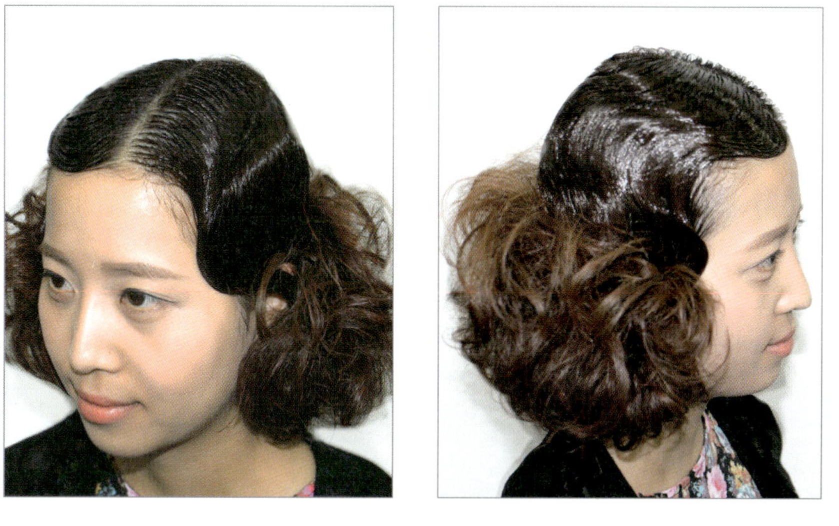

참고문헌

미용회보. 2012년 2월, 3월, 4월, 7월호

주용영 외(2009). Basic Blow Drying. 훈민사.

최연희 외(2009). Fun Fun Perm. 청구문화사.

최연희 외(2005). Iron & Blow Dry Styling. 훈민사.

최중석(2005). 퍼머넌트 웨이브 기법에 관한 연구. 한성대학교 대학원 석사학위논문.

CANADIAN HAIRDRESSER 2008－2010.

Celebrity Hairstyles Presents 76.

Hair February 2012.

Hair NOW. 2012

Hair Salon september 2008.

Hair Show winter 2010.

Beard H. O.(1986). Social and psychological implications of alopecia areata. J Am Acad Dermatol.

Brauner G. J., Goodheart H. P.(1988). Dermatologic care behind bars. J Am Acad Dermatol.

Dawber R. P.(1986). Alopecia. In the Science of Hair Care. Zviak C(ed), Marcel Dekker, INC, New York.

Hordinsky M.(1991). Alopecia areata. In Immunologic disease in the Skin. Jordon(ed), Connecticut : Appleton & Lange.

Maguire H. C., Hanno R.(1985). Disease of the hair. In Dermatology. Moschella, S .L. and Hurley, H. L.(ed), 2nd ed.,W.B. Saunders Co., Philadelphia, .

Nadelson T.(1987). Psychological understanding and management of cutaneous disease. In Dermatology in Gerneral medicine. Fitzpatrick TB, Eisen AZ, Wolff K et al.(eds), 3rd ed, New York: Mograw-Hill Book Co.

http://blog.naver.com/co9922?Redirect=Log&logNo=90026348502

http://s.biophoton.co.kr

http://search.naver.com/search.naver

http://terms.naver.com/entry.nhn?docId=513978&mobile&categoryId=2950

찾아보기

저자 소개

최연희 (오산대학교 헤어아트과 교수)

최중석 (오산대학교 헤어아트과 겸임교수)

오세희 (한국메이크업협회장)

권오혁 (강남대학교 미래인재학부 교수)

김경득 (대구공업대학교 뷰티아트디자인학부 교수)

김 민 (신안산대학교 뷰티디자인과 교수)

김휘태 (대구공업대학교 뷰티아트디자인학부 교수)

남현주 (경산1대학 뷰티디자인과 교수)

박은준 (서경대학교 미용예술학과 교수)

배영수 (대구보건대학교 뷰티코디네이션과 교수)

이수경 (구미대학교 헤어메이크업뷰티디자인과 교수)

임석종 (대경대학교 헤어디자인과 교수)

장미여 (서영대학교 뷰티코디네이션학부 교수)

전현진 (호남대학교 뷰티미용학부 교수)

정임전 (경복대학교 피부미용과 교수)

지정훈 (광주대학교 뷰티미용학부 교수)

최희진 (가톨릭상지대학교 미용예술과 교수)

Fun Fun Hairstyling

펀펀 헤어스타일링 드라이 & 아이론

2012년 8월 27일 초판 인쇄
2012년 8월 30일 초판 발행

지은이 최연희 외
펴낸이 류제동
펴낸곳 (주)교 문 사

디렉터 양계성
책임편집 강선혜
본문편집 이연순
표지디자인 이수미
제작 김선형
영업 정용섭 · 이진석 · 송기윤

출력 현대미디어
인쇄 삼신문화사
제본 한진제본

우편번호 413-756
주소 경기도 파주시 교하읍 문발리 출판문화정보산업단지 536-2
전화 031) 955-6111(代)
팩스 031) 955-0955
등록 1960. 10. 28. 제406-2006-000035호

홈페이지 www.kyomunsa.co.kr
E-mail webmaster@kyomunsa.co.kr
ISBN 978-89-363-1307-4(93590)

값 25,000원

*저자와의 협의하에 인지를 생략합니다.
*잘못된 책은 바꿔 드립니다.